人 类 的 终 极 问 题

The Most
Important Questions
of Mankind

终 极 问 题

袁越 著

生活 · 讀書 · 新知 三联书店

图书在版编目（CIP）数据

人类的终极问题／袁越著．—北京：生活·读书·新知三联书店，
2019.9 （2020.4 重印）
ISBN 978 - 7 - 108 - 06629 - 9

Ⅰ．①人…　Ⅱ．①袁…　Ⅲ．①人类学 - 普及读物
Ⅳ．① Q98-49

中国版本图书馆 CIP 数据核字（2019）第 132414 号

责任编辑　王振峰
装帧设计　康　健
责任印制　卢　岳
出版发行　生活·讀書·新知 三联书店
　　　　　（北京市东城区美术馆东街 22 号 100010）
网　　址　www.sdxjpc.com
经　　销　新华书店
印　　刷　北京隆昌伟业印刷有限公司
版　　次　2019 年 9 月北京第 1 版
　　　　　2020 年 4 月北京第 2 次印刷
开　　本　720 毫米×965 毫米　1/32　印张 22
字　　数　300 千字　图 91
印　　数　10,001 - 30,000 册
定　　价　59.00 元
（印装查询：01064002715；邮购查询：01084010542）

目 录

序：我喜欢琢磨一些严肃的问题

据说每个人小时候都会经历一次精神冲击，那就是第一次知道死亡是怎么一回事的时候。当我第一次知道包括我在内的每个人迟早都会死而且死后永远不会再活过来的时候，感觉天都要塌下来了。在那之后我就开始做关于死亡的噩梦，过了很长时间才从怕死的阴影里走出来。

小时候还有一件事给我留下了深刻的印象，那就是外公给我看了姜氏家谱。那上面虽然只记载着五六代人的姓名，但还是把我惊呆了。我第一次意识到每个人都是有爸爸妈妈的，爸爸妈妈也有爸爸妈妈，这条链可以一直延伸下去，永远没有尽头。于是我的心思又被这件事缠住了。每次看到姓袁或者姓姜的历史人物都会觉得他很可能就是我的祖先，日常生活中遇到这两个姓的人也会格外留意，觉得他有可能是我的远房亲戚。

上中学后，我仍然会不时地做关于死亡的噩梦，但我的兴趣点却越来越朝祖先的方向转移。尤其是在生物课上学了进化论之后，我发现如果一直往前追溯的话，我的祖先很可能是一条鱼或者一只虫子，直至追溯到某个单细胞生物。每次想到这一点都会让我莫名兴奋，觉得生命真是一个很奇妙的东西。

我大学选择了生物系的遗传工程专业，毕业后如愿成了一名科研工作者。科学的核心就是探究事物的发展规律，从而更好地了解历史并预测未来。多数人似乎更关心后者，因为预测未来意味着提前做好准备，让生活变得越来越好。历史研究往往被认为是一种个人趣味，没啥实际的好处，"钱"景也有限。我一开始也是更看重后者，但随着年龄和阅历的增加，我却越来越对前者产生了兴趣。我发现历史研究很像侦探破案，历史学家研究的是已发生过的事情，真相只有一个，标准明确。相比之下，未来学家有点像算命先生，比的是口吐莲花的能力，寻找真相反而是次要的事情。

加入《三联生活周刊》后，我在杂志上开了一个科普专栏，专门报道最新的科研成果。我利用这个平台写了好几篇文章，向读者介绍了人类学研究的新进展。这是个相当严肃的话题，似乎并没有多少人感兴趣。由于历史原因，对此事感兴趣的人普遍存在很多理解误区，比如至今还有不少受过良好教育的知识分子相信"北京人"是中国人的祖先。

从2010年开始，人类学研究领域接连爆出了好几条重大新闻，在欧美各国引起了轰动，但国内媒体却鲜有报道，大家似乎都不太明白这些新闻背后的真正含义。比如2015年，中国考古学家在湖南的一座山洞里挖掘出了一批古人类牙齿化石，在国际上引起了很大争议，但国内很少有人明白大家争的到底是什么。于是，我觉得有必要借此机会把整个人类学研究的历史梳理一番。因为我一直关注这个领域，对这类研究的历史了解得比较清楚，所以这个选题进行得相当顺利，从采访到最终成文只花了三个多月的时间，算是很快了。

尝到甜头之后，我又说服主编让我再试一次。这一次我决定做一组关于长寿研究的报道。一来，我从小就怕死，一直关注这方面的研究，对这个领域也相当熟悉，不用从头学起。二来，这个领域和人类进化一样，在最近几年突飞猛进，取得了一大批极有价值的成果，非常适合做一个阶段性的总结。为此我专程去美国采访了全球最顶尖的衰老研究专家，然后花了两个多月的时间写了五篇文章，把这个领域的历史和现状做了一次全面的梳理。这组文章表面看似乎是一个关于死亡的话题，但实际上大多数人最关心的是具体的疾病，而不是衰老这个看似无解的问题，所以我花费了很多笔墨解释死亡为什么不一定是所有生命的归宿，以及为什么生命会进化出死亡这个看似不合理的性状，最后又用一篇文章解释了"活"到底意味着什么。我喜欢琢磨这样的终极问题，因为我相信只有先了解死是怎么一回事，才能真正了解生的意义。

完成了这个选题之后，我很自然地就想应该再写一个，凑成"人类三部曲"。按照一般的逻辑，最后这部一定得是关于大脑的，毕竟这是人类最引以为豪的地方。我最初打算写想象力的神经基础，之后又想过写理性思维到底是怎么进化出来的，但想来想去，觉得人类最核心的特征并不是想象力或者理性思维，而是创造力。事实上，创造力包括了想象力和理性思维，这才是真正的母题。2018年初，我利用去美国出差的机会在书店里买了好几本与此有关的教科书和通俗科普书，然后花了半年多的时间自学了创造力这门课程，最终定下了文理兼容、以文为主的写作基调。我觉得科学领域的创造案例太多了，旧的成果不需要采访，新的成果解释起来太困难，艺术领域的创造力不分新旧都有意思，写起来也相对容易一些。我利用以前在艺术圈积攒下来的人脉找到了几位被大家公认为最有创造力的当代艺术家，然后以他们的经历为线索，写了一个关于创造力的故事。在这组文章里，我不但把人类的创造过程梳理了一遍，而且把生命定义成大自然最伟大的创造，然后把人类的创造力和生命的进化能力联系在一起，论证了两者在原理上的相似性：它们全都不需要上帝的参与就能实现。

最后这点非常重要。我花了两年时间研究这三个问题，最终目的就是想在不借助上帝的情况下对人类这一物种的出现和成功给出一个合理的解释。我试图回答的这三个问题都是人类的终极问题，每个有头脑的人肯定都想知道答案。因为能力有限，古人穷尽毕生精力也无法解释地球上为什么会出现生命，为什么又会出现人类这样一种具备高级智慧的生物，我们又是依靠什么才创造出了今天的世界。于是，古人只好祈求神祇，让它来解释这一切。感谢现代科学的飞速发展，今天的人类已经初步具备了解答这三个问题的能力，我所做的就是把目前已知的最佳答案和推理过程写出来，让大家知道我们不但不需要上帝就能被进化出来，而且也不需要上帝就能解释整个创造过程。

除了解释生命之外，宗教信仰的另一项重要功能就是提供精神安慰。如果一个人打心眼儿里相信人死后还会复生，那他就不会再害怕死亡了。但在我看来，科学具备同样的功效。当我明白了地球上的所有生命共用同一套基因密码，当我理解了生命的诞生和死亡都是怎么一回事之后，我就再也不害怕死亡了，因为我的身体属于永恒的基因，我的思想因为我的努力而传给了后人，死有何惧？

在创作"人类三部曲"期间，我插空采访了微软公司的创始人比尔·盖茨先生。离开微软后，盖茨创立了一个基金会，把全部的时间和精力都交给了慈善事业，尽一切可能去帮助地球上那些不幸的人们。从某种角度讲，盖茨接了教会的班，因为最早的慈善组织大都是教会办的。可是，盖茨不止一次在公开场合表达反宗教的立场，因为他觉得教会歪曲事实，做出了很多糟糕的决定。问题在于，如果没有了宗教信仰，人类依靠什么来相互帮助呢？盖茨在一次私人饭局上表示，他非常希望能出现一个全新的宗教来代替旧的宗教，好让全世界的人不再相互仇杀。我问他，科学能否担当此任呢？盖茨表示反对，他觉得科学只是工具，既可能办好事也可能办坏事，不能成为新的宗教。这一点我同意他，但我仍然相信科学有可能扮演一个类似的角色。比如，我写"人类三部曲"，就是想通过这组文章向大家传递这样一个信息，那就是今天世界上的所有人几万年前都是一家人，我们是同一群非洲居民的后代。今天，人类虽然被人为地分成了很多"部落"，彼此之间经常发生冲突，但我们其实是在共享地球这个生态系统，每个人的利益都是联系在一起的。这个概念甚至可以扩展到整个生态圈，因为地球上的所有生命都源自同一个祖先，我们是相互依存的关系，每一种生命都不可能独立地存在。这个世界上没有所谓的"黑暗森林"，进化绝不是你死我活的生存竞争，互助才是进化的主旋律。甚至，已经有越来越多的证据表明，银河系内几乎没有

4

可能存在高等文明，我们是宇宙的幸运儿。换句话说，人类只有这一个地球，它是我们唯一的家园。如果大家都能打心眼儿里理解这一点，这个世界一定会变得更好。

必须指出，这套理论是科学，不是宗教。宗教教义是不变的，科学则自带一套强大的纠错系统，所以科学是一直在进步的。就好比这个"人类三部曲"，自从我写完之后一些领域又取得了一批新成果。成书之前，我对发表在《三联生活周刊》上的原文进行了适当的修改，力求传递给大家最新的信息。

谢谢阅读。

袁越

2018 年 11 月 20 日于北京

序：我喜欢琢磨一些严肃的问题

第 一 章

人类是从哪里来的?

只有了解了人类的过去,

才能看清人类的未来。

引言：从东非大裂谷到湖南福岩洞

人类是如何从猿类进化而来的？人类的祖先究竟是不是来自非洲？中国人到底是从哪里来的？这几个问题看似简单，但它们的内涵很丰富，不是一两句话就可以解释清楚的，需要从头说起。

1974 年 11 月 24 日清晨，在位于埃塞俄比亚北部的阿法尔三角区（Afar Triangle）内的一个考古营地里，来自美国克利夫兰的人类考古学家唐纳德·约翰逊（Donald Johanson）教授正在准备行装。这已是他第三次来这里从事考古挖掘工作了。这地方位于东非大裂谷的最北端，强烈的地质活动把一片古老的沉积岩重新暴露在阳光下，原本深埋于地下的动物化石也因此得以重见天日。

这天是星期天，约翰逊教授本来可以睡个懒觉，但他的研究生汤姆·格雷（Tom Gray）打算去勘察一片全新的区域，他决定一起去看看。"不知什么原因，在我的潜意识里突然出现了一股强烈的冲动，"约翰逊教授后来回忆说，"我预感到那天会有好事发生，于是我决定跟汤姆走一趟。"

两人在炙热的非洲阳光下忙活了一上午，结果一无所获。返回营地的途中，约翰逊提议换一条路碰碰运气。就在他们经过一个峡谷时，约翰逊突然在左前方的地面上看到了一小截断骨，多年的经验告诉他，这是一块灵长类动物的肘关节化石，很可能来自人类的祖先。他抬头向左边的山坡望去，又看到了一小块头骨化石、一小块下颚骨化石以及几段脊椎骨化石，它们看上去都属于某种古人类。更妙的是，约翰逊对这片山坡的地质结构十分熟悉，知道它至少有 300 万年的历史了。要知道，此前尚未发现过早于 300 万年前的人类化石。也就是说，他很可能发现了人类最早的祖先。

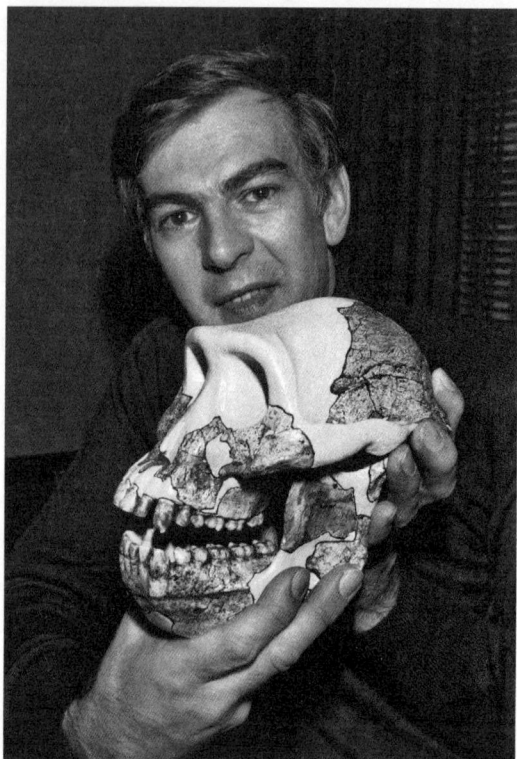

两人迅速开车回到营地，一边狂按喇叭一边冲同伴们大喊大叫："我们找到了！上帝啊，我们找到了！"当天晚上，兴奋不已的考古学家们在营地里开了一个庆祝派对，用一台录音机反复播放披头士乐队的那张名为《佩珀军士的孤独之心俱乐部乐队》的磁带。当播放到其中最著名的一首歌曲《天上的露西手拿钻石》(*Lucy in the Sky with Diamond*) 时，有人提议，为何不叫她露西（Lucy）呢？

从此，人类的祖先有了一个好听的名字。

这是人类考古历史上最有名的故事。露西的知名度也早已超越了学术界，进入了大众流行文化的范畴。研究表明，露西是一位生活在 320 万年前的非洲女性，属于从猿到人的过渡类型。这个发现为我们提供了第一个确凿的证据，证明我们这个物种确实诞生于非洲，非洲才是人类的摇篮。

自那之后的 20 多年里，露西一直保持着"最古老的人类化石"这个头衔。那段时间出版的人类学教科书大都以露西为模板，为学生描绘了一幅越来越清晰的人类进化图景。露西的发现在全世界掀起了一波考古热，很多原本并不怎么重视古人类研究的国家也都纷纷组织人马掘地三尺，相继挖出了一大批古人类化石。这些化石的出土极大地改变了我们对于人类祖先来源的看法，下面这个发生在中国的故事就是其中一个很好的案例。

2011 年 10 月，在湖南省道县乐福堂乡的福岩洞内，来自中国科学院古脊椎动物与古人类研究所（以下简称古脊椎所）的几位考古学家正在地上细心地挖掘着。道县地处湖南、广西和广东三省交界的南岭地区，平均海拔不高。福岩洞属于当地常见的管道型溶洞，洞口朝南，距离地表仅有 60 多米。古脊椎所的吴茂霖和陈醒斌等几位老前辈早在 1984 年时就来这里进行过考察，但除了一些动物化石外，没有找到人类的痕迹。此后这个洞就被当地农民占用了，变成了一个养牛场。

一年前，也就是 2010 年，古脊椎所来湖南开展洞穴调查，道县文物管理所的退休馆长黄代新又想起了这里，便带领古脊椎所的两位古人类学研究员吴秀杰和刘武进洞考察。一行人顺着山洞往里走了将近 200 米之后，在地面上发现了很多看上去非常古老的堆积物。科学家们雇来几名民工试挖了一下，发现洞底的土壤较为干燥，挖出来的动物化石石化得特别好，说明这个洞的年代相当久远，挖到宝贝的可能性很大。于是，吴秀杰立即向所里申请了一笔经费，于第二年再次回到福岩洞，联合了湖南省考古所和道县文管所的有关人士一起成立了福岩洞挖掘队，她自己担任队长，开始了第二次挖掘工作。

此次挖掘一开始进行得并不顺利，往下挖了 3 米多还没有找到任何人类化石，差点就放弃了。此时吴秀杰发现主洞的旁边有个很小的支洞，洞口只有 3 米多宽。一位曾经参加过 1984 年第一次考古挖掘的老人说，在那个支洞里曾经挖出过少许动物化石，于是吴秀杰决定在这个小支洞里碰碰运气。

2011 年 10 月 8 日上午，大家再次进入福岩洞，在这个小支洞里继续工作。民工们用铲子对付坚硬的岩石，吴秀杰则在一边用小刷子清理堆积物。突然，一颗牙齿从碎石里露了出来，经验丰富的吴秀杰立刻意识到这是一颗人类的臼齿，而且是现代人特有的那种结构精巧的臼齿，不是古人类才会有的那种粗大臼齿。这个发现引来了阵阵欢呼，大家立刻振作起精神，在短短的几天内又挖出了6颗牙齿，全都具有现代人牙齿的形态。

就这样，挖掘队在福岩洞里奋战了两年，在大约50平方米的范围内挖出了47颗现代人牙齿。与牙齿伴生的钙板和石笋的测年结果表明，这些牙齿的埋藏年代大致在距今12万—8万年，属于中国境内发现的最古老的现代人化石。这篇研究报告发表在2015年10月29日出版的《自然》(Nature)杂志上，立刻引起了国际考古学界的广泛关注。新华社发表文章认为，这个发现给中国的人类进化史，尤其是从古老型人类到现代人的连续进化这一观点提供了新证据，说明也许在东亚大陆存在一个内在的人类进化谱系。

2016年7月12日出版的《自然》杂志发表了特约评论员邱瑾撰写的一篇新闻综述，称中国正在改写人类起源学说。文章指出，将近100年前发现的北京猿人头盖骨曾经吸引了众多古人类学研究者的关注，但大家很快就被非洲发现的一系列古人类化石吸引过去了，忘记了东亚。最近在中国出土的一系列化石再次让大家把注意力转到东亚，在这里发生的事情很有可能将会改写人类进化史。

一年之后，邱瑾的预言便再次得到了验证。2017年3月3日出版的《科学》(Science)杂志又发表了一篇来自中国的重磅论文，向全世界报告了许昌人头骨化石的鉴定结果。这是一种具有中国境内古老人类、欧洲古老人类（尼安德特人）和早期现代人"三位一体"混合特征的古人类化石，大约生活在距今12.5万—10.5万年，它的出现再次向当前流行的现代人类非洲演化理论提出了挑战。

许昌人的故事和前两个故事一样，都带有某种运气的成分。挖出许昌人头盖骨的地方位于河南省许昌市灵井镇。镇上原本有一个湖，后来附近挖矿把水排干了，露出了河床。1965 年，下放到那里进行劳动改造的原北京自然博物馆研究员周国兴在种树的时候挖出来几片石英工具，这才引起了考古界的重视，把周围这块总面积超过 1 万平方米的土地划为人类史前遗址加以保护。2005 年，河南考古所的李占扬又在那里发现了一些旧石器和哺乳动物化石，随即开始了系统的挖掘。但挖了两年之后仍然没有挖出人类化石，该项目差点因此而终止了。就在计划结束挖掘的前几天，也就是 2007 年 12 月 17 日，人们终于挖出了第一块人类髋骨化石。此后又经过了 10 年的系统挖掘，一共挖出了 45 块人类头骨化石。来自中国古脊椎所等单位的人类学家和美国圣路易斯华盛顿大学合作，将这 45 块头骨化石拼接成了两个人类头盖骨模型，并发现了上述特征。

这两个看似偶然的新发现究竟有何意义？人类起源理论为什么会因此而被改写？这两个问题都涉及很专业的知识，不是一两句话就能解释清楚的。大多数读者可能更关心一些普遍的问题，比如人类是如何从猿类进化而来的？人类的祖先究竟是不是来自非洲？中国人到底是从哪里来的？这几个问题看似简单，但它们的内涵很丰富，不是一两句话就可以解释清楚的，需要从头说起。

13

地球的编年史

要想揭开人类起源的奥秘，首先必须掌握测年技术。这项技术相当于一把带有时间刻度的标尺，地质学家和考古学家就是用这把标尺丈量深邃的时间，从而揭开了地球和人类的秘密。

深邃的时间

我上小学的时候，外公给我看了家里传下来的一本家谱，印象中那上面只记载了五六代人的姓名，再往前就没有了。但这本残缺的家谱让我突然开了窍，我意识到我的外公也肯定是有爸爸的，他爸爸也有爸爸，他爸爸的爸爸也有爸爸……如此这般可以无穷无尽地追溯下去，古书上记载的某个古人也许就是我的祖先。那段时间我接连做了好几个关于祖先的梦，但那些梦全都是支离破碎的，因为我不知道我的先人们长什么样，更不知道他们生活在怎样一个世界里。那是我第一次意识到历史和我的关系是如此紧密，但历史的时间跨度又如此之大，远远超出了我的想象。

上中学的时候，我第一次接触到了达尔文的进化论，知道人都是猴子变来的，猴子又是由更原始的生物变来的。于是我很自然地想到，如果一代一代地继续追下去，一定会追到某只猴子那里，再往下追的话甚至可能追到一只青蛙、一条鱼、一个细菌甚至是某个比细菌更简单的生命体那里去。这个想法突然让我感到一阵恐惧，我不知道应该如何去想象这无穷无尽的家族链，更不知道应该如何去面对这链条背后所代表的更加漫长的时间。

我上大学的时候，读了几本教科书之外的历史书，知道我在学校里学到的历史观叫作唯物主义历史观，人类历史上还出现过很多不一样的历史观。比如，我相信父亲的父亲肯定也有父亲，家族链条是可以无穷无尽地一直延续下去的。但有不少古代文明却相信轮回说，他们认为时间不是线性的，而是一直在不停地循环往复，过去发生的事情每隔一段时间就会再来一遍。中北美洲的玛雅文明和古印度文明就是这类文明的代表：前者创立了一套独特的历法，用来描述循环往复的时间；后者则创造了一种全新的宗教，用来宣扬轮回理论。佛教正是从印度教中借鉴了这个理论，这才有了中国人熟悉的"积德""造孽"和"报应"等说法。

　　一个有意思的小插曲是，根据古印度文献记载，印度教信徒相信一个轮回分为创造和毁灭两部分，每个部分都要经过 43.2 亿年的时间才能完成。稍微懂点科学的人都知道，目前公认的地球年龄是 45 亿年。这两个数字竟然十分接近，有人因此认为古印度人是先知，其实这不过是一种巧合罢了，不足为奇。再说了，印度教的一个完整的轮回是 43.2×2＝86.4 亿年，这个数字和地球的年龄就没什么关系了。

　　还有不少古代文明相信创世说，认为有个全知全能的上帝创造了我们所知的这个世界。这方面最典型的就是基督教，根据《圣经》里的记载，上帝花了五天时间造出了世间万物，又在第六天根据自己的形象用泥巴捏出了第一个人，并取名亚当，夏娃则是上帝用亚当的肋骨造出来的，人类这个物种就是这么开始的。17 世纪的一位爱尔兰主教詹姆斯·厄谢尔（James Ussher）根据《圣经》中记载的各种人物的家谱关系，计算出上帝是在公元前 4004 年10 月 22 日创造了地球。这位主教被当时的欧洲人公认为一位学识渊博的神学家，他得出的这个数字被视为真理。于是，当年的欧洲基督徒大都相信我们这个世界只存在了不到 6000 年。

　　17 世纪的欧洲刚刚从中世纪的黑暗中走出来，地理大发现打开了欧洲人的视野，不少有识之士开始怀疑《圣经》的权威性，尝试着用理性思考代替宗教教条去认识这个世界，正是这批人揭开了欧洲启蒙运动的序幕。

被公认为"古典地质学之父"的苏格兰地质学家詹姆斯·赫顿，他建立的古典地质学基本框架一直沿用至今

　　这场运动的中心是苏格兰首府爱丁堡，号称"北方的雅典"，从这座城市走出了亚当·斯密、詹姆斯·瓦特和大卫·休谟等一大批思想家和科学家，对人类文明的发展做出了重要的贡献。苏格兰地质学家詹姆斯·赫顿（James Hutton）也是从这个"爱丁堡文化圈"里走出来的一位启蒙运动的重量级人物。他原本是一个农场主，在实践中逐渐意识到庄稼所仰仗的地表土壤来自岩石的不断风化和侵蚀，而当土壤颗粒等沉积物沉入地下后，又会在高温高压的作用下逐渐变成岩石，这是一个循环往复的过程，"没有开始，也没有结束"（No vestige of a beginning, no prospect of an end）。

　　1788 年，赫顿发表了一篇重要论文，题目就叫作《地球原理》（Theory of the Earth）。在这篇论文中他首次提出地球的形成过程并不神秘，而是和蒸汽机等机械一样，都是可以用基本的物理法则推算出来的。更重要的是，他相信地质活动是一个极其漫长的过程，地球的年龄远比 6000 年要长得多。

如今，赫顿被公认为"古典地质学之父"，他提出的很多地质学基本概念都已得到了验证。后来一位名叫约翰·迈克菲（John McPhee）的美国作家发明了"深时"（deep time）这个词，很好地概括了赫顿的理论。

在赫顿之前，人们喜欢用"漫长"（long）这个词来形容时间，但这个词不够准确，多长算长呢？6000年当然也可以算是很漫长的时间了，但这个时间跨度仍然是人类凭经验可以想象得出的。赫顿则认为，真正的地质时间远远超出了人类的想象，地球的历史就像大海那样深不见底，用"深邃"（deep）这个词来形容才是最恰当的。

"深不见底"还有个同义词叫作"深不可测"。确实，赫顿时代的地质学只能做定性研究，因为当时的科技发展水平还很落后，无法给出定量的结论。但是，当启蒙运动把上帝这个角色排除出去之后，人们便意识到这个世界是客观存在的，支配世界运行的是客观规律，因此是可以被准确认识的。

说到认识世界，有两个基本问题是躲不开的。一个是这个世界有多大，另一个就是这个世界有多老。这是两个定量的问题，毫无疑问都是有准确答案的，但对于一个刚刚从混沌时代走出来的人来说，这两个问题都无异于天问，只有上帝才能解答。

但是，正如达尔文曾经说过的那样，越是无知的人，就越会觉得很多问题都是不可能找到答案的。只有真正的智者才会相信任何问题都是可以被解决的，这样的智者虽然人数很少，却是人类的进步之源。从17世纪开始，先后有好几位人类当中的佼佼者，主动向这两个天问发起了挑战。

地球的年龄

如果我们随便挑一所理工科大学，从里面随机挑选一名大学生，让他只用200年前的粗陋工具测出地球的年龄和大小，结果恐怕都会令人失望。这件事足以说明科学发展的速度是何等惊人，早在200年前就已经超出了绝大多数现代人的知识范畴了。

这两个问题中，相对容易解决的是大小问题，毕竟这个世界是可以被直接观察到的，只要明白了其中的道理，答案显而易见。这其中，地球本身的大小比较容易测，太阳系的大小测起来则要困难得多。最先提出解决方案的是著名的英国天文学家埃德蒙德·哈雷（Edmond Halley，哈雷彗星就是以他的名字命名的）。1677年，他在观测水星凌日（即水星从太阳表面经过）时突发奇想，如果地球上相隔较远的两个人观测同一个行星凌日现象，就可以通过不同观测点的时间差和距离差推算出地球到太阳之间的距离。当时的人们已经通过天文观测知道了太阳系各个行星轨道的相对比例，只要知道其中任何两个星体之间的准确距离，就可以估算出整个太阳系的大小了。

不过，地球上能看到水星凌日的范围有限，哈雷提议通过观测金星凌日来解决这个问题。在他的倡议下，欧洲各国同时派出了十几支考察队去往世界各地，观测了1769年发生的金星凌日，测出地球到太阳之间的距离大约为1.5亿公里。要知道，当时的环球旅行很不容易，为了得到这个结果，无数人献出了自己的生命。不过，正是从那次测量开始，人类终于知道太阳系实在是太大了，地球只不过是茫茫宇宙中的一粒尘埃，人类的世界观从此发生了根本的改变。

第二个问题，也就是这个世界的年龄问题，因为不可能直接观测，所以解答难度要大得多。最先尝试解决这个问题的人叫艾萨克·牛顿（Isaac Newton）。对，就是那个著名的牛顿。他虽然是个物理学家，但对任何富有挑战意义的科学问题都很感兴趣。当时的人们已经知道地球曾经是个炙热的大铁球，牛顿找人制作了一个直径1英寸（约等于2.54厘米）的小铁球，通过实验知道这个铁球从红热状态冷却到室温要花至少一个小时。他把这个数据换算成地球的大小，得出的结论是5万年。虽然还是太短，但已经比厄谢尔主教的6000年长了很多。

但是，牛顿毕竟不是热力学家，他的算法存在很多漏洞。最终还是一个名叫威廉·汤姆森（William Thomson）的人出马，这才给出了一个更为可信的结论。提起汤姆森大家可能不太熟悉，但他后来的封号开尔文男爵（Lord Kelvin）大家一定很熟悉。对，就是作为热力学温标单位的那个开尔文。这位男爵一生勤勉有加，在很多领域都做出过杰出贡献。他最大的贡献首推热力学第一定律（能量守恒）和第二定律（熵增定律）。这是热力学领域的两个极为重要的定律，不但为现代物理学奠定了基础，还为英国工业革命的两大基石——蒸汽机和电动机的发明找到了理论依据。

开尔文男爵是权威中的权威，当他通过自己的计算得出了 9800 万年这个数字后，便很少有人敢反驳他了。后来还是一位来自美国的科学家指出，地球内部的压力非常大，散热效率会因此而不同。他修正后的结果是 2400 万年。但开尔文男爵从一开始就知道他的计算误差非常大，所以给出了 2000 万—4 亿年这样一个巨大的误差范围。2400 万年处于这个范围以内，所以开尔文男爵并没有表示反对。

除了热力学方法之外，来自爱尔兰的地理学家约翰·乔利（John Joly）还提出了测量海水含盐量的方法。他假定地球诞生初期海水都是淡水，此后河流不断把陆地上的盐分带

英国著名科学家威廉·汤姆森，封号开尔文男爵（摄于 1880 年）。他的最大贡献首推热力学第一定律和第二定律，这是热力学领域最重要的两个定律，为现代物理学奠定了基础

进海中，日积月累海水便成为盐水了。他计算了全球所有河流的输盐量，再和现在的海洋总盐量做对比，得出了9000万年这个数字。

另一个值得一提的方法是乔治·达尔文（George Darwin）提出来的，他是著名的查尔斯·达尔文的儿子。他假定月球是在地球形成初期自转速度还很快的时候被甩出去的，此后两者的引力相互作用导致减速，最终达到了现在这个相对较慢的自转速度。他根据这个理论计算出来的数字是5000万—6000万年，和其他算法的数量级差不多。

现在我们知道，这几个数字距离真实年龄都差了两个数量级，原因在于当时的科学家对于这个世界的了解还不够充分，前提条件是错误的。比如，开尔文男爵采用的热力学计算法就至少犯了两个错误：一是没有考虑到地球内部岩浆的对流，这会改变热传导的速率；二是没有考虑到地球内部蕴含的放射性元素所导致的持续增温效应。有趣的是，最终正是后者帮助人类测得了地球的真实年龄。

放射性现象很可能是人类近100多年来发现的最重要的自然现象。放射性（radioactivity）这个词虽然是居里夫人发明的，他们夫妇二人也对放射性现象的研究做出过卓越的贡献，但真正在理论上把这一现象解释清楚的人还得说是出生于新西兰的英国物理学家欧内斯特·卢瑟福（Ernest Rutherford），他被公认为"核物理之父"。正是他第一个意识到产生放射性的原因是原子核裂变，这一过程不但改变了原子的属性，还会产生巨大的能量，这就预言了原子弹的诞生，还顺带解释了地球内部为什么温度一直如此之高。

有个小插曲很有意思。1904年，年仅35岁的卢瑟福应邀去伦敦皇家学会（相当于英国科学院）发表演讲。事先他准备在会上提一下放射性元素会产生热量这一新发现，并以此来解释为什么开尔文男爵计算的地球年龄有误差。没想到开尔文男爵那天也在场，卢瑟福心里十分紧张，因为开尔文男爵是公认的学术权威，当年还是个初生牛犊的卢瑟福可不敢得罪这位当时已经80岁的泰斗级人物。演讲中途，卢瑟福发现开尔文男爵的眼睛闭上了，他以

"核物理之父"欧内斯特·卢瑟福，他的发现为放射性测年法奠定了理论基础

为老先生睡着了，于是便大着胆子讲起了地球年龄的问题。谁知一直在闭目养神的开尔文男爵突然睁开了眼睛，把讲台上正在侃侃而谈的卢瑟福惊出了一身冷汗。卢瑟福灵机一动，马上改口说其实开尔文男爵很早就在论文里指出，他那个热力学测年法只有在地球内部没有新的热源的情况下才是正确的，所以正是开尔文男爵最早预言了放射性现象的存在！讲到这里，卢瑟福用眼角余光扫了一眼开尔文男爵，只见他坐直了身子，脸上露出了赞许的微笑，卢瑟福这才长出了一口气。

不过，开尔文男爵并没有认错，他直到生命的最后一刻仍然坚信自己的计算是正确的，地球只有几千万年的寿命。由此看出，科学家绝不都是一些不食人间烟火的怪人。科学圈也和其他圈子一样，存在着权威打压小辈的情况。一个年轻人提出的新理论要想成功上位，需要克服很多意想不到的困难。

再接着说卢瑟福。他对放射性研究所做的最大贡献就是首次提出原子核衰变遵循的是严格的指数规则，即衰变速率只和未衰变原子核的数量成正比，和环境温度、压力、化合物分子式等物理化学属性没有任何关系。这个发现促成了半衰期这个概念的出现，为人类最终发明出放射性测年法奠定了理论基础。

简单来说，如果一开始我们有 400 万个 A 原子，100 年后只剩下了 200 万个，其余的都衰变掉了，那么我们就可以说，A 原子的半衰期是 100 年，即每 100 年衰变一半。再过 100 年之后，我们手里会剩下 100 万个 A 原子，再过 100 年还会剩下 50 万个，依次类推。于是，假定我们知道某件物体在初始状态时含有 400 万个 A 原子，某个时间点测量的结果是 100 万个 A 原子，我们就可以知道这个时间点距离初始状态刚好过去了 200 年。

卢瑟福发现放射性的这个秘密之后，立刻就意识到这是大自然为人类提供的一台调校精准的天然计时器。如果科学家能够找到解读这座时钟的法门，就可以测出地球的年龄了。卢瑟福是一个动手能力很强的人，他立即开始尝试用这个方法测量岩石的年龄。他从地质学家朋友那里弄来几块年龄很老的石头，测量了蕴藏在岩石中的氦气的质量。当时他已经知道铀裂变后会生成氦气，只要测出岩石中氦的含量，就可以估算出岩石的年龄了。

1905 年，卢瑟福在耶鲁大学做了一个关于放射性测年的科学报告，首次向全世界介绍了放射性测年的原理。初步测量结果显示，那几块岩石的年龄都在 5 亿年以上，比开尔文男爵的测量结果大一个数量级。即便如此，卢瑟福仍然坚持认为地球的实际年龄肯定比 5 亿年还要长，因为岩石中的氦气很可能会漏掉一部分，导致测量结果偏小。事实证明卢瑟福是对的，地球寿命比 5 亿年还要再大一个数量级。

虽然卢瑟福是第一个用放射性原理估算岩石年龄的人，但他兴趣广泛，很快就把注意力放到其他地方去了。此后爆发的两次世界大战导致全球动荡，没人再有心思研究这事了。直到"二战"结束，这才有人重新开始琢磨如何解读这座天然时钟，地球的秘密终于被揭开了。

碳-14 测年法的诞生

上一节的叙述方式很可能会给读者留下一个"放射性测年很容易"的印象，其实这个方法难度极大，原因在于科学家面对的是在大自然中含量极低的放射性同位素，对于测量仪器的灵敏度和精确度的要求都特别高。另外，对实验材料初始状态的判定也是一件非常困难的事情，所以最先取得突破的并不是自然界最常见的放射性同位素铀，而是碳-14。

碳-14 最初是被加州大学伯克利分校的化学家马丁·卡门（Martin Kamen）发现的，他为了研究光合作用机理，需要找到一个方法标记碳原子。自然界的碳原子大都是没有放射性的碳-12，但是地球高空大气中的氮气会在宇宙射线的轰击下源源不断地转变成具有放射性的碳-14，其分子量虽然比碳-12 大，但化学性质和碳-12 几乎是一样的，非常适合用来作为碳原子的标记物，研究有机化学反应的细节。

卡门发现碳-14 的事情被芝加哥大学的物理学家威廉·利比（William Libby）知道了，他立刻意识到碳-14 的性质非常适合用来测年，只要假定大

地球的编年史

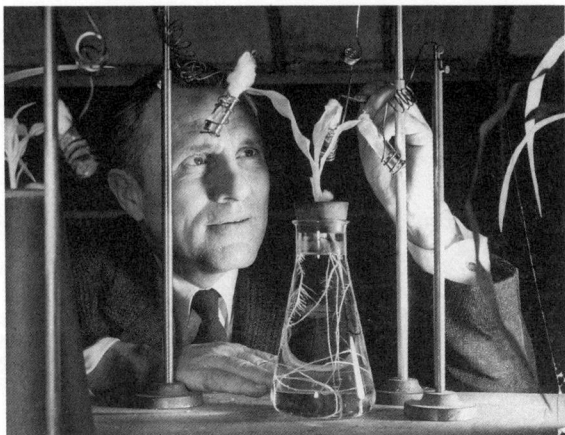

1941 年 1 月 1 日，美国化学家马丁·卡门在进行光合作用实验。他在研究光合作用机理时发现了碳-14

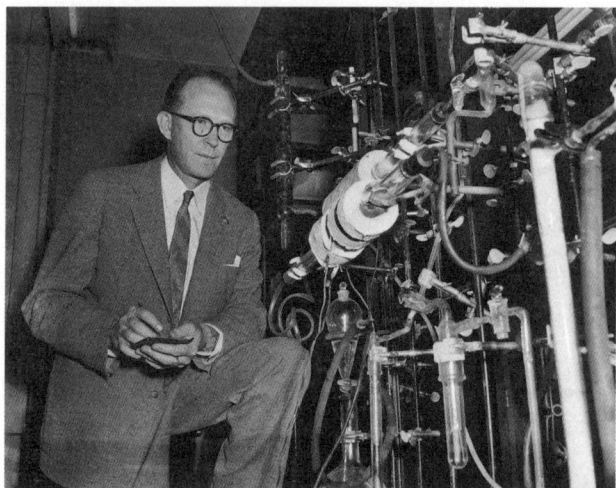

发明碳-14测年法的芝加哥大学物理学家威廉·利比

气层中的碳-14含量是恒定的就行了。已知任何生命体中都含有碳，这些碳原子归根到底全都来自空气中的二氧化碳，通过光合作用被转化成了有机碳，所以任何活着的生命体内的碳-14和碳-12的比例都是和大气中的比例是一样的。一旦生命体死亡，它和环境的碳交换便终止了，从此体内的碳-14只衰减，不增加，只要测出剩下的碳-14的比例，就可以知道生命体是何时死亡的。

24

　　这个思路并不难想到。利比的贡献在于，他意识到碳-14是一种具有放射性的微量元素，其含量可以通过专门测量放射性的盖革计数器间接地测出来。盖革计数器非常灵敏，可以测出极其微弱的放射性强度。否则的话，死亡生命体中含有的痕量碳-14是很难称量的。

　　只要想到这一层，剩下的事情就相对简单了。利比先测出样品中含有的碳元素的总量，然后再用盖革计数器测出其中碳-14的含量，就可以推算出样品的年龄了。为了提高灵敏度，减少环境背景辐射导致的误差，利比在样本外面安装了一圈盖革计数器，先测出当时的背景辐射值，再从测量值中减去就行了。

当然了，这事现在说起来容易，当年做起来还是很困难的。自然界每1万亿个碳原子中才有一个碳-14，每克碳中含有的碳-14每分钟只会发生14次核裂变，碳-14的半衰期是5730年，也就是说5730年前的样品中的碳-14就只剩下一半了，这样的1克样品用盖革计数器测的话每分钟只能记录到7个信号，一不留神就错过了。当年还没有发明出自动测量仪，研究人员经常要整日整夜地守在盖革计数器前记录信号，工作辛苦而又枯燥。好在利比招来的博士后研究员吉姆·阿诺德（Jim Arnold）是一个对古埃及历史非常着迷的业余考古学家，他深知这项技术对埃及学研究的重要性，所以工作的时候特别忘我。

经过两年没日没夜的工作，利比觉得这个方法成熟了，决定实际应用一次。他们选择的第一个具有考古意义的样本来自纽约大都会博物馆收藏的古埃及法老的木质棺材，送来这件样品的博物馆馆长不知道阿诺德熟知古埃及历史，一眼就猜出了样本的大致年龄。不过阿诺德还是认认真真地测了一次，得出的结果是4650年，和他自己的估算值相当吻合。

阿诺德事后回忆，1948年6月的一个星期六的下午，同事们都回家了，只有他独自一人留在实验室里做计算。当他最终得到了那个神奇的数字后，屋子里却没人能够分享他的喜悦。他意识到全世界只有他一个人知道放射性测年法是正确的，从此人类终于可以为历史文物标上准确的时间刻度了。"整个下午我都处于一种癫狂的状态中，不停地在屋子里走来走去。"阿诺德回忆说，"人，就是为这样的时刻而活着的。"

利比将这次测年的结果写成论文，发表在1949年3月出版的《科学》杂志上。不用说，这篇论文立刻在学术界引起了轰动，但利比并不放心，仅此一件样品还不能说明问题，万一是巧合呢？于是他给芝加哥大学历史系的一位老教授打电话求助，后者给他送来一块据说来自古埃及的家具样品。没想到测年的结果令他大跌眼镜，这件样品的放射性太强了，几乎和来自当代的木头差不多。利比反反复复测了好几次都是如此，那段时间他的心情沉重极了，以为这个方法没戏了。一个月之后，他忍不住跑到那位老教授那里寻求解释，后者听后大笑一声，说道："你很可能是对的！这件样品来自一个开罗的古董商，我一直怀疑他有造假的嫌疑！"利比回忆说，他当时差点打这位老教授一拳。

这个小插曲虽然结局很美好，却让利比看到了放射性同位素测年法的巨大威力。从此他为自己立了个规矩，坚决不测具有宗教意义的样品，因为他不愿得罪教徒，怕惹麻烦。事实证明，利比的担心有些多余。宗教和科学本来就是互相抵触的两件事情，教徒是不会相信科学测年法的。举例来说，被基督教徒和天主教徒视为圣物的耶稣裹尸布曾经被三家实验室独立地测试过，结果都证明这是一件来自13世纪或者14世纪的样品，不可能是真品，倒是和它的发现年代一致。但教徒们根本不信，这件圣物至今仍然保存在意大利都灵的一座教堂里，每年都有成千上万的教徒专程过来瞻仰。

1949年底，利比的第二篇论文在《科学》杂志上发表了。这次他测了六件文物样品，结果全都和它们的已知年代非常相符。从此放射性测年法终于在全世界范围内火了起来，无数人拿来各种样品请他们测。利比不得不专门成立了一个顾问委员会，负责筛选最适合测年的样品。

随着样品数量的增多，利比逐渐发现不少结果不太准确，似乎存在系统性的误差。后续研究找到了两个主要原因：第一，碳-14测年法对污染非常敏感，如果样品被新的微生物污染了，哪怕只有一点点霉斑，都会导致测量数据严重失真。尤其是年代久远的样品，碳-14含量本来就少，稍微有一点污染都会带来很大偏差。第二，碳-14测年法的一个重要假定就是大气中的碳-14浓度不变，但研究表明这个值不是恒定的，而是和宇宙射线的强度成正比。不过这个缺陷不是致命的，只要科学家想办法搞清楚地球历史上宇宙射线的强度变化情况，就可以对测量数据进行校正，得到正确的年代。

这件事说起来容易，做起来很难，最终是一位来自奥地利的核物理学家汉斯·苏斯（Hans Suess）利用树木年轮作为对照，解决了这个问题。他发现树木年轮的粗细和当年的气候因素密切相关，所以同一地区的所有树木均会表现出同样的变化模式。只要掌握了其中的规律，再和收集到的古老树干进行对比，就可以通过拼接的方式构建出很长的历史时间段内的年轮规律。举例来说，某地区一棵老树已经活了1000岁，科学家分析了这棵树的年轮，构建出了该地区最近1000年来的气候变化规律，如果再能找到一棵已经死亡了几百年的千年老树干，找出和那棵活树相对应的部分，两者拼接起来，就有可能构建出过去1500年的气候变化曲线。依次类推，长达几千年的树木年轮史都可以通过这种方式被构建出来。

苏斯知道，树干的年轮部分是死的，一旦形成就不再和外界进行碳交换了，于是苏斯从已知年龄的古树年轮组织中采样，测了碳-14，再和该年轮所对应的年代相对比，就可以知道当年的宇宙射线强度和现在的标准值到底有多大的差距，从而画出历年宇宙射线强度的校正曲线。苏斯早在1969年就利用这个办法做出了过去7000年的宇宙射线校正曲线，后来世界各地都有人做出了类似的曲线，结果都差不多。这可不是巧合，而是说明这种校正方法是可靠的，因为各地的局部气候虽然不同，但宇宙射线的强度应该是一样的。

总之，碳-14测年法的出现彻底改变了考古学的面貌，从此人类的手中便多了一杆时间标尺，终于可以把重要的历史文物标上年份了。学过历史的人都知道这件事的意义究竟有多么大。

更重要的是，这项技术的出现彻底改变了人类的世界观。以前人们普遍相信过去发生的事情如果没有文字记录的话是不可能被后人知道的，测年法几乎相当于一部时光穿梭机，让现代人能够穿越回古代去见证历史。利比教授堪比穿越小说里的魔法师，他向世人证明，科学比魔术厉害多了，因为只有科学才能把想象变为现实。

为了表彰利比对科学发展做出的杰出贡献，诺奖委员会将1960年的诺贝尔化学奖授予了他。对，真的是化学奖，虽然利比是如假包换的物理学家。不过，利比并不是第一个被授予化学奖的物理学家，卢瑟福早在1908年就拿到了诺贝尔化学奖。这两位跨界人士都是研究放射性的，这不是巧合，因为放射性是一种元素转变成另一种元素的唯一途径。当年还有一位物理学家也想改变元素的属性，他就是花了后半生的时间专心研究所谓"炼金术"的牛顿。可惜他那个时代不太可能发现放射性，所以炼金术注定会以失败告终。但我们不能因此而责怪牛顿晚节不保，科学研究就是这样，在得到结果之前谁也不敢保证自己的研究方向是正确的，我们不能仅凭成果论英雄，应该鼓励科学家勇于尝试新领域，即使失败了也是有意义的。

下面这个故事就是一个很好的例子。

铀铅测年法的意外之喜

碳-14测年法有个无法克服的困难，那就是可测量的年代范围极为有限。因为碳-14的半衰期只有5730年，超过4万年的样品中含有的碳-14就非常少了，测量结果会很不可靠。科学家们迫切需要找到新的放射性同位素，能够把人类的目光导向更遥远的过去，去丈量那深邃的时间。

于是，半衰期长达数亿年的铀再次登上了测年的舞台。

最早在这个领域取得突破的是芝加哥大学的核物理教授哈里森·布朗（Harrison Brown）。他的办公室就在利比的隔壁，两人经常在一起讨论问题，双方都获益匪浅。事实上，前文提到过的利用年轮来校正碳-14测量曲线的苏斯也来自芝加哥大学，这可不是巧合。

众所周知，美国在"二战"期间实施了"曼哈顿计划"，最终制造出了世界上第一颗原子弹。芝加哥大学被美国政府指定为"曼哈顿计划"的一个重要的研究中心，聚集了一大批优秀的核物理学家。战后这批人并没有离开芝加哥大学，而是在校长的挽留下继续留在这里从事与核物理有关的科研工作，其中就包括新兴的放射性测年研究。

利比和布朗都是这么留下来的。既然好友利比研究的是几万年以内的测

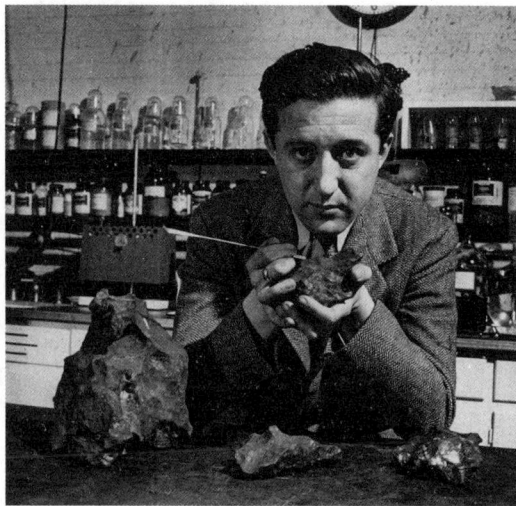

芝加哥大学的核物理教授哈里森·布朗，岩石的放射性测年法正是在他的实验室做出来的

年技术，布朗便决定把目光放远一点，研究地球的年龄，半衰期很长的铀自然成为突破口。已知铀的衰变终产物是铅，这两个元素都必须被准确地测出来，于是布朗教授招来了两名研究生，共同负责这个项目。一人名叫乔治·提尔顿（George Tilton），负责测量岩石中的铀，另一人名叫克莱尔·派特森（Clair Patterson），负责测量岩石中的铅。

虽然铀是岩石中含量最高的放射性元素，但绝对含量仍然是非常小的，作为终产物的铅含量就更低了，因此铀铅测年法面临的最大障碍就是如何准确测量铀和铅的含量。后来科学家们又发现，大自然中含有的铀同位素有三种，铅有四种，这就更增加了工作的难度。布朗教授之所以招来这两位研究生，是因为两人都曾经在"曼哈顿计划"中工作过，并因此掌握了一门神奇的技术，正好可以派上用场。

这项技术就是大名鼎鼎的质谱测定法（Mass Spectrometry）。顾名思义，这个方法的目的就是测量同位素的质量。举例来说，给你一块含铀矿石，如何才能知道其中到底含有多少铀-235、多少铀-238呢？用质谱仪测一下就行了。这个方法的工作原理早在19世纪末就搞清楚了，但真正被用于实践则是"曼哈顿计划"的贡献。这个例子从一个侧面说明，战争对于人类而言也不全是灾难，很多日后造福人类的重大科技进步都是在战争期间被发明出来的，质谱仪、计算机和抗生素等都是如此，核电站更是与"曼哈顿计划"有很大关系。

布朗教授的两位研究生利用自己在曼哈顿计划中学到的技能，开始尝试用质谱仪测量铀和铅的质量。提尔顿首先完成了任务，但派特森却进展缓慢，测量结果总是有很大的误差，尝试了很多次都不行。按照常理，提尔顿是个胜利者，应该被歌颂，派特森是个失败者，很快就会被历史遗忘，但科学是经常不按常理出牌的一门学问。派特森并没有放弃努力，在尝试了一年之后，他终于意识到问题可能出在污染上。不知什么原因，他的实验设备、工作人员的衣服甚至实验室的空气中都含有微量的铅，这些铅在通常情况下不会干扰物理实验，但他测的是极其微量的铅原子，这才惹了麻烦。进一步研究发现，这些痕量的铅来自含铅汽油的大量使用。20世纪20年代，有人发现如果在汽油中混入一定比例的四乙基铅，可以提高汽油的辛烷值，改善发动机的抗爆性能。随着含铅汽油的大量使用，人工添加的铅混在汽车尾气中进入了大气层、土壤和地表水中，导致现代人体内的铅含量比古代人高了1000多倍。

当时的医学研究已经证明，铅是一种对人体有害的物质，尤其会影响儿童的神经系统，对青少年智力发育带来不可逆的危害。石油公司当然知道这件事，但他们为了赢利，极力掩盖这个事实。直到派特森的研究结果证明铅污染已经无处不在，并将这一事实报告给了政府和公众，这个谎言才终于被戳穿了。

一个值得深思的细节是，布朗教授从石油公司那里获得了不少赞助，因为石油公司觉得这项研究能够帮助他们寻找新的油田。但当派特森发现了铅的问题后，石油公司立即停止了资助。不但如此，石油公司还暗中给美国政府施压，强迫他们削减给布朗实验室的研究经费。好在美国政府顶住了压力，派特森的实验这才得以继续进行，并直接促成美国政府于1975年颁布了新法规，禁止新车使用含铅汽油，强迫石油公司研制更安全的汽油抗爆技术。

派特森的师祖，芝加哥大学著名的美籍意大利物理学家恩里克·费米

哈里森·布朗的学生克莱尔·派特森找到了测量岩石中含有的痕量铅的方法，这项研究揭示了铅对环境的污染，直接导致含铅汽油时代的终结

（Enrico Fermi）曾经说过一句话："如果你做了一个实验，得到了你想要的结果，那么你只是完成了一次实验而已。但如果你做了一个实验，得到了你意想不到的结果，那么你就有了一个新发现。"派特森的故事再次验证了费米的远见卓识，这位 1938 年的诺贝尔物理学奖得主的确是科学史上罕见的天才。

更有意思的是，派特森本来从事的是一项和公众健康没有任何关系的纯理论研究项目，最终却拯救了无数人的身心健康。这个例子再次说明，科学研究是很难预知结果的，那些看似没有实用价值的纯理论研究，最终往往会以一种让人意想不到的方式彻底改变人类的生活。

言归正传，派特森找到了误差来源之后，想办法解决了这个问题，测出了岩石中铅的含量。再后来，他采用了一种从铀铅测年法推导出来的铅铅测年法测量了陨石内铅同位素的含量，并和地球岩石做对比，终于测知地球的年龄是 45.5 亿年。

布朗教授把这个结果发表出来后，立刻引起了全世界的广泛关注。与此同时，这个结果也遭到了很多人的质疑。全球有多家实验室试图证明这个结果是不正确的，但试来试去却反而证明了这个结果的正确性。

如今45.5亿年这个数字已经成为科学界的共识，但相信这个数字的人远比相信碳-14测年法的人要少，原因在于碳-14测年法是被古文献和树木年轮校正过的，两者都是直观信息，可信度较高，普通人也很容易理解。地球的年龄则太过深邃，很难通过直觉去理解它。但其实铀铅测年法的逻辑链条是非常完整的，对于专业人士来说可信度也很高。可惜绝大多数人都只愿意相信自己能理解的事物，可他们的理解力又因为知识面太窄而不足，所以才会有那么多人不相信科学测年法测出来的数字，宁愿选择相信古人根据《圣经》推算出来的结论。

上面这个矛盾在探索人类起源的过程中也经常会遇到，这也是关于历史或者未来的科普比关于当下问题的科普要难做很多倍的原因。多数人都更愿意相信"眼见为实"，没有意识到自己的眼睛往往很不可靠，逻辑推理的力量要远比自己的那点可怜的人生经验要强大得多。

地球的断代工程

利比和布朗分别解决了地球历史上最近和最远年代的测年问题，中间这漫长的45亿年该如何解决呢？

让我们再次回到牛顿的时代，当初他之所以选择用烧红的铁球估算地球年龄，是因为他相信地球形成初期就是这样的。这个想法可不是他凭空捏造出来的，而是英国煤矿工人的功劳。英伦三岛盛产煤炭，这也是工业革命首先诞生在英国的原因之一。煤矿工人们发现，随着矿井越挖越深，温度也越来越高，他们很自然地猜测地球内部一定是非常炙热的岩浆，现在我们知道这个想法是正确的。

除了这个发现外，煤矿工人们还发现地下岩石是分层的，各层之间的分

英国地质工程师威廉·史密斯首次意识到不同的地层对应着不同的生物化石，这个发现直接导致了地质年代这个概念的诞生

界线非常清晰。17世纪中期有一位名叫尼古拉斯·斯丹诺（Nicolas Steno）的丹麦学者认为，这些分界线的存在说明岩石材料都是从水里慢慢沉积下来的，所以最早的岩层分界线都是水平的，而且越往上年纪越轻。这个推理现在想来可能不觉得怎样，在当时可是一个革命性的想法，斯丹诺因此被尊称为"地层学之父"。

下一个突破来自英国人威廉·史密斯（William Smith），他是一位地质工程师，经常跟随矿工下井，发现了很多化石。过去欧洲人一直认为化石是上帝造出来逗大家玩的，因为这些化石虽然很像某些现在还活着的生物，却又有很多明显的不同。到了17世纪，终于有人意识到这些化石很可能是曾经在地球上生活过的古生物的遗骸，如今已经灭绝了。

史密斯更进了一步，他发现矿井内的地层厚度虽然不一样，但化石出现的顺序都是一致的，完全可以根据化石的不同把全英国的地质层面纳入同一套体系之中。1799年，他出版了世界上第一本着色的地层图，1813年又出版了英格兰、威尔士和苏格兰地层图，至今仍然没有过时，从此一门崭新的学问——生物地层学诞生了。

要知道，进化论当时还没有问世，但史密斯已经意识到化石可以按照时间来排序，这是个非常了不起的发现。英国著名地质学家查尔斯·莱尔（Charles Lyell）就是在史密斯的启发下，写出了那本划时代的著作——《地质学原理》。年轻的达尔文在乘坐"小猎犬"号帆船环游世界时，行囊里就装着这本书。我们甚至可以说，正是这本书中提出的思想，启发达尔文写出了《物种起源》。

到了19世纪中期，第一张地质年表终于被地质学家们构建出来了。最开始的年表很简单，即最古老的为第一纪，距离我们最近的为第四纪。之后，随着知识的更新，大家耳熟能详的寒武纪、侏罗纪、更新世之类的名词也开始出现了。毫不夸张地说，这张年表是地质学对人类所做的最大贡献，因为它为人类了解地球历史提供了一个基本的框架。从此，无论是地球的发展史还是生命的进化历程都可以在这个框架内被讨论了。

关于地质年表的故事完全可以单独写一本书，本文的读者只需要知道两件事就行了：第一，起码从化石层面来看，生命的进化过程似乎不是连续渐进的，而是被分成了一个个阶段，每个阶段都始于一次物种大灭绝事件，绝大部分在上个阶段称霸地球的物种都消失了，代之以一大批全新的物种。第二，每一种化石都是和周围的沉积物一起被埋入地下的，因此每一种生物生活的年代都可以通过对同一层沉积物的测年而被估算出来。

当然了，19世纪的地质学家连最基本的测年法都没有掌握，他们只知道各种化石出现的相对顺序，对每一个地质年代的具体时间一无所知。直到放射性测年法出现后，人类才知道了各种生命类型出现的时间，这为科学家研究生命的进化过程提供了重要依据。

下面简要介绍四种比较常见的岩石测年法。

第一，铀系法。自然界含量最高的铀同位素是铀-238，这种同位素在衰变为终产物铅-206之前，还要经过8次核裂变，每次均会释放出一个氦原子。这一系列衰变的中间产物都可以用来测年，铀系法因此得名。此法比较适合用来测定碳酸盐地层的年代，常用于测量洞穴堆积物、骨化石和牙齿化石的年龄，在古人类化石研究中有着广泛的应用。引言中提到的道县牙齿化石的年龄就是用铀系法测出来的。

第二，钾氩测年法。钾是地壳中含量很高的一种放射性元素，钾-40会衰变成氩-40，后者是一种气体，因此火山喷发时熔岩中原有的氩气都会挥发掉，这就相当于一次清零的过程。当火山熔岩重新凝结成固体后，新生成的氩气会被禁锢在岩石中，再也跑不掉了。只要测出火山岩或者火山灰中氩气的含量，再和其中含有的钾做对比，就可以算出上一次火山爆发究竟发生在何时。这个方法非常适合测量被火山灰覆盖的化石年代，人类化石的热点地区东非大裂谷恰好是著名的地质活跃带，曾经发生过很多次火山爆发，用这个方法可以很精确地测出夹在火山灰层之间的化石年龄。

第三，古地磁测年法。地球磁场不是恒定不变的，其强度和方向一直在不停地变化，历史上甚至还发生过多次南北磁极彻底颠倒的现象。研究显示，最近的一次磁极翻转发生在78万年前，算是间隔比较久的一次了，因此科学家们预计下一次磁极翻转很可能即将发生，年轻读者也许会在有生之年亲眼看到。地壳中的很多矿物质都有磁性，它们在受热后冷却或者沉积的过程中会因为地球磁场的影响而表现出一定的方向性，这就相当于把那一时刻的地球磁场的方向和强度记录了下来。地质学家们在采集样品时先记录其方向，再在实验室里测量样品的剩磁方向，就可以知道该岩石样本在形成或沉积时地球磁场的极性。最后再将这个信息放在已经建立好的地球磁极变化历史框架内，就可以知道该样本的大致年代了。

第四，光释光测年法。自然界的大部分晶体里肯定都会有杂质和缺陷，这些杂质和缺陷会把路过的电子吸引过去，并滞留在那里。此时如果遇到诸如加热或者强光的照射，这些电子获得了能量后就会一哄而散，消失殆尽。太阳光是很强的光源，所以这些晶体一旦暴露在阳光下，就相当于完成了一次清零的过程。此时如果用土把晶体盖住，让它再也见不到阳光，那么泥土中的微量放射性元素的衰变所释放的电子就会一点一点地被晶体缺陷吸引过去，并储存在那里，储存量和时间成正比，直到饱和为止。考古学家只要把和化石埋藏在同一地层的土壤保存在不透光的容器中运回专门的光释光实验室，分离出土壤中的矿物晶体，用不同波段的光一照，储存在晶体中的电子就会以光的形式释放出来，释放出的光越强，这个晶体距离上一次见光的时间就越久。这个方法非常适合测量含有石英和长石晶体的沉积层的年龄，引言中提到的许昌人头骨化石的年龄就是用这个方法测出来的。

有了上述工具，科学家们终于知道了所有地质年代的时间跨度，也可以相对准确地测知几乎所有化石的生存年代。至此，舞台和道具都已准备好了，就等考古学家和人类学家登场，为我们解开人类起源之谜。

掘地三尺有祖先

随着岁月的流逝，人类祖先的身体早已化为灰烬，只有少量骸骨化石尚留人间，只有想办法找到它们并做出正确的解读，才有可能揭开人类起源之谜。

寻访祖先的踪迹

位于德国西南部的巴登符滕堡州是个农业州，大部分土地被开辟成了农田或者牧场，森林密布的小山丘点缀其间，一派田园风光。州内有个地方叫作龙涅河谷（Lonetal Valley），却看不到龙涅河，原来这块土地是典型的喀斯特地貌，地表水都从石灰岩的缝隙中渗入了地下，把龙涅河变成了一条地下河。正因为如此，这里有好多被水侵蚀出来的石灰岩山洞，从洞里挖出过不少好东西。我在2016年专程来这里走了一趟，寻找欧洲古人类留下的踪迹。

我的第一个目的地是福格尔赫德山洞（Vogelherd Cave），这是一个比较典型的石灰岩山洞，坐落在一个30多米高的小山包上。洞口十分狭窄，但里面却非常宽敞，明显可以看出是被挖过之后的结果。原来，1931年有人在洞里发现了一些石器残片，附近的图宾根大学迅速组织了一个考古队，从洞里挖出了上万件旧石器和人工制品碎片，其中包括9个用猛犸象牙雕刻而成的动物雕塑，造型优美，工艺精良。

"当年那支考古队往下挖了三四米深，挖出来的堆积物在洞外堆成了一个小山包。不过他们不太专业，很多有价值的东西都被当作垃圾丢掉了，所以2005年又挖了一次，从当年那个垃圾堆中又找到了5个动物雕塑，以及更多的文物。"导游赫尔曼（Hermann）介绍说，"测年结果显示，这些动物雕塑的年代大约在距今 3.5 万年左右，是目前已经发现的年代最古老的人类雕刻艺术品。"

2013 年，德国政府投资 380 万欧元在这里建造了一个考古公园，站在洞口可以看到整个公园的全貌，视野非常开阔。"3.5 万年前这片地方是冻土草原，就像现在的西伯利亚。整个龙涅河谷都被冰川覆盖，几乎找不到一棵树。"赫尔曼接着说，"草原上到处游荡着猛犸象、狮子、河马、野马、棕熊、驯鹿和野牛等大型哺乳动物，古人就是追着这些猎物进入这片山谷的。这座山洞是古人的临时避难所和观察站，他们站在这里可以俯瞰整个山谷，一旦发现猎物的踪迹，便手持标枪冲下山去追捕，然后把捕到的猎物抬进洞来烧烤，全家人围着篝火饱餐一顿。"

考古学真是一门需要想象力的学问，我后来采访过的很多考古学家都证明确实如此。赫尔曼虽然只是一名业余导游，但他也继承了考古学家们的这种气质，讲起古人的事情来头头是道，眉飞色舞，充满了各种细节。

当然了，考古不是写小说，考古学家的想象绝不是天马行空，而是要有事实作为依据。比如，欧洲大陆曾经遍布冰川这件事最早是瑞士科学家提出来的，因为瑞士是仅有的几个能看到冰川的欧洲国家，瑞士人通过观察阿尔卑斯山附近的冰川，学会了如何辨别冰川侵蚀陆地后留下的痕迹。之后他们在欧洲大陆的其他地方都发现了类似的痕迹，这才得出了上述结论。

再后来，我们有了科学，可以不必依靠人生经验去做判断了，这才终于搞清了冰川的规律。原来，地球历史上大部分时间的平均温度都要比现在高，但由于各种原因，从距今 800 万—500 万年开始地球逐渐变冷，并从 200 多万年前开始正式进入了冰河时期。这段时期内地球温度在大部分时间里处于较冷的"冰期"，高中纬度地区几乎全都被冰川覆盖。每个冰期之间会有一段短暂的"间冰期"，那时的地球温度甚至有可能比现在还要高，但持续时间较短，很快就又冷了下来。

大约从 80 万年前开始，地球进入了一段变化剧烈的时期，冷暖交替加速，每隔9万年左右便会出现一个"极寒期"。导致这一规律性变化的主要原因是地球公转轨道的规律性扰动，使得地球接收太阳辐射的总量不断变化。这套理论是由塞尔维亚工程师米卢廷·米兰科维奇（Milutin Milanković）最先提出来的，因此后人称之为"米兰科维奇循环"。这个循环是研究人类进化史的重要依据，甚至有人认为，人类之所以被进化出来，并扩散至整个地球，与冰期的规律性变化有着直接的关联。比如，地球在大约4.5万年前时处于间冰期，气候相对温暖，现代智人正是在那段时间进入欧洲的。大约在3.5万年前，地球再次进入了冰河期，并一直持续到1万多年前才结束。这段时期欧洲大部分地区都被冰川覆盖，海平面要比现在低90米，龙涅河谷就是在这一时期被进入欧洲的早期现代智人所占领的，他们创造了著名的"奥瑞纳"（Aurignacian）文化，福格尔赫德山洞就是这一文化的标志性地点之一。

考古学家们通过分析从洞中挖出的文物，还原了"奥瑞纳人"的生活方式。为了保暖，他们穿着兽皮缝制的衣服；他们平时住在简易帐篷里，需要迁徙时会把所有家当装在担架中拉着走；这种简易担架其实就是两根木头之间绑块兽皮，一头用人拉着，另一头拖着地；他们用标枪打猎，枪杆是用木头做的，枪头上绑着用石头仔细打磨过的骨质箭镞；他们还发明了简单的投掷器，就是一小截木头手柄，一头顶住标枪的柄尾，另一头拿在手上，这样可以更好地使用手腕的力量，增加投掷距离；打到猎物后他们会用各种专门的石器把肉从骨头上剔下来，这些石器的材料不是产自当地，而是来自今天的克罗地亚，这说明他们最早是从中欧迁过来的；他们掌握了钻木取火的技能，猎物通常都是被烤着吃掉的。

不是所有人都有考古学家那样丰富的想象力。为了方便游客更好地理解科学家们的推理过程，考古公园用当时所能得到的原材料和工具制作了帐篷、担架和兽皮衣服展示给大家看，一位导游还现场表演了钻木取火，同样只用当地能找到的原材料，几分钟就成功了。园方甚至专门设立了投掷体验区，用纸板做了几个实物大小的犀牛模型放在20多米远的地方，鼓励游客尝试投掷标枪，体验投掷器的威力。

　　不过，信息量最大的还得算是那几件牙雕制品，以及项链首饰和乐器等生活用品。考古公园里有一座设施完备的纪念馆，不但展出了当年从洞中挖出来的两件动物雕塑的实物，还用一部纪录片还原了奥瑞纳人制作这些动物模型的过程，从中推导出了他们的智力水平和社会结构，这很可能是人类学家们最关心的两个问题。

智慧时光机

　　一圈走下来，我感觉自己对奥瑞纳人有了很深的了解。仔细一想，原因就在于他们和我一样，都属于心智已经基本发育成熟的现代晚期智人，不但会制造复杂的工具，还具备了制作并欣赏艺术品的能力。所谓"艺术"的本质就是人类把自己大脑中对周围世界的理解转变成实物，这就相当于为后人留下了很多物证，方便考古学家们去想象古人的生活场景。

　　这方面的一个最有趣的案例就是欧洲晚期智人留下的壁画。福格尔赫德山洞虽然没有壁画，但同时期的欧洲晚期智人在法国、西班牙和德国境内的很多山洞里都留下了栩栩如生的壁画作品，证明我们的祖先至少在4万多年前就已经具备了人

2009年6月24日在德国施瓦本山区的岩洞里发现的骨笛，是用秃鹫中空的翅骨制成的，代表着奥瑞纳文化在艺术上的最高成就

位于法国南部的拉斯考克斯洞穴壁画，属于人类的旧石器时代

类特有的高级认知能力。根据《自然》杂志 2016 年的报道，欧洲科学家通过对这些壁画的研究，搞清了欧洲野牛的进化史。现存的欧洲野牛是两种古代野牛杂交的产物，但那两个亲本都已经灭绝了，只剩下骨头。幸运的是，欧洲晚期智人在洞穴的墙壁上画下了它们的形象，很多细节都栩栩如生。当代科学家通过这些壁画直接穿越到了 4 万多年前，认出了两种亲本野牛的样子。像画画这样的事情只有具备了极高认知能力的智慧生物才能做到，狮子、老虎再勇猛都不行。

换句话说，智慧就相当于一个时光机，带领我们穿越了时空的阻隔，回到了过去的世界。

智慧越高级，为后人留下的信息就越丰富，我们的想象力也就越有用武之地。所有信息当中，壁画只能记录粗糙的视觉信息，文字才是万能的。当人类发明出文字后，我们就不必再去猜测古人的生活状态，更不再需要放射性测年之类的考古技术了，这就是为什么我们把文字出现之前的历史叫作

掘地三尺有祖先

"史前史"，文字出现之后才叫"历史"。在学者们看来，历史是有文字记录的年代，研究方法和史前史完全不同，后者属于考古学的范畴，需要一整套特殊的研究方式和技巧。

让我们把眼光再放远一点，想象一下 1 万年后的历史学会是什么样子。那时的历史学家如果要想研究我们这个时代的事情，肯定不用再去挖土了，甚至连书都不用去翻，我们给后人留下了太多的文字、音频和视频资料，未来的历史学家最担心的反而是如何从浩如烟海的资料中挑出最有用的信息了。高级智慧的出现从根本上改变了"历史"这门学问的面貌，考古这门学科很可能在不远的将来不复存在。

但有一点不会改变，历史学仍然不会是一门完全中立的学问，因为这门学问研究的是人类自己，研究者很难不带有偏见。当年图宾根大学投入了大量人力、物力去挖洞，原因在于纳粹德国打算利用考古来提振德国人的士气，彰显德意志民族的高贵。那时的考古学充满了各种基于民族主义的偏见，就连欧洲古代壁画所采用的红黄黑三色颜料都被纳粹吹嘘成德国国旗的象征。事实上，越来越多的证据表明，这一时期的欧洲智人并不是当代欧洲人的直接祖先，奥瑞纳人的肤色甚至更有可能是深色的。从这个角度讲，今天的德国算是有了很大进步，愿意出资为这些不明来历的古人建纪念馆。

那么，福格尔赫德山洞里曾经住过的那些古人究竟长什么样呢？没人知道，因为这个山洞里没有找到古人类化石。于是我来到了下一个目的地，那里曾经挖出来一根古人的大腿骨。

发现尼安德特人

我的下一个目的地是同样位于龙涅河谷的一个山洞，名叫"空心谷仓"（Hohlenstein-Stadel Cave）。去了才知这个洞实际上只是一处峭壁上的凹陷，比福格尔赫德山洞要浅得多，但远比后者古老，而且早在 1861 年就被人发

尼安德特人住过的"空心谷仓"山洞，位于德国巴登符滕堡州的龙涅河谷

现了。发现此洞的是一个喜欢收集熊骨的人，他从洞里挖出了不少熊骨化石，却把其他的骨头都丢掉了，甚为可惜。不过，即使他把一根人骨拿在手里，也不一定能认得出来。辨认动物化石可是一门学问，需要经过专门的训练才行。

1937 年，热衷宣扬德意志民族高贵形象的纳粹政府再次想到了这个山洞，派人进洞二次挖掘，终于挖出了一根古人类的大腿骨。导游赫尔曼给我看了那根骨头的照片，其实只是大腿骨中间的一小

德国导游赫尔曼在为游客讲解尼安德特人的解剖特征

科学家们在研究尼安德特
人头盖骨（摄于 1946 年）

段而已，反正我肯定认不出来。但那时的考古学家们已经有了经验，认出那根骨头属于尼安德特人（Neanderthal），一种比奥瑞纳人还要古老得多的欧洲古人类。

尼安德特人的故事要从 1856 年讲起。那年夏天，有几个石灰矿开采工人在杜塞尔多夫附近的尼安德尔峡谷（Neander Valley）挖出了一具人类骸骨化石，头骨看着很像现代人，但又有不少明显的差别，比如额头远不如现代人那么饱满，眉骨过分突出，下颌骨虽然结实，却没有下巴颏儿。其他部位也有一些不同之处，比如肩胛骨过分宽大，小臂和小腿都比现代人短，胸腔圆而厚，肘关节和膝关节异常粗大，等等。总之，看上去像是个傻大黑粗的野蛮人。

这件事引起了欧洲学者们的广泛关注，但大家争论了半天也没有达成共识。一部分人猜测这是一个佝偻病人的骸骨，另一部分人认为这是个传说中生活在密林里的野人，甚至还有人相信这是一个在拿破仑战争中受伤的哥萨克骑兵！不过，后者很快就被否决了，因为在此之后的若干年里，全欧洲都相继出土了一批和尼安德特人很类似的骨骼化石，而且从地层和石化程度判断，年代都相当古老。欧洲学者们不得不承认，这是一个曾经遍布欧洲大陆的古老人种，不知为何灭绝了。

后来又有人意识到，类似的化石其实早在1830年就在比利时境内被发现过，1848年在直布罗陀也曾经出土过这样的化石。从化石分布的密度判断，古代的欧洲人肯定挖到过尼安德特人的骸骨化石，但他们完全没有能力分辨出来。要不是那几个德国矿工首先意识到这批骸骨的价值，尼安德特人的故事很可能要晚很多年才被我们知道。

为什么是德国人首先意识到这一点呢？这里面是有玄机的。由于地理位置和民族历史等原因，德国人一直对所谓的"人种差异"非常敏感，投入到这方面的研究也最多。出生于维也纳的德国医生弗朗茨·约瑟夫·高尔（Franz Joseph Gall）最早开始研究颅骨形状和智力之间的关系，他因此被公认为"颅相学"（Phrenology）之父。这门学问从一开始就带有严重的种族歧视色彩，因为大部分研究者都试图用这个方法证明白种人是世界上最优秀的种族。

比如，高尔就曾通过自己的研究得出结论，说高额头和低眉骨是聪明人的标志。其实这个结论完全没有科学根据，只是因为高尔觉得欧洲人都是这样的，而非洲人在这两方面正好相反。这个结论导致德国科学家先入为主地认为额头低、眉骨高的尼安德特人都是粗鲁的野蛮人，一直羞于承认他们是自己的祖先。

后来，随着人类学研究数据的积累，哪怕是最坚定的种族主义者也不得不承认人种之间的"颅相"差异非常小，现代人的颅骨结构和智力高低更是没有一丁点儿关系，所以这门典型的伪科学渐渐被人遗忘了。

如果说"颅相学"还有任何价值的话，那就是它激发了人们研究人类颅骨形状的兴趣。这股风气在德国尤为盛行，这就是尼安德尔峡谷挖出来的那具骸骨终于引起了德国人的注意的原因。不信的话可以去找一张尼安德特人的颅骨照片看看，我相信大部分人在不看注释的情况下是分辨不出来的。

这个案例从一个侧面证明了以色列物理学家戴维·多伊奇（David Deutsch）的远见卓识。他在《无穷的开始》（*The Beginning of Infinity*）一书中曾经说过，我们对任何东西都不是直接观察的，所有的观察都是理论负载的。一件事情，如果你只是盯着它看，最终除了它本身之外你什么也看不到。要想在观测中有所收获，就需要我们在观测前就具备很多相关知识。

想想看，人类化石很多国家都有，却是欧洲人最早发现了晚期智人的踪迹，人类近亲的化石也是最早在欧洲被发现的，原因就是欧洲人最先开始了对人类起源问题的探索，具备了其他地方的人尚不具备的专业知识。

欧洲人之所以最早开始研究人类起源，并不是因为他们更关心自己的祖先，而是因为欧洲人主导了15世纪末开始的地理大发现。无数事实证明，如果一个人一辈子只见过和自己相似的人，那他是不会对自己的身世感兴趣的。古代社会的流动性很差，古人见到异族的机会不多，眼界十分狭窄。掌握了远洋航海技术的欧洲人最早开始环游世界，欧洲海员们最早意识到地球上生活着各种各样的人，于是他们很自然地对人类的起源问题产生了兴趣，因为他们想弄清楚这些人都是怎么来的，不同人种之间的差别到底是如何形成的，以及这种差别究竟意味着什么。

46

换句话说，人类学的诞生，最初不是因为人们对自己的祖先感兴趣，而是因为人们对自己的同类感兴趣，原因在于他们是我们的竞争对手。事实上，不同部落和种族之间的相互比拼贯穿了整个人类史，直到最近才有所减弱。

达尔文为人类学指明了方向

在尼安德特人化石刚刚被发现的时候，达尔文的《物种起源》还没有出

当代最伟大的生物学家达尔文

版，不过当时的欧洲科学界已经意识到《圣经》是不可靠的，人类的历史要远比《圣经》上记载的更悠久。但是，因为缺乏科学知识，以及种族偏见的影响，当时的欧洲学术界普遍认为不同种族的人们一定都是分别进化而来的，否则无法解释各个民族之间的巨大差异。当然了，后续研究证明不同人种之间的差异其实是很小的，但人类最擅长发现同类之间的不同之处，这种能力是多年进化的结果，早已深深地刻在了我们的基因组里，很难被改变。

尼安德特人化石被发现3年后，也就是1859年，《物种起源》出版了，立刻在学术界引发了一场大地震。虽然一开始双方斗争激烈，但支持方逐渐占了上风，进化论被越来越多的人认同。在人类寻找自己祖先的历程中，《物种起源》的出版要算是一个重大的转折点，达尔文的进化论为人类家族的传承提供了一个大致的方向，考古学家们终于知道该去哪里找线索了。

达尔文的早期拥趸相信的是一种狭义的进化论，即认为新物种是在老物种的基础上一点一点地进化出来的，中间存在着很多过渡状态，每一个新变化都要比老版本更复杂、更高级，在竞争中更有优势，所以一旦新版本（物种）出现之后，老版本便很自然地消失了。

这种单线程的进化模式很快得到了废奴主义者的支持，他们认为这个理论说明不同的人种其实都来自同一个祖先，大家五百年前是一家，所以奴隶制度是不道德的。支持奴隶制的人则坚称进化论是不对的，因为只有这样才能为一群人奴役另一群人找到合理的借口。类似这种政治阵营左右科学态度的案例在人类历史上比比皆是，人类进化领域更是重灾区，人类学研究者很难保持中立，古今中外莫不如此。

其实《物种起源》并没怎么谈及人类，因为当时达尔文自认为对这个问题没有把握。后来他花了很长时间思考人类的进化问题，还多次专程去伦敦动物园观察黑猩猩的行为。欧洲人很晚才知道世界上有猩猩这种动物，第一头大猩猩是 1847 年才从非洲运到欧洲来的，所以当时的欧洲老百姓争论的焦点都是人到底是不是猴子变来的，没猩猩什么事儿。但当达尔文了解了猩猩这种动物的行为模式和生活习性之后，立刻意识到猩猩才是和人类最相似的哺乳动物，人类的祖先一定是一种和猩猩很相似的非洲古猿。

达尔文在 1871 年出版了《人类的由来及性选择》（*The Descent of Man, and Selection in Relation to Sex*）一书，首次提出非洲有可能是人类的摇篮，因为他发现地球上很多地区的现存哺乳动物都和该地区已经灭绝了的哺乳动物最为相似，推测人类也应该遵循这一原则。不过，达尔文的这个想法并没有得到大多数古人类学家的认同，他们不相信如此落后的非洲会是人类的发源地。

于是，在 19 世纪末到 20 世纪初那段时间，欧洲各国兴起了一股挖掘人类化石的热潮，大家都觉得自己的民族才是最优秀的民族，每个国家都想成为人类的发源地。因此，大家都喜欢把在本国境内发现的古人类化石命名为一个新的物种，甚至为了达到目的不惜夸大化石之间的细微差别，模糊了"物种"这个现代生物学概念的定义和边界。古人类学从此进入了一个混乱的时期，大家各自为政，缺乏共识。

那时的欧洲考古界还很热衷寻找所谓的"缺环"（missing link），即从猿到人的进化过程中的中间环节，哪个国家先找到这样的化石，这个国家就可

48

以自豪地说，人类是在我这里进化出来的，我们国家才是人类的摇篮。值得一提的是，尼安德特人虽然看上去很原始，却被排除在外了，因为法国铁路工人于1868年在多尔多涅区的克罗马农（Cro-Magnon）山洞中发现了5具人类骨骼化石，年代和尼安德特人差不多，但形态上已经和现代智人没什么差别了。单线程进化模式预言，地球历史上的任何阶段都只有一种人类生存，因为低等的古人类肯定会被高等的人类所替代。如果欧洲已经有了克罗马农人，就不应该再有尼安德特人了，所以尼安德特人不可能是人类进化过程中的"缺环"，只能是一条进化的死胡同，走不通。

1921年，一个名叫查尔斯·道森（Charles Dawson）的英国业余考古爱好者首先报告说他找到了这个"缺环"。当时还是一名乡村律师的道森在英国东萨塞克斯郡的一个叫作皮尔当（Piltdown）的地方发现了几块人类头骨碎片，它们被埋在一处非常古老的地层之中，说明它的主人生活在遥远的过去。这个所谓"皮尔当人"最有趣的地方在于，拼接后的头盖骨完全就像个现代人，但下颌骨却是猩猩的模样，看上去像是一个完美的过渡态人种。

英国皇家学会的人类学家们仔细研究后发现，这个头骨有个小小的缺陷，那就是下颌骨和头骨似乎对不上。但这个发现实在是太让人兴奋了，专家们来不及多想，立即将这个消息公布了出去，宣布从猿到人的那个"缺环"终于被找到了。

从这天开始，人类考古学就走入了一条死胡同，直到40多年后才走出来。

原来，这个头骨化石是伪造的，伪造者把一个晚期智人的头盖骨化石和一个加工成化石模样的红毛猩猩的下颌骨放在一起，谎称是从同一个地点挖出来的。最后还是同位素测年技术让这件赝品露了馅，可惜真相大白之时所有当事人都已作古，真正的幕后策划者恐怕永远也找不到了。

皮尔当人化石造假事件是人类科学史上非常有名的一桩公案，至今仍然余波未消。为什么那么多化石专家都被这件并不怎么高明的赝品给骗了呢？除了民族主义这个因素之外，还有一个更深刻的原因。自从主流科学界认定人类是从猩猩变来的之后，接下来一个很自然的问题就是猩猩到底是怎么一步一步变成人的。科学家们通过对灵长类动物生活习性的观察，列出了四个大家都同意的关键步骤，分别是从树上下来、双足直立行走、形成复杂的社会结构和认知水平飞跃，至于这四个步骤的顺序则众说纷纭。

达尔文认为正确的顺序应该是先下树，再直立行走，然后大脑认知水平发生飞跃，最后才会出现复杂的社会结构。但英国人类考古学界公认的最高权威亚瑟·基斯爵士（Sir Arthur Keith）则认为认知水平肯定是最先变化的，因为他内心里一直相信进化的动力来自人的主观意志，人必须先进化出高级意识，才会驱动身体的其他部位向终极目标迈进。皮尔当人化石的出现"恰好"验证了基斯爵士的观点。你想啊，认知水平的飞跃一定伴随着颅容量的增加，皮尔当人的颅容量和现代人一样大，但下巴似乎还没进化完全，实在是太符合基斯爵士的理论了。

事实证明，不但皮尔当人化石是假的，基斯爵士的观点也是不对的。进化是没有目的的，不需要有个神秘的"主观能动性"来驱动。英语里的evolution被翻译成"进化"实在是有些不妥，应该翻译成"演化"才更准确，因为这是一个事先没有预设方向的变化过程。

这个例子再次说明，我们对待自己祖先的态度其实是非常微妙的：一方面我们很想知道祖先来自哪里，他们如何生活；另一方面我们却对所发现的事实感到不安，生怕和自己心目中的祖先形象不符。事先拥有丰富的知识虽然能够帮助人们更好地认识这个世界，但如果我们被某种先入为主的概念或者政治立场牵着鼻子走，其结果同样会是灾难性的。

在古人类研究领域，类似这样的案例太多了，下面就再举一例。

发现爪哇人

达尔文虽然是生物学界公认的泰斗，但他对于人类起源于非洲的猜测却一直没有得到广泛的认同。德国著名的生物学家恩斯特·海克尔（Ernst Haeckel）就是反对派的代表人物。

海克尔最擅长的领域是动物发育，就是他最早提出动物的进化史会在该动物的胚胎发育过程中完美地再现一遍。虽然这个理论现在已经被否定了，但当年在普及进化论的过程中还是起到过很大作用的。他还发明了很多大家耳熟能详的词语，比如生态学（ecology）和干细胞（stem cell）等，甚至连"第一次世界大战"这个说法也是他首先提出来的。

海克尔是达尔文的进化论在德国的主要推广者，但他却一直不相信达尔文的人类非洲起源说，而是坚信红毛猩猩（orangutan）才是和人最相似的灵长类动物，出产红毛猩猩的亚洲才是人类的摇篮。其实那时已经有人解剖了亚洲红毛猩猩和非洲黑猩猩，发现后者最像人。海克尔之所以坚持自己的想法，完全是政治因素在作怪。

还有一个重要的原因，那就是人类进化这个研究领域在早期一直是"定性"的成分居多，缺乏可以量化的指标和能够被清晰地证伪的理论框架。到底哪些性状能够证明红毛猩猩不是人类祖先呢？谁也不知道应该以何种标准来评判。再加上人类的祖先都早已作古，没人出来做证，因此这个领域一直充满了争议，大家按照政治立场或者学术派别来站队，谁也说服不了谁。

那么，作为一个德国人，为什么海克尔会坚持认为亚洲才是人类的摇篮呢？这里面有一个很古老的原因。大部分欧洲人信的是基督教，《圣经》里所说的伊甸园却是在中东地区，那片地方已经有很长时间被穆斯林控制在手中了，再加上德国人也很不喜欢源自中东地区的犹太人，于是他们便把目光转向了更加遥远的东方，创造出了"雅利安"（Aryan）这个概念。据说雅利安人起源于印度北部，是一个非常高贵的古老民族，德国哲学家黑格尔认为欧洲最早就是被雅利安人征服的，日耳曼人都是雅利安人的后代。

这套理论一直缺乏考古证据，语言学（印欧语系）是其唯一的支持者。18世纪末出生的德国博物学家约翰·弗里德里希·布卢门巴赫（Johann

Friedrich Blumenbach）则另辟蹊径，认为中亚更有可能是人类的发源地，当地的白色人种是所有人类的祖先，他称之为高加索人（Caucasian）。他还是最早把人类当作一个生物物种来研究的人，就是他首次把"种族"（race）这个词用在了人类身上。

海克尔继承了布卢门巴赫的思想，他相信生活在南亚诸岛上的红毛猩猩才是人类最早的祖先，因此他虚构了一个幽灵洲（Lemuria），认为这块大陆才是人类的摇篮，后来沉入印度洋底，这就是古人类化石如此罕见的原因。

海克尔的理论流传很广，一个名叫尤金·杜布瓦（Eugene Dubois）的荷兰东印度公司的医生就是这套理论的拥趸。他利用自己被派到印尼工作的机会，组织当地人先后在苏门答腊岛和爪哇岛的河岸以及洞穴中寻找人类化石，终于在 1891 年时在爪哇岛发现了一个很像猩猩的头盖骨，第二年又发现了一根很像现代人的大腿骨，他将其命名为"直立行走的猿人"，也有人因其发现地而称之为"爪哇人"。

因为杜布瓦是个业余科学家，他的这项发现并没有被主流科学界承认，他郁闷得差点儿发了疯。等到皮尔当人化石出土之后，欧洲科学家们都把注意力转到了英国。杜布瓦和他的发现符合"先直立行走再大脑发育"的进化路线，和皮尔当人正相反，所以很快就被大家遗忘了。

但是，亚洲起源说并没有被遗忘，反而愈演愈烈，吸引了不少欧洲人前往亚洲寻找人类化石，中国自然成为他们的首要目标。这些人很快发现，在中国找化石根本不需要去田野里挖土，只要去中药店走一趟就行了，因为中国人迷信，他们觉得吃了动物骸骨化石研磨成的粉可以壮阳，甚至还可以治病。当时很多药店都出高价收购所谓"龙骨"，不少农民专门靠挖化石谋生。他们显然没有受过这方面的专业训练，很可能把人类化石当成"龙骨"卖给了药店。因为缺乏相应的科学知识，一直标榜最崇拜祖宗的中国人就这样把祖宗留下的遗骨当作壮阳药吞进了肚子里。

当然了，绝大部分化石都是古代动物留下的，人类化石很少。人在地球上生活的时间本来就远少于动物，种群数量更是天差地别，化石少并不奇怪。不过，动物化石也是相当珍贵的东西，能留下来的都堪称奇迹。去非洲看过野生动物的人都知道，大型动物在野外死亡后，其尸体很快就会被各种食腐动物处理得干干净净，骨头虽然可以保留得久一些，但骨髓里面也有营养，也会被动物咬碎。据统计，绝大多数情况下动物骸骨在死后的两年内就会彻底消失，留不下一点痕迹，除非死后很快被沙土掩埋，才有可能保存下来。

自然界通常只有两种情况会把死亡动物的骸骨迅速地埋进土里：一种情况是动物掉进坑里或者山洞中，然后被冲进来的泥水覆盖住；另一种情况是动物掉进河里或者湖里，被水底淤泥掩埋。这就是绝大部分动物化石都是在山洞或者古代河床的沉积层内发现的原因。《引言》中提到的道县牙齿化石就属于前者，据观察应该是死亡后被水冲进洞里来的。许昌人化石则属于后者，那地方在考古界被称为"河湖相"遗址。

当然了，还有一种情况会把死人迅速埋进土里，那就是具有高级智慧的现代人主动为之。事实上，这就是距今4万年以内的人类化石通常质量会比较高的原因，因为那时的人类已经开始埋葬死去的亲人了。

发现北京人

20世纪初期，有个德国人无意中在一家中药店里找到了一颗疑似古人类的牙齿的化石，消息传到欧洲后吸引了更多的古人类学爱好者前往中国挖宝。一位名叫约翰·安特生（Johan Andersson）的瑞典人就是这样来到了北京。他本人是个地质学家，受中国政府邀请来中国找矿，但他同时还是个业余考古爱好者，当他听说北京南郊周口店附近的鸡骨山里曾经挖出过"龙骨"，便出钱雇了一帮农民在周口店附近进行了小规模的试探性挖掘。虽然只挖出了几件动物化石和石器碎片，没有找到人类化石，但安特生依然兴奋地说："我有一种预感，我们祖先的遗骸就躺在这里。"

对于职业考古学家来说，挖出人类化石属于可遇不可求的事情，很多人干了一辈子也不一定能挖出来一件。但石器就不同了，出现的概率要大很多，毕竟一个人一辈子可以制造成百上千件石器工具，但死后只能留下一副骸骨。

从某种角度说，石器的重要性一点也不亚于人骨，因为它是人类智慧的产物，体现了人类心智的进步。这是人区别于动物的最重要的特征，也是考古人类学最为看重的领域。有意思的是，人类在其漫长的演化进程当中，石器制造技术的进步是非常缓慢的，甚至在几十万年的时间跨度内都看不到一点进步的迹象。有经验的考古学家仅凭石器的样子就可以判断出它来自哪里，以及大致的年代范围。

另外，石器易于保存，可以找到各个阶段的石器，比较容易构建出一条完整而又准确的进化链条。人骨就不同了，其保存条件受到后天因素的影响太大，化石多的地方不见得当年生活在这里的人就多，初次发现某类化石所属的年代也不见得一定是这一类人种的起始年代，仅凭化石很难完整地构建出人类活动的全部历史。

举例来说，人骨化石和牙齿在湿热的条件下很难保存，对于酸性土壤的耐受力也很差，所以在遍布酸性土壤的非洲热带雨林中几乎找不到人类化石，但这并不等于说人类不喜欢热带雨林，事实很可能正相反。

再接着说安特生的故事。因为他毕竟不是搞化石出身，在这方面缺乏经验，瑞典乌普萨拉大学（University of Uppsala）考古系便委派了一位名叫奥托·师丹斯基（Otto Zdansky）的古人类学家给他当助手，最终正是这个师丹斯基于 1923 年在鸡骨山旁边的龙骨山找到了该地区第一枚人类牙齿化石。因为牙齿的外层有牙釉质保护，牙齿比骨骼更容易保存下来，所以《引言》中提到的湖南道县福岩洞出土了 47 颗人类牙齿却没有找到一块骨头，并不是一件特别奇怪的事情。

这个消息公布后，引起了当时正在蒙古地区挖化石的一支美国考古探险队的兴趣。因为显而易见的原因，美国在人类考古领域一直落后于欧洲。

美国"中亚探险队"在蒙古
地区发现的第一颗恐龙蛋化
石

但随着美国国力的日渐强盛，对人类起源问题感兴趣的人也渐渐多了起来。1921 年，位于纽约的美国自然历史博物馆在摩根大通的赞助下，组织了一支"中亚探险队"（Central Asiatic Expedition）来到中国。这支探险队以北京为基地，在蒙古地区的戈壁滩上寻找化石，结果费了半天劲啥也没找到，却挖掘出了世界上第一颗恐龙蛋化石。

当美国人听说了周口店的事情后，便想过来分一杯羹。经过一番明争暗斗，瑞典人主动撤走，顺便把他们发现的那颗牙齿化石也带走了。刚刚成立不久的中国地质调查所接管了周口店的考察工作，第一任所长翁文灏代表中方和代表美方的北京协和医院于 1927 年签署协议，由协和医院的赞助者美国洛克菲勒基金会出资，在周口店遗址进行为期 10 年的大规模系统挖掘工作。这项工作的美方负责人是加拿大学者步达生（Davidson Black），他主要负责落实资助，并把成果写成英文论文投给国际期刊。真正在现场负责挖掘工作的是刚从法国巴黎大学留学回国的裴文中，正是他在周口店的"第一地点"

发现了该地区第一个人类头盖骨化石，后人称之为"北京人"。

裴文中的助手名叫贾兰坡，当时他还是一个刚刚考入中国地质调查所的练习生。1936 年，贾兰坡接替裴文中，成为整个周口店挖掘项目的负责人。在这两位中方负责人的领导下，周口店遗址一共挖掘出 14 具完整程度不一的头盖骨、147 颗牙齿、7 根大腿骨以及其他一些零星的人类骨骼化石。另外还发现了上万件各式各样的石器，这在人类考古史上绝对是一项了不起的成就。在翁文灏的坚持下，美国研究者并没有把这些化石带回美国，而是全部留给了中国。但他们没有想到的是，在那个兵荒马乱的年代，羸弱的中国无力保护如此珍贵的东西。

当年还没有发明出精确的测年技术，考古学家们只能从地质结构以及处于同一地层的哺乳动物化石的种类来估算"北京人"化石的年龄，估算结果为 25 万—50 万年。从解剖学的角度看，"北京人"非常符合人类学家们关于"缺环"的想象：他们的眉脊突出，前额低平，骨壁较厚，枕骨（后脑）也很粗壮，看上去似乎有点像尼安德特人，但两者有一个很大的不同，那就是尼安德特人的平均颅容量高达 1600 毫升（男），比现代人还要大。相比之下，"北京人"的颅容量平均只有 1088 毫升，虽然比猿类的 600 毫升大了将近一倍，但也远比现代人的平均值 1400 毫升小了很多。

步达生把周口店发现"北京人"化石的消息写成英文论文投给了国际期刊，立刻在世界范围内引起了轰动。这是第一次在亚洲大陆发现古人类化石，为"走出亚洲"学说提供了一个重要证据。很快又有人发现，"北京人"化石和早年间在印尼发现的"爪哇人"化石非常相似，于是将两者合而为一，命名为"人属直立人"（*Homo erectus*）。

步达生不幸于 1934 年死于心脏病，最终接替这个职位的是一个名叫魏敦瑞（Franz Weidenreich）的德裔美籍人类学家。1936 年日本军队攻占了北平，挖掘工作被迫停止，直到 1949 年后才又重新恢复。

1941 年太平洋战争爆发，翁文灏和魏敦瑞商量后决定将化石交给美国大使馆，由使馆出面调用美国海军陆战队的卡车将其送至秦皇岛，再从秦皇岛码头装船运到美国。但是，如此珍贵的化石竟然在运输过程中神秘地丢失了，至今没有任何线索。关于"北京人"化石的丢失以及随后的搜寻过程可以单独写一本书了，在此不再赘述。

幸亏魏敦瑞事先把"北京人"头盖骨化石做成了模型并放在随身行李里运回了美国，这才让他能够继续从事人类起源问题的研究。1943年，魏敦瑞提出现代中国人是北京猿人的后代，三年后他又将这个思想扩展到整个欧亚大陆，提出了人类起源的"多中心假说"（polycentric hypothesis）。他认为现在的人类并不都是来自同一个源头，原本生活在世界各地的古人类各自独立进化，变成了现在的不同族群。不过在这一过程中各个族群之间发生了很多基因交流，并不是完全孤立的。

"多中心假说"挑战了当时流行的"走出亚洲"学说，魏敦瑞试图用这套理论解释世界各地不同人种的差异性，他发现"北京人"头盖骨有着和现代东亚人类似的特征，比如平脸、高颧骨和铲形门齿等。"爪哇人"头盖骨则和居住在澳大利亚的土著更相似，比如颧骨较厚、脸部突出等。于是他猜想，"北京人"就是当今东亚人的祖先，"爪哇人"则是当今东南亚人和澳大利亚土著民族的祖先，尼安德特人应该是当今欧洲人的祖先，非洲出土的古人类应该就是非洲人的祖先。

没想到，后续研究发现，非洲出土的古人类可不仅仅是非洲人的祖先那么简单，"走出亚洲"学说最终被非洲发现的一大批古人类化石彻底推翻了。

南非的意外发现

当瑞典古人类学家师丹斯基在周口店的龙骨山挖出第一颗"北京人"牙齿化石的时候，一个名叫雷蒙德·达特（Raymond Dart）的澳大利亚人类学家也正在南非寻找古人类化石。达特的专业是大脑解剖学，本打算毕业后在英美某大学谋求一份体面的教职，但他的导师格拉夫顿·埃利奥特·史密斯（Grafton Elliot Smith）安排他去南非金山大学，在刚刚成立没多久的解剖学专业任教。达特很不情愿，但还是接受了这个安排。

达特的导师史密斯同样来自澳大利亚，他被公认为大脑解剖学领域的权威，也是"文明超级扩散论"（hyperdiffusionism）的主要支持者，该理论认为文明在人类进化史上只出现过一次，然后文明从高级人种向低级人种扩散，最终传遍全球。这个理论深受欧洲殖民者的欢迎，他们坚信自己就属于那个高级人种，有责任把现代文明传播给那些"未开化"的原始民族，否则的话后者永远不会进入文明社会。

史密斯教授同时还是"大脑先行"理论的拥趸，他本人就是研究脑解剖的，自然对大脑的功能非常看重。他坚信古猿一定是先进化出了聪明的大脑，才会具备所谓的"进化动力"，促使身体的其他部位一点一点地向人的方向进化，这就是为什么他和同样坚信这一点的英国古人类学泰斗基斯爵士一样，都相信皮尔当人化石是人类的祖先，英国才是人类的摇篮。

受到导师的鼓励，达特在工作之余也对收集古人类化石产生了兴趣。金山大学位于南非第一大城市约翰内斯堡，城市周边有很多矿山。达特放出口风，让矿工们一旦发现有趣的化石就寄给他。1924年11月28日，达特收到了一件从汤恩（Taung）寄来的包裹，里面是一个刚从石灰岩矿中挖出来的头骨化石，从牙齿特征来看应该还不满10岁。化石保存得相当完整，甚至连颅腔都在，基本上不用拼接就能看出个大概。

那天达特本来要去给朋友当伴郎的，但他立刻被这个头骨吸引住了，差点儿错过了婚礼。他仔细检查后发现，这个头骨的脸相对较平，牙齿较小，具有猩猩和人的混合特征，但颅骨内壁上有很多解剖特征都和人类的更相似，枕骨大孔（foramen magnum，即脊柱和大脑连接的部位）位置靠下而不是靠后，说明它平时是直立行走的，这一点也说明它更像人而不是猩猩。

达特仅用了40天时间就写好了一篇分析报告，并投给了《自然》杂志。

达特认为这个"汤恩儿童"（Taung Child）代表着从猿到人的过渡阶段，是大家梦寐以求的"缺环"。因为在南非发现，所以达特给这个化石取名为"南方古猿非洲种"（*Australopithecus africanus*）。

没想到，文章发表后立刻引起了考古学界的广泛质疑。达特的导师史密斯礼貌地说，他需要看到更多的证据才能下结论。基斯爵士则直言不讳地指出，凡是颅容量低于750毫升的都应该属于猩猩那一支，"汤恩儿童"的颅容量太小了，不是人类祖先。这个化石之所以看上去有些人类特征，只是因为它尚处于幼年期而已，还没长开呢。

当年在学术界有点名气的人当中，只有苏格兰考古学家罗伯特·布鲁姆（Robert Broom）支持达特。布鲁姆的专业是古脊椎动物，在兽孔目（therapsid，一种很像哺乳动物的爬行动物）研究领域做出过突出贡献。他本人是个神秘事物爱好者，当时已经在非洲工作多年。据说当他第一次见到"汤恩儿童"化石时竟然当场就跪下了，声称自己是在祭拜祖先。受到这个发现的刺激，当时已是59岁高龄的布鲁姆也开始四处寻找人类化石，很快就找到一个和"汤恩儿童"类似却更加粗壮的古人类化石，取名为"傍人粗壮种"（*Paranthropus robustus*）。

布鲁姆的新发现同样没能赢得国际考古界的认同，这一方面是因为当时还在流行"走出亚洲"学说，大家普遍相信人类的摇篮应该在亚洲。另一方面则因为以基斯爵士为代表的"脑先行"学派相信大脑一定是最先开始向人的方向变化的，身体其他部位的变化是后来的事情，而这两个非洲化石都正好相反，身体先变了，颅容量仍然和猩猩无异。

不过，更深刻的原因在于当时的世界还是一个种族歧视相当严重的世界，科学界流行所谓的"优生学"（eugenics），大部分西方学者不相信落后的非洲会是人类祖先的诞生地。最终是"二战"改变了这个局面，纳粹德国对犹太人所做的事情让全世界看到了种族歧视的严重后果。"二战"结束后，学术界和公众舆论的氛围发生了180度大反转，种族歧视变成了一个不能碰的禁区，甚至连研究不同族群之间的差别都被视为政治不正确。

这方面的一个经典案例就是美国体质人类学家卡勒顿·库恩（Carleton Coon）的遭遇。他受魏敦瑞的"多中心假说"启发，于 1962 年出版了《种族的起源》（*Origin of the Races*）一书，提出了"多地区起源理论"（polygenism）。该理论认为地球上所有的现代人可以分为五个种族，分别是高加索人种（欧洲白人）、蒙古人种（黄种人）、澳大利亚人种（澳洲土著）、尼格罗人种（非洲黑人）和开普人种（非洲科伊桑人），它们是分别进化的，彼此间只有很少的基因交流，进化速度也不一样，直接导致了各个种族文明程度的不同。

另外，库恩已经意识到非洲出土的化石非常古老，非洲大陆很可能是人类的发源地，但他仍然坚持认为，即便如此非洲也只是人类的幼儿园而已，欧亚大陆才是人类的学校。人类的祖先很早就从非洲大陆走了出来，然后分别进化成了现在的五种人。他曾经用那种欧洲老式烛台的形状为自己的理论做了比喻，五个种族好比五根烛托，它们虽然共用一个基座，但很快就从根部开始分支了，因此也有人把这个理论称为"烛台理论"（candelabra hypothesis）。

这个"烛台理论"如果是在 20 世纪 40 年代提出来的，问题倒也不大，但 1962 年的情况很不一样了，该理论遭到了很多人的抵制。言辞最激烈的当属美国著名遗传学家摩尔根的大弟子西奥多西斯·杜布赞斯基（Theodosius Dobzhansky），他干脆把库恩斥为种族主义者，认为"烛台理论"就是变相地在为种族歧视找理由。迫于舆论压力，库恩不得不辞去了美国体质人类学会会长的职务，这个"烛台理论"也没人敢提了。

确实，如果这个理论属实的话，非洲人和澳大利亚土著就是天生的"劣等民族"了，这个结论到底意味着什么不用说大家也能想象得到。这就不得不引出一个问题：科学研究到底是为了什么？真的是为了发现真相吗？如果这个真相会让老百姓生活得更糟糕，甚至导致人类自相残杀，那还值不值得去研究呢？也许，我们应该换一种问法：为什么发现了事实真相反而会导致更加糟糕的结果呢？难道我们人类没有能力接受真相了吗？

　　所幸，新的研究证明库恩的理论确实是不正确的，人类不同族群之间的差异没那么大。但是，这件事还是很值得深思的，因为以当年的科学发展水平，科学界并没有足够多的证据质疑库恩的理论，他所受的遭遇不能说是公平的。

走出非洲

　　再接着说非洲的故事。因为舆论大环境发生了改变，有越来越多的古人类学家开始在非洲这块此前被大家遗忘的大陆上寻找人类祖先的踪迹。其中做得最好的当属在肯尼亚出生的英国人类学家路易斯·利基（Louis Leakey），他曾经在剑桥大学跟从基斯爵士学习人类学，毕业后选择回到肯尼亚，在美

英国人类学家路易斯·利基在东非大裂谷考察（摄于 1962 年 12 月 1 日）

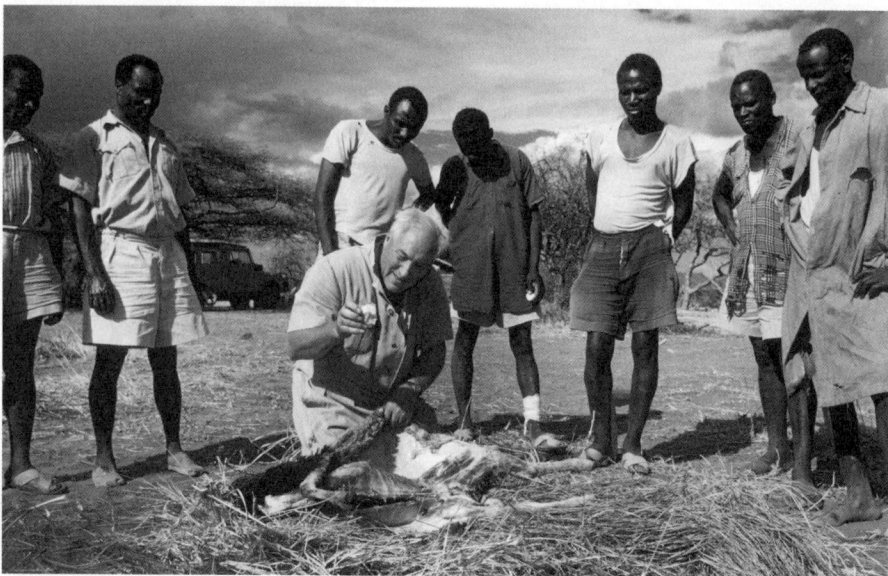

掘地三尺有祖先

国富翁查尔斯·鲍伊斯（Charles Boise）的资助下在东部非洲寻找人类化石。利基会说一口流利的肯尼亚当地土话，这让他能够深入到许许多多尚未被外人发现的隐蔽角落，非洲的秘密就这样一点一点地被揭开了。

先期勘察之后，路易斯和同样是人类学家的妻子玛丽·利基（Mary Leakey）决定把重点放在肯尼亚和坦桑尼亚交界处的奥杜威峡谷（Olduvai Gorge），这地方位于著名的塞伦盖蒂平原上，十几万年前发生的一场大地震在平原上震出了一个将近 50 公里长、90 多米深的峡谷，把一段古代湖床暴露了出来。利基曾经在峡谷里找到过一些石器残片，他相信如果仔细挖掘的话一定能找到人类化石。

1959 年 7 月的某一天，路易斯·利基因为患了流感不得不留在营地里休息，妻子玛丽独自在峡谷里忙碌着。突然，她在地上发现了一段上颌骨，上面附着的牙齿很像人类。她小心翼翼地将其挖出，然后迅速开车回到营地，冲着帐篷大叫："路易斯！路易斯！我终于找到'亲爱的小孩'（dear boy）了！"

如果说达特发现"汤恩儿童"只能算是序幕的话，那么玛丽发现"亲爱的小孩"就相当于正式拉开了"走出非洲"这出戏的大幕，人类的故事从此被彻底改写了。

为了感谢他们的赞助人鲍伊斯先生，利基将这个头骨化石命名为"鲍氏东非人"（*Zinjanthropus boisei*）。发现化石的东部非洲是个火山活动频繁的地方，火山灰把地层分成了一个个界线分明的地质层面，非常适合用放射性同位素的方法测年。利基从美国伯克利大学请来一位测年专家，采用钾氩测年法测出了鲍氏东非人所处地层的年代，得出了 160 万—190 万年这个数字（后来用更准的方法测得的年代为 178 万—179 万年）。这是世界上首个用科学方法测年的古人类化石，其年代远比在欧亚大陆发现的人类化石更加古老。这个让所有人都大吃一惊的结果立刻把全世界的目光都吸引到了非洲，古人类学家们蜂拥而至，一大批重要的古人类化石相继被发现，其中就包括前文提到的露西。

非洲考古热的初期重复了半个世纪前欧洲的情况，每个人都倾向于把自己的发现单独命名为一个物种，因为只有这样才能突出自己的成就。物种（species）本是一个严肃的生物学概念，有着严格的定义，即能够在自然状态下发生基因交流的一群生物属于同一个物种。人类学家们显然无法从化石上判断出两者是否能够交配，只能从化石结构的相似性上做推测，标准相当模糊。就拿现代人来说，任意两个人的头盖骨之间肯定存在差异，那么两个化石之间的差异到底是分属两个不同的物种造成的，还是同一个物种内生物多态性的正常体现？谁也说不清。

前文曾经说过，任何观察都是理论负载的，化石研究者在分析化石样品时头脑里肯定已经先有了一个理论框架，这就必然带来偏见。这种偏见非常强大，以至于大部分研究者甚至都没有意识到自己已经有了偏见。曾经有人用活着的灵长类动物的骸骨做实验，依照和古人类化石同样的分析方法，看看任意两种动物是否属于同一个物种，并估算一下它们之间的遗传距离到底有多远，然后再和基因分析的结论加以对照，结果证明仅凭化石证据来为灵长类动物分类是很不可靠的。

话虽如此，但古人类学家手里只有骨骼和牙齿化石可供研究，其他一些重要特征，比如皮肤颜色、声音特点和行为模式等信息都很难推测出来。不过，当他们意识到这一点后，决定打破门派壁垒，将一大批介于猩猩和人类之间的化石归为一个属，统称为"南方古猿"（*Australopithecus*）。于是，傍人粗壮种改名为"南方古猿粗壮种"（*Australopithecus robustus*），鲍氏东非人改名为"南方古猿鲍氏种"（*Australopithecus boisei*），露西也被命名为"南方古猿阿法种"（*Australopithecus afarensis*），因为发现露西化石的地方位于埃塞俄比亚北部的阿法尔三角区。

路易斯·利基起初不认为南方古猿是人类的直系祖先，他曾在鲍氏东非人所属地层的下面又发现了一个全新的古人类化石，身边还散落着不少石器。他一直相信只有能够制造工具的古猿才是人类的直系祖先，因此他将这

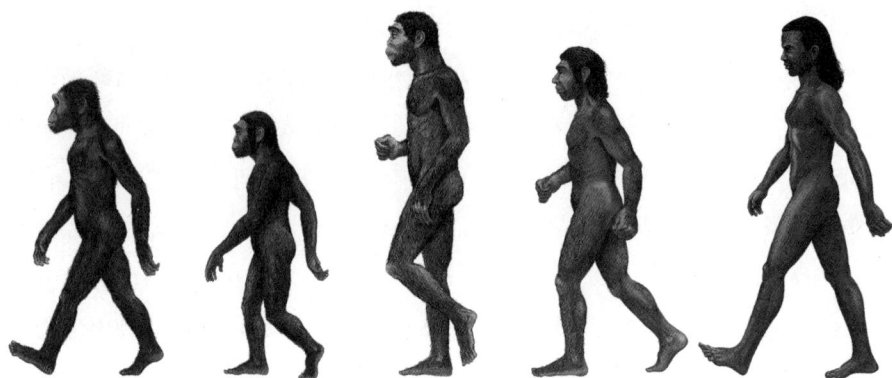

从左至右:

南方古猿阿法种

生活在距今 370 万—300 万年的非洲,是人属动物的祖先,代表化石是发现于埃塞俄比亚、距今 320 万年的露西。雄性身高约为 1.5 米,体重平均为 42 公斤,雌性身高约为 1 米,体重平均为 29 公斤。脑颅容量平均只有大约 500 毫升,比现代人小 900 毫升,但比黑猩猩要大。虽然能够直立行走,但双臂很长,仍然具有很强的攀爬能力。脸部整体较平,眉骨突出,下颌突起,咀嚼肌发达,有可能会制造简单石器

人属能人种

生活在距今 240 万—160 万年的非洲,是第一个被划为"人属"的物种。能人身高只有 1—1.35 米,体重约为 32 公斤,脑颅容量仅有 600—700 毫升,约为现代人的一半。能人是第一种肯定具备制造石器能力的物种,"能人"的意思就是"会制造工具的人"

人属匠人种

生活在距今 190 万—150 万年的非洲,代表化石为在肯尼亚发现的、生活在 160 万年前的"图尔卡纳男孩"。匠人身高为 1.45—1.65 米,体重 50—68 公斤,脑颅容量平均为 750 毫升,能够制造复杂的石器

尼安德特人

生活在距今 35 万—3 万年的古老型人类,主要分布在欧洲和中亚地区。身高 1.52—1.68 米,体重 55—80 公斤,脑颅容量 1200—1700 毫升,比现代人还要大。额头较扁,眉骨突出,没有下巴颏儿,肩胛骨过分宽大,小臂和小腿都比现代人短,胸腔圆而厚,肘关节和膝关节异常粗大

弗洛里斯人

发现于印尼弗洛里斯岛的小矮人,大约生活在距今 20 万—5 万年,身高仅有 1.1 米,体重约为 25 公斤,脑颅容量约为 380—420 毫升,脸部和身体形态很像早期直立人

个新发现命名为"人属能人种"（*Homo habilis*）。这是第一个被归到"人属"（*Homo*）里面的物种，比南方古猿又进了一步。不过，关于能人在人类进化树上的准确位置仍有争论，有人认为这其实就是晚期的南方古猿而已，因为大多数能人都是身高只有1米多一点的小矮人，颅容量虽然比南方古猿稍大，但也比现代人小很多。能人虽然可以直立行走，但上肢仍然保留着猩猩的特征，同样能够在树上生活。

经过几轮的合并，目前已经确认的古老型人种一共有23个，大多数都是在东非发现的，因此东部非洲在很多人心目中成了人类的摇篮。但前文说过，东非之所以发现了那么多化石，主要原因在于东非大裂谷地质活动频繁，很多远古时代的地层被暴露了出来而已，并不能说明那里一定是人类祖先最喜欢住的地方。非洲中部的热带雨林里几乎没有发现过人类化石，但也仅仅是因为雨林里的酸性土壤不适合化石的保存，不能说明古人类不喜欢在那里生活。

事实上，法国考古学家于2001年在中非的乍得沙漠里发现的"乍得沙赫人"（*Sahelanthropus tchadensis*）距今已经有

南方古猿的构想图

巴黎戴内斯工作室的人类学雕塑家伊丽莎白·戴内斯还原千年前古人容貌：（左起）匠人、格鲁吉亚人（男）、一组尼安德特人、格鲁吉亚人（女）、弗洛里斯人（持竹矛）、南方古猿露西夫妇、克罗马农人（投掷矛）、南方古猿鲍氏种、乍得沙赫人、南方古猿非洲种、尼安德特男女、能人（左前蹲者）

700 万年的历史了，是目前发现的最古老的人族成员。从化石的时间和形状来看，这应该是人和猩猩刚刚分开不久的一种古猿，是人和猩猩的共同祖先最可能的模样。之后依次是距今 600 万年左右的"千禧人属图根种"（*Orrorin tugenensis*），距今 550 万年左右的"地猿属始祖种"（*Ardipithecus kadabba*），以及距今 450 万年左右的"地猿属拉米达种"（*Ardipithecus ramidus*）。之后是"南方古猿"的时代，最早出现的"南方古猿"是距今 400 万年左右的"南方古猿湖畔种"（*Australopithecus anamensis*），然后才是大家熟悉的距今 320 万年的南方古猿阿法种（露西），以及南方古猿鲍氏种、南方古猿非洲种、南方古猿粗壮种和被认为最有可能是人类直系祖先的"南方古猿惊奇种"（*Australopithecus garhi*）等，一直发展到距今 240 万—160 万年的"能人"阶段才算告一段落。

必须指出，上述这些人族成员们生活的具体年代和地点只是一种估算，他们相互之间的关系也并不十分清楚，没人能够肯定地指出到底哪个种是人类的直系祖先，哪个种是进化的死胡同，原因就是化石材料太少了。据统计，距今 700 万—100 万年这段时间内，迄今为止一共只发现了大约 2000 个个体的化石，其中绝大部分还都是单个牙齿化石，头骨碎片和下颌骨非常少，后两者才是最重要的，因为它们分别代表了思维方式的进步和食物来源的变化，最能反映出人类进化的脚步。

68

因此，对于普通读者来说，这段历史只要知道个大概就行了，没有必要了解得很详细，更何况其中的细节肯定会随着化石的不断发现而改变。我们只需要知道，人类和距离我们最近的猩猩有着共同的祖先，这位祖先一直生活在非洲的丛林里，像猴子一样过着树栖生活。大约在 700 万年前，非洲气候发生了剧烈变化，这群古老的非洲猿类开始分道扬镳，其中的一支从树上下来，尝试用两足行走，从此开始了一段漫长的进化之路。

他们就是人类的祖先，我们都是这群非洲古猿的后代。

尾　声

在位于北京市西南方向的房山区，距离天安门大概 40 多公里的地方，有一条奇怪的乡间公路。这条路虽然是双向四车道，却完全没有给左转弯的车辆留出空间，以至于来往车辆经常被转弯车堵住。不过这条公路已经没办法扩展了，因为公路两侧密密麻麻地种着一排杨树，从树干的直径来看，至少已有 40 年的树龄了。原来，这就是著名的京周路，从北京市中心可以直达周口店。

这条路的前身是燕山石油化工基地的对外通道，是 1949 年后北京所修的第一条出城方向的高规格柏油马路。1969 年，北京市政府在原来的基础上又加宽了一倍，路两旁还栽种了一排杨树，至今依然挺立。当时正值"文化大革命"时期，全国上下一片混乱，为什么要去翻修这样一条乡村公路呢？个中原因和恩格斯有一点关系。原来，马克思主义的创始人之一恩格斯曾经也是个人类学家，他在 1876 年撰写过一篇文章，提出了"劳动创造人"这个著名的观点，和当时流行的"大脑发育创造人""直立行走创造人"等学说齐名。

不过，恩格斯之所以提出这个假说，并不是因为他掌握了什么确凿的证据，而是因为他要为工人阶级代言，希望广大劳动人民相信自己所从事的工作是一项高贵的人类活动，劳动者不但一点也不比剥削阶级低贱，而且有朝一日还会翻身做主人。同理，曾经主持过周口店挖掘工作的贾兰坡后来被选为中科院院士，他直到 2001 年去世前都一直坚信人类的摇篮不在非洲而在亚洲，虽然非洲起源学说早已成为国际学术界的共识了。

20 世纪 50 年代初期，全国上下掀起了一股学习"社会发展史"的浪潮，从小学生到退休老人，大家很快就都知道人类社会是从原始社会、奴隶社会、封建社会、资本主义社会这样一路发展过来的，现在是社会主义阶段，但将来一定会实现共产主义。除此之外，大家还通过各种宣传材料知道了人剥削人不是自古以来就有的现象，劳动是光荣的。

1976 年是恩格斯提出"劳动创造人"学说的一百周年纪念，周口店变成了各行各业学习马列主义的基地，大家都想去见识一下原始社会到底是什么样子的。于是这条路被扩建成现在的样子，小轿车从天安门出发可以一路开到周口店。

40 年后的京周路依稀可见当年的气派，却早已跟不上中国经济的发展速度了。我顺着这条路前往周口店参观，发现当初挖掘出"北京人"化石的那个山洞正在翻修，不久将会建成一个半露天的北京猿人遗址公园。一座设施相当现代化的周口店遗址博物馆已经建成开放，来参观的人还挺多。大家最关心的一个问题就是：北京猿人到底是不是中国人的祖先？如果不是的话，中国人到底是从哪里来的？

这两个看似简单的问题，却并不那么容易回答。

中国人是从哪里来的？

关于中国人的来历，存在两种针锋相对的理论，彼此间争论不休。

斯特林格的欧洲之旅

1971 年 7 月的某一天，一个名叫克里斯·斯特林格（Chris Stringer）的英国人开着一辆破车行驶在法国的高速公路上。他刚刚年满 24 岁，是英国布里斯托大学（Bristol University）人类学系的在读博士生。他想弄清楚现代欧洲人都是从哪里来的，便申请了一笔经费，去欧洲各大博物馆收集古人类化石证据。

这笔经费为数不多，勉强够他四个月的伙食开销。为了省钱，他决定开自己的车上路，还经常在路边搭帐篷过夜，或者干脆就睡在车里。路过比利时的时候他甚至在流浪汉收容站过了一晚上，因为那里可以让他洗个澡。他还曾两次遭遇抢劫，所幸记录数据的笔记本没有丢失。

就这样，他用了 4 个月的时间访问了欧洲十个国家的人类学博物馆，收集到了当时最全的古人类头骨化石数据。然后他用打卡的方式把这些数据输入计算机，让机器来告诉他答案。要知道，那时候一台计算机有好几间房子那么大，互联网更是听都没听说过。他就是在如此简陋的条件下开创了用电脑和大数据方式研究人类进化的先河，现在想来堪称壮举。

一个古人类学家，为什么不去考古现场挖土，而是选择去博物馆收集资

71

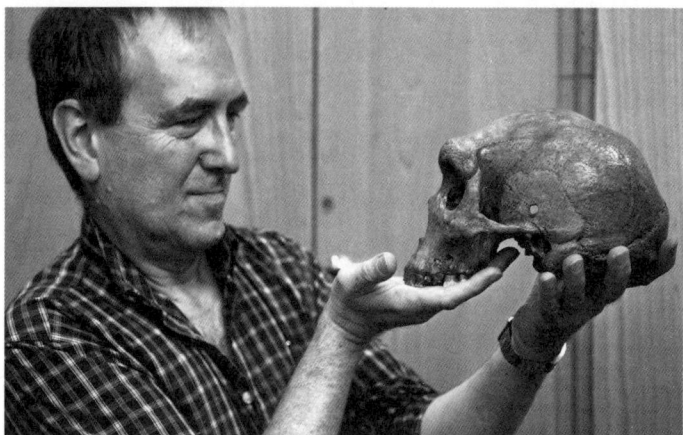

英国人类学家克里斯·斯特林格，他用计算机分析化石数据，首次提出了"走出非洲"说

料呢？这就要从当时欧洲人类学研究的状态说起了。前文说过，因为科技水平相对发达，欧洲一直是古人类学研究的前沿地带，欧洲大陆挖掘出的古人类化石数量最多，保存质量也最高。除了前文提到的尼安德特人和克罗马农人之外，1907 年在德国的海德堡发现了一个人类下颌骨化石，和尼安德特人的不太一样。后来人们又在欧洲多个国家发现了类似的化石，它们被归为一类，学名叫作"海德堡人"（Homo heidelbergensis）。从形态上看，海德堡人应该是比尼安德特人更加古老的一个人种，但两者之间的关系并不清楚。

1921 年，欧洲人类学家又在赞比亚的布罗肯山（Broken Hill）发现了一种新的人类化石，看上去和海德堡人很相似。因为赞比亚在独立前的原名是北罗得西亚，因此欧洲人将这种化石命名为"罗得西亚人"（Homo rhodesiensis），我们可以近似地将其看作生活在非洲的海德堡人。

如果再加上在亚洲发现的直立人，当时已经发现了至少五种古老型人类，他们全都生活在距今 200 万年以内，比在非洲发现的南方古猿化石要年轻得多，属于人类进化的晚期，全都可以被划入"人属"的范畴。科学家们猜测，人类的祖先虽然诞生在非洲，但很早就离开家乡迁徙到了欧亚大陆，逐渐进化成了很多不同的"人属"成员。如今这些成员都已灭绝,"人属"里就只剩下我们这一群孤零零的"智人"(*Homo sapiens*)了。

这些古老型人类当中,究竟是谁最终幸运地进化成了现代智人,其余的又是因何被淘汰出局的呢?这是当时欧洲古人类学家们最关心的话题,他们尤其想知道自己是怎么来的,欧洲人的直系祖先到底是谁。

想象一下,如果现代人相当于成年人,古老型人类相当于小孩,那么只要在小孩长大成人的过程中每天采一次样(比如每天拍一张照片),就可以准确无误地判断出哪个成年人是从哪个小孩子开始长起来的,这就是经典达尔文主义为我们描绘的进化图景。这一派学者都相信,进化是一个渐进的过程,只要找到足够多的化石,就能拼接出人类的整个进化史。

但是,随着化石样品越积越多,这个理论遭到了怀疑。人们发现化石并不像经典达尔文主义预言的那样随时间一点一点地匀速进化,而是在很长时间内基本保持不变,然后突然在很短的时间里发生天翻地覆的变化,旧物种大批消失,新物种迅速涌现。地球上曾经发生过至少五次这样的大变化,每一次都造成了至少75%的物种灭绝,史称"物种大灭绝事件"(mass extinction event)。最近的一次发生在6600万年前,直接导致恐龙从地球上消失,原本被恐龙压制的哺乳动物趁机兴起,迅速占据了恐龙留下的生态位,成为我们这个时代的霸主。

从某种意义上讲,作为哺乳动物中的一员,我们必须感谢这次物种大灭绝事件,否则地球上很可能就不会出现人类了。

化石研究结果还显示,即使在物种大灭绝事件之间,物种的进化也都遵循这种间断性跳跃发展的模式,而不是匀速地渐进演化。为了解释这个现象,美国古生物学家尼尔斯·艾尔德雷格(Niles Eldredge)和史蒂芬·杰·古尔德(Stephen Jay Gould)共同提出了"间断平衡"(punctuated equilibrium)理论。该理论认为,如果生活环境相对稳定的话,那么物种倾向于保持不变,因为没有发生变化的动力。一旦环境发生改变,更加适应这一变化的新物种就会在很短的地质时间段内突然出现，然后迅速达到新的平衡态，并维持下去。

这个理论目前尚有争议，但支持者越来越多了。该理论对于人类进化研究所做的最大贡献就是解释了"缺环"的原因，早期人类学家相信从猿到人是一个渐变的过程，每一点微小的变化都应该在化石上留下证据。谁知挖掘出来的大部分古人类化石都可以被分成几个大类，比如南方古猿和直立人等，每一大类的化石都是突然出现的，然后就基本保持不变，有的甚至可以在上百万年的时间段内都不发生显著变化，非常符合"间断平衡"理论的预言。

但是，这样一来就给考古学家研究人类进化史带来了很大的麻烦，因为不同的古人类之间的进化关系变得难以确定了。

第二次走出非洲

必须指出的是，"间断平衡"理论并没有否定达尔文进化论，只是对进化论所做的一个重要补充而已。但这个理论意味着各个古老型人种之间的相互关系不再像经典达尔文理论预言的那样可以轻易地被推断出来了，它们在进化史上的先后顺序也不再那么容易地被看出来。于是，人类学家们只能退而求其次，通过分析不同人种之间共有特征的多少来确定它们之间的遗传关系，再通过它们和现代人骨骼形态的相似度来推断进化过程的先后顺序。举个例子：自行车、汽车、飞机和火箭都可以被归为交通工具，如果要进一步分类的话，我们可以按照"是否有发动机"这个特征把自行车首先分出去，然后再根据"是否会飞"这个能力把汽车再分出去，最终剩下的飞机和火箭相互关系最近，可以归到"飞行器"这个大类中。古人类学家所要做的就是类似这样的事情。不过，早年的古人类学研究方法相对原始，往往是挖出化石的人凭经验去做判断，即使测量也只测少数几个指标，缺乏全面的横向比较。这个方法显然很难避免受到研究者个人主观因素的影响，得出的结论往往掺杂着太多的个人偏见，不够客观。

斯特林格最先意识到了这个问题，决定利用计算机来辅助人脑做判断，尽可能地减少因偏见导致的误判。计算机分析需要大量的优质数据，而当时欧洲各大博物馆均收藏了不少古人类化石，于是斯特林格挨家挨户地访问了这些博物馆，用相同的方法测量了这些头骨化石的各种相关数据，建立了一个到那时为止最全的人类化石数据库。然后他又求助于一位美国人类学同行，获得了当代不同族群成员的头骨数据。他把这些数据输入计算机，花了两年多的时间进行分析，结果表明尼安德特人和现代欧洲人之间的关系并不像大家想象得那么特殊，尼安德特人和欧洲人、非洲人、因纽特人及澳大利亚土著等各种现代人之间的距离都差不多，这说明尼安德特人不是现代欧洲人的直系祖先，而是一个进化死胡同。

不但如此，斯特林格还发现世界各地挖掘出来的具备智人特征的人类化石（比如克罗马农人和奥瑞纳人）全都和真正的现代人更相似，都有着细长匀称的身体构造、细小的牙齿、低眉骨、圆额头、下巴颏儿突出、颅骨壁较薄等特征。相比之下，目前挖掘出来的所有的古老型人类化石（比如尼安德特人或者直立人）都有着粗壮笨重的身体构造、牙齿较大、高眉骨、平额头、没有下巴颏儿、颅骨壁较厚等特征，两者之间的差别非常明显。他认为这个结果说明所有这些具备智人特征的人都应该被划入同一个物种，即"人属智人种"。这个人种包括了当今世界上的所有人，而且无论是黑人、白人、黄人，还是美洲、澳大利亚土著，全都是同一个古老人群的后代。原本生活在世界各地的其他古老型人类则大都走入了进化的死胡同，惨遭灭绝了。

有人曾经用"挪亚方舟"或者"伊甸园"来形容这个假说，这两个词在这里并没有宗教含义，而是说所有现代人都是少数幸存者的后代，同时代的其他人都死光了。这个理论明显是针对库恩的"多地区起源理论"而提出来的，后者认为欧亚非这三个大陆的现代人都是由各自大陆上的古老型人类分别单独进化出来的。斯特林格认为库恩在做研究的时候带有个人偏见，所以

英国古人类学家理查德·利基在坦桑尼亚考察（摄于 1961 年 10 月 10 日）

得出了错误的结论。计算机不带偏见，得出的结果证明库恩的假说是错误的。

　　斯特林格虽然相信所有现代人都来自同一个地方，但他一直不敢肯定这个"伊甸园"到底在哪里，最终还是非洲发现的新化石为这个问题提供了答案。1967—1974 年，路易斯和玛丽所生的儿子理查德·利基（Richard Leakey）领导的一个考古队在埃塞俄比亚的奥莫（Omo）河谷发现了和现代智人非常相似的人类化石，当时的测年结果是 13 万年，比在以色列的两个山洞——斯虎尔（Skhul）和卡夫泽（Qafzeh）中所发现的智人化石要早得多。以色列化石的年代大约为距今 9 万年左右，但已经是迄今为止在欧亚大陆上发现的年代最早的智人化石了。后来随着技术的发展，奥莫化石的测年结果被修正为19.5 万年，比欧亚大陆的智人化石早了 10 万年。

　　这批年代较早的智人化石在古人类学界有个更学术的名称，叫作"解剖学意义上的现代人"（Anatomically Modern Human），意思是说他们的骨骼结构已经和现代人差不多了，仅凭化石很难区分，但在其他方面（尤其是智力）则很可能还是和现代智人有很大差异，因此他们也被称为早期现代人。从距今 5 万—4 万年开始，早期现代人突然发展出了高级的智慧，具备了抽象思维的能力，出现了复杂的社会行为，这些人就是我们，学名叫作"人属智人种智人亚种"（*Homo sapiens sapiens*），或者也可以简称为晚期智人或者现代智人。

　　理查德·利基因为发现奥莫化石而出了名，但他并没有停止探索，又于 1984 年在肯尼亚北部的图尔卡纳发现了一具相当完整的骸骨化石，取名"图尔卡纳男孩"（Turkana Boy）。测年结果显示，这是个生活在 160 万年前的少年，身高达到了 1.6 米，比非洲能人高出很多。颅容量虽然还是比现代人小不少，但体型修长匀称，已经没有多少猩猩的痕迹了，说明这个男孩完全适应了在平原上生活，不再经常爬树了。换句话说，如果给他穿上衣服并戴上帽子的话，这几乎就是个现代人，不仔细看是看不出差别的。

　　考古学家们后来在非洲又发现了一大批类似的化石，它们合起来被称为"人属匠人种"（*Homo ergaster*）。匠人生活在距今 190 万—140 万年的非洲，"匠"的意思是他们会制造复杂的石器工具，已经具备了相当高的智力。考虑到能人的定义尚存争议，非洲匠人应该算是地球上出现的第一个毫无争议的、基本具备人形的物种。

　　后续研究表明，非洲匠人和亚洲直立人无论是身体形态、脸型样貌还是制造工具的水平都极为相似，两者要么属于同一个物种，要么是从某个非洲祖先分离开来的两个亚种。后来人们又在格鲁吉亚的德马尼西（Dmanisi）发现了距今 180 万年的直立人化石，他们很可能就是不久前刚刚走出非洲的匠人的后代。

　　根据以上这些信息，斯特林格于 1984 年在一些专业会议上提出了"晚近非洲起源"（recent African origin）假说。这个假说后来被媒体说成是"走出非洲"，但斯特林格不喜欢这个说法，因为化石证据已经证明古老型人类起源于非洲，而且早在 200 万年前便已走出了非洲，这是没有争议的。斯特林格关注的重点是现代智人的起源，他认为我们都是距今几十万年内诞生在非洲的一群早期智人的后代，这群人再次走出非洲，取代了当时生活在世界各地的古老型人种，所以也有人把这个假说叫作"第二次走出非洲假说"（out of Africa II），或者"取代模型"（replacement model）。

几乎与此同时，又有人提出了一个新理论和斯特林格抗衡，双方从此展开了激烈的争论，至今仍未终结。

同一个世界，不同的梦想

1984年，美国学者米尔福德·沃尔波夫（Milford Wolpoff）、澳大利亚学者阿兰·索尼（Alan Thorne）和中国学者吴新智共同提出了"多地区进化假说"（multiregional hypothesis），向斯特林格发起了挑战。

"很多中文媒体都把我们提出的这个假说称为'多地区起源假说'，这是不对的，因为人类起源于非洲是肯定的，原本在世界各地生活的古老型人类也都是从非洲过去的，这个没有问题。"今年已经89岁高龄的吴新智院士在接受我采访时开门见山地说道，"我们讨论的是现代人的进化问题，和人类起源不是一回事。我们认为现代人是从生活在各地的古老型人类分别进化而来的，至今仍然保留着各个地方的古人类独有的特征。"

作为"多地区进化理论"的三位奠基人之一，学解剖学出身的吴新智在国际考古学界享有盛名。他于1999年当选为中科院院士，还曾经担任过中国科学院古脊椎动物与古人类研究所的副所长。虽然他年事已高，已经不是每天上班了，但所里至今为他保留了一间办公室，里面收藏了很多人类头骨化石的复制品。"东亚地区出土的更新世时期的人类化石有几个共同特征，比如面部和鼻梁相对扁平，眼眶呈长方形，上门齿呈铲形等，这几个特征在其他地区则非常少见。"吴院士如数家珍地拿起一个个头骨模型给我讲解"多地区进化假说"在化石上的证据，"这说明我们中国人就是在以北京人为代表的几个东亚直立人支系的基础上，在中国这块土地上连续进化而来的，不存在演

中国著名古人类学家吴新智，"多地区进化假说"的首创者之一

化链条的中断，其间也未发生过大规模外来人群对本土人群的替代。与此类似，欧洲、非洲和东南亚诸岛上的土著也都是从那里的古老型人类进化而来的，各个人群在进化过程中发生过一定程度的基因交流，所以仍然可以被划归为同一个物种"。

这个说法听上去和库恩提出的"烛台理论"非常像，但吴院士认为真正的灵感来自魏敦瑞，因为他们的理论和魏敦瑞早年提出的"多中心假说"一样，都认为各个人种之间存在某种程度的基因交流。"我们的理论相当于在烛台的每只蜡烛之间加上了很多横向的连接线，代表不同人种之间的杂交，因此我认为更准确的说法是'连续进化附带杂交'。"吴院士对我说。

为什么同样都是化石专家，面对的也都是同样的样本，却得出了完全相反的结论呢？这里面的原因很复杂，值得我们认真讨论。

首先必须承认，利用人类化石来研究人类进化途径本来就存在很多问题，一来化石稀缺，样本量太少，很难用化石构建出整个进化链条；二来化石分类方法不够精确，每个人都可以根据自己的偏好选择不同的分类标准，以此来建立化石之间的进化关系。这就是为什么"连续进化派"会认为东亚古人类化石的某些特征延续到了今天的东亚人，而"取代派"却认为这些特征是来自非洲的古人类。

换句话说，同一个化石样本，因为关注的焦点不同，选取的数据不同，采用的标准不同，很容易得出完全不同的结论。这就好比前文举过的那个交通工具分类的例子，我们既可以按照有没有发动机来分类，也可以按照有没有橡胶轮胎来分类，前者把自行车先分了出去，后者却把火箭先分了出去。到底是发动机重要还是橡胶轮胎重要，谁也说不清。因为这个标准是人为制定的，个人偏好起了很大作用，这就给政治（或者其他因素）干预科学研究创造了条件。

据斯特林格回忆，当年他发表了第一篇论文之后，收到了很多抗议信，其中夹杂了不少言辞恶劣的个人攻击，甚至他的好朋友也对他恶语相加，认为他的理论是垃圾。反对的人当中，一部分人认为不同人种之间的差异巨大，大家不可能来自同一个祖先。另一部分人则不相信人类祖先竟然把世界各地的原住民全部"取代"了，这件事太荒唐了。

如果我们仔细分析一下的话，不难发现第一种反对意见隐含的意思就是我们不可能和"劣等民族"是同一家人，第二种反对意见同样暗示自己的祖先是文明人，不会像野蛮人那么冷酷无情。

有意思的是，种族主义者以前曾经支持过一个类似的"取代模型"，这就是北美大陆的"土丘之谜"。原来，当初欧洲殖民者占领北美后，发现这里有很多土丘，也就是用泥土建起来的微型金字塔。当地的印第安原住民也不知道这些土丘到底是谁建的，它们的历史便成了一个谜。美国考古学家一直不愿相信土丘是北美印第安人修建的，于是构想了一个远古时代的高级文明，土丘是由那些高贵的文明人建造的，但后来"野蛮"的印第安人用蛮力打败了这个高级文明，将其完全"取代"了。可是，当时其实已经有好多证据表明土丘就是印第安人的祖先修建的，只不过年代太久，被当地人遗忘了。美国考古学家们之所以不愿承认这个事实，一方面是因为他们不希望看到自己居住的这块大陆自古以来就是荒蛮之地，幻想着这里曾经有过一个堪比印加、玛雅甚至古代欧洲的灿烂文明；另一方面他们也希望这种"取代"真的发生过，这样就可以为北美殖民者用武力"取代"印第安原住民找到借口。

随着时代的进步，如今欧美学术界的政治氛围发生了180度大反转，任何涉及种族歧视的理论或者言行都会立即遭到抵制，哪怕仅仅是暗示也不行。再加上"取代派"获得的证据越来越多，斯特林格提出的"晚近非洲起源"假说逐渐得到了越来越多的认同，已经成为欧美科学界的主流理论。支持"多地区连续进化"的人不但成了少数派，而且大都来自发展中国家。于是欧美科学界便指责这些国家的科学家都是民族主义者，他们是为了满足爱国主义情怀才去支持"连续进化"理论的。

这方面的一个经典案例就是在印度尼西亚发现的"弗洛里斯人"（*Homo floresiensis*）。根据《自然》杂志的报道，一支由澳大利亚和印度尼西亚科学家组成的联合考察队于2003年在印度尼西亚弗洛里斯岛（Flores）的梁布亚（Liang Bua）洞穴中发现了一种身高只有1.1米左右的小矮人化石，他们颅容量很小，胳膊也更像猩猩，看上去就像是矮化的直立人，所以又名"霍比特人"。最初的测年结果显示弗洛里斯人化石的年代是距今1.2万年。此结果一出立刻引发了巨大争议，没人相信这样一种古老型人种居然在1万多年前还活着。这个发现对于"连续进化"学派是个严重的打击，于是这一派的印度尼西亚领军人物拉迪安·苏鸠诺（Radien Soejono）和他的合作者特乌库·雅各布（Teuku Jacob）便发表文章认为这不是一个新人种，而是得了某种病的现代智人。

苏鸠诺和雅各布属于印度尼西亚少数几位可以自由出入总统府的国宝级科学家。两人都是从日据时期过来的，对印度尼西亚的殖民历史非常敏感，所以两人都对西方人来印度尼西亚挖化石很不满，导致欧美考古学界多年来一直躲着印度尼西亚，生怕惹麻烦。两人还运用手中掌握的权力打压印度尼西亚国内的年轻一代考古学家，因为后者大都支持"取代说"。弗洛里斯人化石被发现后，雅各布用行政手段将化石强行收走，后来迫于国际学术界的抗议，这才不情愿地将其归还，但还回来的化石损坏严重，很多地方都有重新黏合的痕迹。

在雅各布的暗中操纵下，印度尼西亚政府于2005年颁布禁令，禁止外国科学家进入梁布亚洞穴，直到雅各布去世后这项禁令才被解除。后续研究结果显示，"弗洛里斯人"确实是一个全新的人种，很可能来自100万年前迁徙至此的直立人。因为岛上资源匮乏，这群人迅速矮化，最终变成了现在这个样子。类似这样的"孤岛矮化"事件在历史上发生过很多次，一点也不奇怪。

2016年，新的测年实验否定了以前的结论，弗洛里斯人早在5万年前就已经灭绝了，这一时间点恰好和现代智人进入印度尼西亚的时间相吻合，所以他们有可能是被现代智人杀死的。类似的事情在欧洲也发生过，尼安德特人的灭绝时间也和现代人进入欧洲大陆的时间相重叠，也有可能是被后者杀死的。

2017年，新的化石研究又否定了此前关于弗洛里斯人来源的结论。澳大利亚学者借鉴了斯特林格的思路，用计算机分析了弗洛里斯人的骸骨化石，杜绝了人为因素的影响，最后得出结论说弗洛里斯人不太像是亚洲直立人的后代，而更像是从非洲能人直接进化而来的。

从这个例子可以看出，人类起源是目前国际上相当活跃的一个研究领域，新发现层出不穷。起码从现在收集到的证据来看，目前国际上大部分学者倾向于认为弗洛里斯人是一个全新的古老型人种，他们并没有变成现代人，而是走进了进化的死胡同，他们的存在为"取代模型"提供了新的证据。

和印度尼西亚一样，中国也被一部分西方学者当成了政治干预科学的例子。"中国科学家不愿相信人类来自非洲，他们希望什么东西都是中国的。"一位不愿透露姓名的西方考古学家曾经这样评价。不过，我采访到的绝大部分中国学者均否认自己受到了爱国主义的影响，比如吴新智院士就坚信"多地区连续进化"学说是有科学根据的，在化石和石器等方面均有过硬的证据。

下面就让我们仔细分析一下双方的证据，把科学的问题还给科学。

把科学还给科学

两派争论的焦点是人类化石的解读方式，尤其是头骨化石，更是存在多种分析方法。斯特林格用计算机分析法把头骨的一些可测量性状进行了统计分析，而吴新智则更强调那些非测量性状，比如眼眶和门齿的形状等。他曾列出过 23 项中国人独有的解剖学特征，以此来支持"多地区连续进化"理论。

对于这些证据，"取代派"并不否认，但提出了不同的解读方式。他们认为这是趋同进化的结果，也就是说，中国独特的自然环境导致所有生活在这里的人都不约而同地演变成了某种特殊的模样。比如，已知高鼻子可以为吸进去的冷空气加热，欧洲气候寒冷，所以欧洲人都是高鼻子；非洲赤道气候炎热，所以非洲人都是扁鼻子。相比之下，中国的中原地区纬度适中，不冷不热，所以在这里生活的人都进化出了高度适中的鼻子。这不是进化连续性导致的，而是环境使然。

为了验证这个说法，我专程去长春采访了中国体质人类学专家，吉林大学边疆考古研究中心主任朱泓教授，他认为"取代派"的这个解释在某些性状上是说得通的，但在另外一些性状上却很难成立。比如铲形门齿（即在门齿的后面有个凹槽，像个铲子）这个性状，在他们研究所收集的两万多例古人类骸骨时，除了新疆地区挖掘出来的之外，只要有牙的，百分之百都是。另据统计，现代中国人当中有 80%—90% 也是铲形门齿，相比之下，欧洲人只有 10% 是铲形门齿，非洲人也只有 15%，均属于少数。

"我真的想不出中国的生活环境中有哪个因素会让所有生活在这里的人都必须有铲形门齿，非铲形门齿的人就很难生存下去，只能被淘汰。"朱泓对我说，"我认为对这个现象最好的解释就是，铲形门齿遗传自中国的古老型人种，是他们把这个性状传给了现代中国人。"

铲形门齿确实是"取代派"的一个很难越过的坎，但这一派也不是全无应对。科学家发现，一种名为"人类外异蛋白受体"（human ectodysplasin receptor）的蛋白质在不同人类种族中具有不同的特性，大部分东亚人体内携带的都是 EDAR370A 这种突变体，该突变发生于大约 3 万年前，符合"取代模型"的预言。2013 年，有人将这种突变体对应的基因转入小鼠中，发现小鼠的体毛变粗了，说明这个基因突变很可能就是东亚人头发又粗又硬的原因。更有趣的是，这个基因还和牙齿的形状有关，很可能就是因为这个基因突变才使得中国人都有铲形门齿的。

换句话说，东亚的自然环境选择了又粗又硬的头发，铲形门齿只是这个选择的副产品，因为同一个基因具有两种不同的作用。当然了，这个解释还有待进一步研究才能确认，但起码双方在这个问题上各自拿出了有一定道理的科学证据，而不是互相指责对方政治不正确，这就是进步的体现。

不光是化石的形状可以用来讨论，就连化石的分布也是很重要的证据。"取代派"最常用的一个证据就是中国在距今 10 万—4 万年这段时间内的人类化石非常稀少，他们认为这个事实说明 11 万年前开始的末次冰期导致中国本土人口急剧减少，甚至濒临灭绝。于是，当来自非洲的现代智人于距今 6 万—4 万年迁徙到中国境内时，看到的是一个几乎无人居住的空旷大陆，"取代"没费吹灰之力就完成了。

我就这个问题专门采访了中国科学院古脊椎动物与古人类研究所的研究员高星，他认为这个说法是不对的。"过去中国的考古科学不发达，人类化石出土的非常少，所以才会给人以距今 10 万—4 万年是人类化石空白期的印象。如今大家都开始重视考古学研究了，出土的化石越来越多，像黄龙洞人、柳江人、道县人和田园洞人等古人类化石遗址都处于这一阶段。"高星对我说，"这些新出土的化石填补了中国考古学的空白，证明这段时间内中国这块地方是有人居住的。"

中国科学院古脊椎动物与古
人类研究所研究员高星

除此之外，高星还对末次冰期的影响提出了质疑。"末次冰期大约开始于
11万年前，但直到大约7万年前才真正冷下来，其对世界各地气候的影响程
度是很不一样的，比如中国就没那么严重，不至于把东亚直立人都灭绝了。"
高星对我说，"研究显示，至少在中国的南部和中部地区不存在典型的冰川遗
迹。再说了，生活在那里的大熊猫都挺过来了，人没有理由挺不过来。"

高星的专业是旧石器研究，目前担任着亚洲旧石器考古联合会主席一职。
他认为化石证据固然很重要，但人类化石的数量还是太少了，仅靠化石来研究
人类起源是很不够的。"目前中国境内一共发现了2000多处人类文化遗址，其
中有人类化石的只有70多处。也就是说，在最近这100多万年的漫长时间里，
我们只找到了不到100个个体，他们能代表所有人吗？"高星对我说，"更何
况化石研究本来就很难量化，大部分遗址挖出来的往往仅仅是几枚牙齿而已，
靠化石是很难填补人类进化的'缺环'的，只有石器才有可能做到这一点。"

确实，石器一直是人类考古学界的一个非常重要的研究项目：一来石器
数量大，可供研究的样本多；二来石器可以反映出制造者和使用者的生存状
况，这是仅凭人类骨骼化石无法知道的信息。非洲的石器研究尤其发达，科

中国人是从哪里来的？

学家发现非洲石器可以分为好几个阶段，每个阶段的技术进步都非常显著，层层递进的特征极为鲜明，行家只要看一眼就能分辨出来哪个石器来自哪个阶段，甚至连挖掘地点都能猜个八九不离十。相比之下，东亚出土的石器无论是种类还是数量都明显少于非洲，其复杂程度更是远不如非洲，甚至连欧洲也不如。

"如果取代派的说法是正确的，那么我们应该能在中国境内找到来自非洲的现代智人带进来的先进石器。但是，中国的石器自170万年前开始出现以来，直到距今1万年为止，一直是非常简单粗陋的。"高星解释说，"举个例子：我2000年回国后接手了三峡地区的文物抢救工作，发现了60多个被错误地当成旧石器时代的考古遗址，原因就是那里面发现的石器全都很简单，看上去和旧石器时代无异，但实际上它们距今7000—5000年，属于新石器时代，这个现象用取代模型是很难解释的。"

对于这个问题，取代派也是承认的，但他们还是给出了自己的解释。一种解释认为，制作石器是一项技术含量很高的工作，越是复杂的技术会的人就越少，因此也就越容易失传，也许现代智人在长途迁徙的过程中把这项技术丢掉了。

另一种解释认为，中国境内缺乏适合制造精细石器的石材。不过高星否认了这一点，他告诉我，曾经有人用中国随处可见的鹅卵石打造出了复杂的石器，说明这个理由不成立。

第三种解释最有意思。有人研究了中国境内特有的竹子，发现用它可以制造出非常精细的工具，切肉剔骨等都可以轻松完成，一点也不比高级石器差。用竹子做工具的优点是制造过程简单，成本低，缺点是无法保存，也许这就是在中国境内找不到先进石器的原因。高星认为这个解释虽然有一定道理，但必须想办法找到古人使用竹器的证据（竹器留在骨头上的割痕和石器不一样）才能确定。

结　语

总之，关于现代智人起源的问题至今仍然存在两种理论，彼此间争论不休，谁也说服不了谁。造成这一局面的根本原因是化石和石器的证据都太少，研究方法也不够精确，因而存在多种可能性。

有趣的是，欧洲考古界并不存在这样的争论。绝大多数欧洲科学家均已承认尼安德特人不是现代欧洲人的直系祖先，他们全都是非洲移民的后代。之所以会出现这样的情况，第一个原因是欧洲的科研传统深厚，欧洲科学家受到的政治干涉较少；第二个原因是欧洲的考古学研究开展得早，无论是化石还是石器的证据收集得较多，证据链较为完整。第三个原因就是欧洲并没有挖出过太多不符合现有理论的化石，但中国在近几年却出土了一大批非常具有争议性的化石。比如引言中提到的许昌人化石正好处于末次冰期的开始阶段，许昌人兼具欧亚大陆古老型人类和早期现代人的特征，说明这一阶段的中国人正在向现代智人进化，符合"多地区进化理论"的预言。

《引言》中提到的湖南道县牙齿化石之所以在国际考古学界引起了很大轰动，原因也在于此。按照"取代模型"的观点，现代人是距今6万—4万年时才迁徙至东亚的，此前这一地区只有古老的直立人，但道县福岩洞内发现了距今12万—8万年的现代人牙齿化石，不符合"取代模型"的预期。

就这样，继周口店发现北京猿人化石之后，中国再次成为人类考古学研究的热点地区，吸引了很多人的关注。

那么，北京猿人到底是不是中国人的祖先呢？如果不是的话，黄龙洞人、柳江人、道县人、田园洞人、许家窑人、大荔人、马坝人、丁村人、道县人和许昌人等这些发现于中国境内的古人类有可能是吗？要想回答这个问题，光靠化石是不够的，我们需要找到更加准确的证据。

解读生命之书

DNA 是写在生命体内的一本历史书，记录了生命进化史上发生的所有大事。如果科学家们能够学会解读这本生命之书，就有可能穿越到遥远的过去，弄清楚每一个生命都是怎么来的。

生化标签和分子钟

历史学家喜欢以百年为单位，似乎每一个世纪都有自己的独到之处。刚刚过去的 20 世纪毫无疑问是人类历史上最重要的一百年，而且从第一年开始就精彩纷呈，令人目不暇接。

1900 年，一个名叫卡尔·兰德斯坦纳（Karl Landsteiner）的奥地利医生发现了血型的秘密。这项发现不光是让输血变得更加安全，而且从根本上改变了人的分类方式。事实上，这是人类所发现的第一个属于生物化学领域的身体特征，具有严格的科学定义，和高矮胖瘦这些概念模糊的形容词很不一

发现了血型秘密的奥地利医生卡尔·兰德斯坦纳

分子人类学的先驱者之一，加州大学伯克利分校的生物学教授艾伦·威尔逊

样，更是和种族这个常用标签完全不同。任何人都只能有一种血型，没有中间状态，而且一辈子无法更改。

第一个尝试用血型来分类的人是一个名叫路德维克·赫兹菲尔德（Ludwik Hirszfeld）的波兰军医，他在第一次世界大战时奉命为马其顿战场上的士兵测血型，结果发现欧洲士兵大部分是 A 型血，印度雇佣军则多为 B 型血。于是他猜测 A 和 B 代表两个原始部落，分别来自北欧和南亚这两个地区，然后双方杂交，形成了 AB 型和 O 型。他把测量结果写成论文，发表在 1919 年出版的《柳叶刀》（Lancet）杂志上，但他却没有解释血型到底意味着什么。

无论赫兹菲尔德怎样解释肯定都不对，因为随着血型数据的增加，人们很快就发现他的这个理论是不成立的。人类的基本血型只有四种，分布模式又太复杂了，根本不适合作为辨别不同人群之间遗传关系的依据。不过，这个思路却启发了新一代人类学家去寻找更合适的生化指标，帮助他们去研究人类的起源。

20 世纪 60 年代，出生于新西兰的美国加州大学伯克利分校的生物学教授艾伦·威尔逊（Allan Wilson）找到了一个合适的指标，并在 1967 年 12 月出版的《科学》杂志上公布了他的发现。当时科学家们已经初步搞清了抗原和抗体的概念，知道如果把一种哺乳动物体内的抗原（比如血清球蛋白）打入另一种哺乳动物的身体里，就会刺激后者产生专门针对它的抗体。如果用这种抗体来试验其他哺乳动物体内的类似抗原的话，那么抗原和抗体之间的免疫反应强度取决于两种哺乳动物遗传距离的远近，两者关系越近，免疫反应就越强烈。威尔逊试验了各种灵长类哺乳动物的免疫反应，测出了任意两两组合之间的反应强度，然后依照这个结果画出了灵长类动物的进化树。

后来人们知道，抗原和抗体都是由20种氨基酸依照不同的排列方式组成的蛋白质分子，免疫反应的强度和氨基酸的排列顺序有关。上述实验测量的其实就是这个排列顺序的差异，两种动物分开的时间越长，差异就越大。

之后，威尔逊又做出了一个大胆而又绝妙的假设，他认为氨基酸排列顺序的差异度和时间成正比，两者是一个近乎线性的关系。于是，每一个蛋白质分子都可以被看成一台分子钟，只要测出两种动物体内的同源蛋白质分子的差异，就可以推断出两者分开的确切时间。

有了这个假设，剩下的事情就简单了。当时考古学家们已经通过化石研

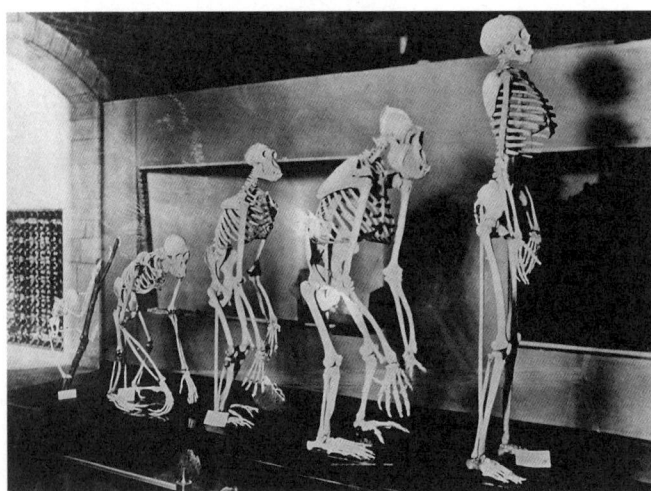

巴黎人类博物馆里展出的（左起）长臂猿、猩猩、黑猩猩和人的骨架

究知道了几种灵长类动物分家的大致时间，威尔逊将这几种灵长类动物的分子差异和分家时间分别作为 X 轴和 Y 轴，做成了一张曲线图，然后他把人和黑猩猩的分子差异代入这张图，得出结论说两者大约是在距今 500 万—300 万年时分家的。

这个结论立刻引起了广泛争议，因为当时的考古学家们大都认为人和猩猩在距今 3000 万—2000 万年时就分开了，500 万年太短了，很难解释双方之间看似巨大的差异。于是大家一致认为威尔逊的实验方法出了问题，分子钟不可靠。要知道，20 世纪 60 年代的考古学界还处于化石和石器研究占主流的阶段，这个领域的绝大部分专家都属于比较传统的学者，只相信自己的眼睛，蛋白质看不见摸不着，很难让人信服。

后来我们知道，威尔逊的估算结果基本准确，人和猩猩应该是在距今 700 万—600 万年时分家的。两者之间的遗传距离也远没有大家想象得那么大，基因层面只有 1% 的差别。不过，考古学家们的质疑也是有道理的，蛋白质并不是一个好的分子钟，和放射性同位素时钟相比缺点非常明显：一来免疫反应强度是个相对模糊的概念，并不能准确地反映出氨基酸顺序的差异；二来氨基酸顺序的变异并不完全是中性的，很可能会受到环境因素的影响而变得不准确。

即使如此，用蛋白质分子钟来测年的技术仍然可以称得上是一项绝妙的发现，因为古老的蛋白质很难获得，只能用活动物的蛋白质去倒推祖先的生活轨迹，其难度可想而知。相比之下，同位素测年法用的是古老的样本，无论是测量原理还是实验方法都要比分子钟更容易理解。

面对考古学家们的质疑，威尔逊并没有放弃，他坚信分子钟测年法的逻辑是正确的，只是蛋白质分子不太适合干这个罢了。他需要找到一种分子，既要有相对恒定的变化速率，还要有很高的分辨率。天底下哪有这么好的事情？答案是真的有，这就是大家耳熟能详的 DNA。

红毛猩猩曾经被认为是距离人类最近的灵长类动物

DNA 分析得知，黑猩猩是距离人类最近的灵长类动物

天赐良钟

1953 年，DNA 双螺旋结构被发现，遗传的秘密从此大白于天下。简单来说，DNA 是一种线性的生物大分子，由 ATCG 这四种核苷酸首尾相连而成。几乎每一个人体细胞内都含有 46 个这样的 DNA 分子，它们被称为染色体。这 46 条染色体两两对应，一共有 23 对，每对染色体中有一条来自父亲，另一条来自母亲。

如果我们把每一个生物体看作一幢由蛋白质组成的大厦，那么 DNA 分子就好比是携带着建筑信息的图纸，其中负责编码蛋白质结构的那部分 DNA 被称为基因。人体内一共有大约 2 万个基因，它们合起来被称为基因组，总长度只占染色体总长度的 1.5%。每一代生物体都会把建筑图纸的内容通过 DNA 复制的形式传递给下一代，生物性状就是这样一代一代地遗传下去的。DNA 拷贝的准确性非常高，但偶尔也会出差错，如果某个错误错得恰到好处，那么它就会被大自然挑中，将错就错地继续遗传下去，这就是达尔文进化论的本质。

正是因为 DNA 复制差错无处不在，所以地球上除了极少数微生物和病毒之外，没有两个生命体是完全相同的，大自然用这种方式为每个生命贴上了独有的 DNA 标签，远比肤色或者血型之类的标签要精准得多。人类学家们只要掌握了 DNA 标签的解读方式，就可以精确地比较人和人之间的遗传关系，从而更好地推断出人类这个物种的进化史。

比如，以前的人们不敢肯定到底是黑猩猩距离人类近还是红毛猩猩距离人类近。有了 DNA 工具后，这个问题就变得很容易解决了。只要比较一下三者的 DNA 序列，就可以很清楚地知道黑猩猩才是距离人类最近的灵长类动物。

对于我们要讲的这个人类起源故事来说，DNA 分子还有一个特性更重要，那就是有些 DNA 段落是搭基因的顺风车而来的，它本身不编码任何蛋白质，也不具有任何调控能力，不会对生物的性状或者适应环境的能力带来任何影

解读生命之书

响，这样的 DNA 段落被称为"垃圾 DNA"。虽然名字很糟糕，但其实垃圾 DNA 片段的复制方式和非垃圾片段是一样的，出错的概率也是一样的。

更妙的是，DNA 复制的差错率是一个相对恒定的生物学特性，和生物的年龄、健康状况以及生存环境等因素关系不大。于是，只要我们能测出祖先的 DNA 的顺序，再和当代的 DNA 加以对照，就可以计算出两者之间经过了多长的时间。举例来说，如果我们测出了某种生物的 DNA 顺序，又想办法得到了它的祖先的 DNA 顺序，发现两者有 100 万个差别。已知这种生物的 DNA 突变率大约为每代 100 个，我们就可以计算出两者之间相差了 1 万代。如果我们再假定每代之间相隔 25 年，就可以推断出这种生物从祖先发展到今天一共用时 25 万年。

上述算法和碳-14 测年法的原理是类似的，不难理解。两者的差别在于，碳-14 所测的古代样本是可以得到的，祖先的 DNA 顺序可就没那么容易测出来了。不过，这点困难可难不倒科学家们，他们改进了算法，只需要测出当代生物的 DNA 序列，就可以通过数学推理的方式推测出物种进化的大致路径和年代。

为了更好地解释这个方法的妙处，我们举一个现实生活中的例子。改革开放前的中国大陆不允许引进港台书籍，于是金庸小说只能以盗版的方式在大陆扩散，请问如何才能通过分析这些盗版书籍搞清它们的扩散路径和时间呢？首先我们必须假定所有盗印设备都会出错，而且这种错误的出现概率很低，同一个错误很难出现两次。其次，我们还要假定盗版商审稿不严，错字不会被发现，而是继续将错就错地传播了下去。有了这两个假设，缉私局的侦探们就可以开始工作了。

假设他们发现广东省收缴上来的盗版书错误种类最多，其他各省的错误种类不但要少得多，而且大都可以在广东省盗版书中找到，于是侦探们有理由相信，盗版书首先是从广东省开始出现的，而且一定是先在广东省内流传了很长的时间，积累了大量错误，然后才流到其他省份去的。其次，如果福建、浙江、江苏和山东境内收缴的所有盗版书都有同一个错字，其他省份没有这个错字，在此基础上，浙江、江苏和山东境内的盗版书里全都有另一个错字，其他省份没有……以此类推，那么侦探们有理由相信这几个省份的盗版书是按照福建、浙江、江苏、山东这样的顺序流传开来的。再次，假定我们事先知道盗版设备的错误率，又知道了山东省和甘肃省境内的盗版书相互之间一共有多少不一样的错误，侦探们就可以大致算出山东盗版书和甘肃盗版书距离它们共同的源头到底经过了多少轮复制。具体的算法比较复杂，这里就不详细写了。另外，侦探们不必去统计所有的金庸小说，只要能统计出某一本小说，甚至某一个章节的错误率就可以大致估算出来了。当然了，统计的书目越多，这个估算就越精确。

具体到 DNA 分子钟这件事上，上述假定都是成立的。

首先，DNA 复制会出错，大约每复制 10 亿个核苷酸会出一次差错。这样算下来，每个人一生中会出现 70 个全新的基因变异。不过大家不用害怕，要知道每个人的基因组里都有大约 60 亿个核苷酸，如果把这 60 亿个字母印成一本书的话，按照每页印 3000 个字母的标准来计算，这将是一本 200 万页的巨著，所以说这 70 个错误对于每个人来说几乎可以忽略不计。目前全世界所有人的单个核苷酸复制错误加在一起一共有 600 万个左右，相当于每1000 个核苷酸就会出现一个不一样的字母，科学术语称之为"单核苷酸多态性"（简称 SNP）。SNP 是人类 DNA 序列差别的最主要的表现形式，世界上之所以不存在两个一模一样的人，主要原因也在于此。不过，所有这些 SNP当中，绝大部分都是所谓的"中性突变"，既不好也不坏。这类中性 SNP 在人群中的扩散机制主要是以遗传漂变（genetic drift）的形式（而不是自然选择）进行的，我们可以简单地理解为"全凭运气"。这个想法最早是由日本遗传学家木村资生提出来的，他也因此而被公认为群体遗传学的奠基人之一。这套理论解释起来需要用到大量的数学知识，一般人不必理会。我们只需知道 DNA 分子之所以能够被当成分子钟来使用，原因之一就是木村资生的这套

"中性理论"。

其次，人类染色体 DNA 的突变率是非常低的，通常情况下一个字母发生突变之后，再在同样的地方发生第二次突变的概率低到可以忽略不计。所以我们可以不必考虑这种情况，以最简单的方式来解释任意两人之间的遗传关系。这个方法的理论基础就是著名的"奥卡姆剃刀"原理，即"如无必要勿增实体"。这是群体遗传学家们进行数学计算之前的重要前提，一般人也不必深究，只需知道这个奥卡姆剃刀是 DNA 分子钟的另一个理论基础就行了。

有了这两个理论做基础，剩下的事情就相对简单了。威尔逊再次成为第一个吃螃蟹的人，正是他在 1987 年发表的一篇论文，打开了基因寻祖的大门，从而彻底改变了人类进化史研究的进程。

线粒体夏娃

1987 年 1 月出版的《自然》杂志刊登了一篇重磅论文，作者是威尔逊以及在他手下工作的两名博士生丽贝卡·卡恩（Rebecca Cann）和马克·斯通金（Mark Stoneking）。这篇论文通过对人类线粒体 DNA 多态性的研究，得出结论说全世界所有现代人的母系祖先都可以追溯到 15 万年前的非洲，我们都是同一位非洲女性的后代。

这篇论文好似一枚炸弹，把全世界都炸醒了。各国媒体不约而同地把这条消息放在了头条的显著位置，有人借用《圣经》里的概念，称这位非洲女性为"线粒体夏娃"。威尔逊虽然不喜欢这个带有宗教意味的说法，但无法阻止它迅速流传开来。不用说，以英国人类学家斯特林格为代表的"取代派"高声欢呼，认为自己的理论得到了最权威的 DNA 数据的支持。与之对立的"连续进化派"也迅速做出反应，对这篇论文的科学原理和计算方法提出了质疑。威尔逊认真听取了各方的反对意见，增加了新的数据，改进了计算方法，重新又算了一遍，但结果依然维持原样，我们所有人的母亲仍然是一位"幸运的非洲妈妈"。

这个结论是怎么得出来的呢？让我们先从线粒体开始说起。这是一种体积比细胞还小的细胞器，专门负责为细胞提供能量。有证据表明线粒体是远古时代的细胞捕获的一种微生物，这就是它会自带 DNA 的原因。

线粒体之所以能成为基因寻祖的突破口，和线粒体 DNA 的两个特性有关。第一，线粒体 DNA 严格遵循母系遗传的规则，只从母亲传给子女，父亲几乎没有做出任何贡献。这样一来科学家就不用考虑基因重组的问题了，大大简化了计算和推理的过程。如果再用金庸盗版书举例的话，这就好比说盗版商把每一章的影印工作分包了出去，然后再统一收集起来装订成一本盗版书，警察分不清哪一章来自哪里，这就给侦缉工作增加了很多困难。而线粒体就好比是金庸写的那本最短的小说《越女剑》，从来没有被分拆过，历史很清白，分析起来要容易得多。第二，线粒体 DNA 的复制精确度比常染色体 DNA 低，纠错系统的工作效率也较染色体 DNA 为低，其结果就是线粒体 DNA 的突变率大约是常染色体 DNA 的 10 倍，直接导致线粒体的遗传多样性要比常染色体高出很多。人类常染色体每 1000 个核苷酸才有一个突变，线粒体 DNA 的高变区每 100 个核苷酸就有一个突变。从群体遗传学家的角度看，这就意味着线粒体分子钟走得比常染色体分子钟要快，如果研究对象的年代不那么遥远，可供分析的数据就变多了，分析结果的准确性就会大大提高。如果拿放射性同位素测年法来做个对比的话，线粒体 DNA 就相当于半衰期较短的同位素，更适合用来研究近代发生的事件。

以上分析都属于纸上谈兵，具体做起来难度相当大。20 世纪 80 年代，DNA 测序还是一件非常困难的事情，不但实验程序复杂，而且价格昂贵，一般人是测不起的。幸亏加州大学伯克利分校有眼光，给了威尔逊足够多的研究经费，支持他测量了 134 个人的线粒体 DNA 序列。为了方便起见，这 134 个志愿者都是从美国国内找的，好在美国是个移民国家，可以找到来自世界各地的"纯种"的少数民族，足以代表世界上几个比较大的族群了。

解读生命之书

线粒体 DNA 虽然很小，但也有 1.67 万个核苷酸，全测一遍是不可能的。威尔逊选择了其中的一个总长度为 500 个字母的控制区，这个区对于线粒体的功能没有影响，区内的所有突变都是木村资生所说的"中性突变"，最适合用来进行分类和寻祖。

分析结果显示，非洲人在控制区内的基因突变种类最多，其他族群的基因多态性不但少了很多，而且所有非非洲人（指除了撒哈拉沙漠以南非洲之外的所有地方的人）的突变类型都可以在非洲人群中找到，说明所有非非洲人的母系祖先都来自非洲。非洲的那几个基因类型也都可以追溯到同一个母系祖先那里去，这说明所有的现代人的母系祖先都来自同一个非洲部落。

所有非非洲人的基因突变类型还可以一级一级地细分下去，从而画出人类走出非洲的路线图。有了这个路线图之后，威尔逊就可以判断出哪些位点是从非洲带来的野生型，哪些是后来突变产生的。然后他又通过其他办法估算出了线粒体 DNA 的突变率，将其代入一套算法，算出所有人类共同的母系祖先生活在距今 20 万—14 万年的非洲。

这个年代估算是"线粒体夏娃"理论当中最关键的数据，因为前文说过，人类祖先源自非洲这件事是没有争议的，大家争议的是现代人到底是从哪里来的。如果所有现代人共同的祖母只有不到 20 万年历史的话，"多地起源"理论就不成立了。事实上，这就是"线粒体夏娃"理论被"多地起源学派"攻击得最厉害的地方，很多人都在想办法找出分子钟的漏洞来。但是，这么多年争论下来，大家只是对分子钟的准确性做了一些必要的修正，这个理论整体上依然是没有问题的。

随着 DNA 测序技术的进步，科学家所能研究的线粒体 DNA 越来越长，采样的范围越来越广，数据量也成倍上升，但主要结论依然没变。那篇论文刚发表时，在埃塞俄比亚挖到的现代智人奥莫化石的测年结果还是 13.5 万年，论文发表若干年后这个结果被修正为 19.5 万年，为"线粒体夏娃"理论提供了重要的化石证据。目前国际学术界普遍认为人类共同的母系祖先最晚可以追溯到 20 万年前的非洲，也就是说，如果地球上的每个人都能坐上时光机一代一代地往回穿越，最终大家会发现所有人的曾曾……曾祖母都是同一个生活在 20 万年前的非洲女性。

到底有多少个"曾"字呢？如果拿 20 万年来计算的话，假定每 25 年更新一代，那么答案是 8000 代。这是个超出一般人想象的数字，这就是为什么历史学家们通常用"深邃"这个词来形容漫长的史前时代。

必须指出的是，这个结论并不意味着当时这个非洲部落里只有一名女性。事实上，群体遗传学研究认为这个部落很可能有上千人之多，其中肯定有几百名育龄女性。但是她们要么没有生下女儿，要么生下的女儿没有接着生下女儿，导致她们的线粒体都没有传下来，这就是为什么威尔逊一直把这位女性称为"幸运的非洲妈妈"，而不是夏娃。

威尔逊完成的这个线粒体寻祖实验是群体遗传学历史上最经典的研究之一，具有划时代的意义。如今，利用 DNA 分子多态性来构建某种生物的遗传史已经成为群体遗传学领域最重要的工具，计算流程已经高度标准化了。这套工具需要用到复杂的数学知识，但其理论基础就是前文提到的"中性理论"和"奥卡姆剃刀"原理。反对者也大都会从这两个理论着手，质疑这套工具的正确性。比如中国就有一位大学教授宣称自己找到了这套理论的错误，而且一直在四处办讲座宣传自己的那套理论，可惜他关于此事所写的论文并没有被任何一家采用同行评议制度来审稿的主流科学期刊所采纳，只能说是自说自话而已。事实上，目前尚未出现任何一种能够被大多数群体遗传学家所接受的质疑，所以我们仍然认为这两个理论是正确的，这套计算工具仍然是可信的。

值得深思的是，"线粒体夏娃"理论提出之后的头十年里，中国学术界一直没什么反应。一方面是因为当年大部分中国考古学家都是支持"连续进化附带杂交"理论的，大家不约而同地选择对这个不利于自己的证据保持沉默；另一方面是因为 20 世纪 80 年代的中国正处于百废待兴的时期，有很多远比人类起源更加迫切的问题需要解决，没多少人有闲心去关心自己祖先的事情。最终，一位在美国留学的中国学者意外地闯入了这个新兴领域，没想到却掀起了一场更大的波澜。

寻找亚当

在讲述亚当的故事之前，必须先来谈谈遗传学在中国的遭遇。20世纪50年代，遗传学也曾经像今天的人类进化领域一样，分成了互相抵触的两大学派。一派的代表人物是苏联的植物育种专家米丘林，另一派则是果蝇遗传学的奠基人摩尔根。中国因为政治的原因选择站在了米丘林一边，当年中国大学生物系的遗传学教材都是从苏联照搬过来的。摩尔根学派在中国遭到了残酷的打压，唯一的原因就是摩尔根是美国人。

摩尔根有个学生名叫杜布赞斯基，前文曾经提到过他。杜布赞斯基招过一位来自中国的研究生，名叫谈家桢。1949年后，谈家桢博士回国任教，担任了复旦大学生物系的系主任。正是由于谈家桢的缘故，复旦大学决定继续讲授摩尔根遗传学，为中国的遗传学

"中国现代遗传学之父"谈家桢教授（左）在指导学生（新华社供图）

中国分子人类进化领域
的领军人物，复旦大学
副校长金力博士

研究保留了唯一的火种。

改革开放之后，或者更准确地说，是"冷战"结束之后，中国学术界终于承认摩尔根遗传学是正确的。因为谈家桢留下的班底还在，所以复旦大学生物系遗传专业迅速成为全国最佳，培养了一大批优秀的人才，现任复旦大学副校长的金力博士就是其中之一。他在 1985 年和 1987 年分别在复旦大学生物系拿到了遗传学学士和硕士学位，然后赴美留学，于 1994 年在得克萨斯大学拿到了博士学位。毕业后他立即前往斯坦福大学，在著名的意大利裔人类遗传学家路易吉·卢卡·卡瓦利-斯福扎（Luigi Luca Cavalli-Sforza）实验室做博士后，主攻群体遗传学。

"我那时候的主要兴趣是疾病的群体遗传学，非常希望研究对象尽可能地'纯'，这样研究起来会更方便。但实际人群都是'杂'的，所以我想对实际人群到底有多'杂'做一个分析评价，于是便开始关注 Y 染色体。"金力博士在他的办公室接受了我的采访，"当时线粒体的遗传多样性已经做了好几年，但线粒体毕竟太小，而且独立于细胞核之外，应用范围有限。Y 染色体也是单线遗传的，不必考虑重组问题，所以我觉得 Y 染色体也许是一个机会，可以帮助我解决问题。"

前文说过，人体一共有 46 条染色体，它们分成 23 对，除了 X 和 Y 这两条性染色体之外，其余的 22 对常染色体是一一配对的。性细胞在减数分裂的过程中会发生基因重组，也就是一对染色体中相对应的段落彼此互换位置，以此来增加遗传多样性。据统计，人类的每一代平均会发生 36 次基因重组，每条染色体发生一次多一点，如此累计下来，只需几代之后，染色体就混杂得分不清哪块来自父亲，哪块来自母亲了，导致基因分析的工作量大大增加。X 和 Y 染色体只有极少部分是对应的，基本上不会发生基因重组，所以 Y 染色体的遗传方式和线粒体类似，都是单线遗传的，只不过这次是从父亲传给儿子，和母亲无关。所以，沿着 Y 染色体这条线，最终找到的是人类共同的父系祖先，西方媒体习惯性地称之为亚当。

对于科学研究这件事，普通人往往只看原理和结果，不关心过程。科学家则正相反，因为他们才是真正做实验的人。寻找 Y 染色体亚当的理论基础虽然和线粒体夏娃差不多，但 Y 染色体和线粒体很不一样，实验过程要困难很多倍。首先，一条 Y 染色体上含有将近 6000 万个核苷酸，比线粒体大了 3600 多倍，对于当年的 DNA 测序技术来说，这是个庞然大物，极难对付。其次，Y 染色体是位于细胞核内的"正规"染色体，其 DNA 复制的精确度比线粒体高很多倍，导致 Y 染色体上的 SNP 突变率要低很多，找起来非常困难。当时全世界只发现了一个 Y 染色体 SNP，远远不够。

虽然明知山有虎，但金力偏向虎山行。他冥思苦想了很长时间，始终找不到解决办法，最终是一位分析化学专业的博士后帮了金力的大忙。"我喜欢喝咖啡，和另外一间实验室的一个同样喜欢喝咖啡的奥地利人交上了朋友。"金力回忆道，"他叫皮特·欧芬纳（Peter Oefner），专业是高压液相色谱（HPLC）。当时他正在尝试用'变性高压液相色谱'（DHPLC）技术来分离 DNA 短片段，这项技术速度快，效率高，可以不必通过测序就辨别出不同序列的 DNA 小分子。我俩一起尝试用这项技术来辨别 DNA 长片段，结果大获成功，在很短的时间里就筛选出了好几个 Y 染色体标记物。"

这里所说的标记物指的是 Y 染色体上和别人不一样的点，类似于金庸盗版小说里的印刷错误。不同版本的盗版小说可以通过这些具有特异性的印刷错误一眼认出来，不同来源的 DNA 也一样。SNP 是遗传学家最常用的标记物，Y 染色体上还有"短串联重复"（STR）和"拷贝数差异"（CNV）这两大类标记物，也可以用来给 Y 染色体做标记。

"其实我的兴趣并不是人类起源，而是人类的迁徙路径。研究人类迁徙最关键的一点就是找到特定人群的标记物，然后利用它去追踪源头。"金力博士解释道，"这就好比说你要搞清楚东海里的水到底是哪里来的，最好的办法就是在黄河源头倒一瓶红墨水，在长江源头倒一瓶蓝墨水，然后去东海里取一瓢水，看看里面到底有多少红墨水分子，又有多少蓝墨水分子。在这个例子中，墨水就是标记物，用来追踪水的迁徙路径。"

初战告捷之后，金力和同事们在 1995 年召开的美国人类遗传学年会上向与会者报告了这项技术，引来了无数关注。此后来自世界各地的科学家运用这项技术找到了好几百个 Y 染色体标记物，为人类寻找亚当的踪迹铺平了道路。

2000 年 11 月，来自卡瓦利－斯福扎实验室的 19 位作者在《自然遗传学》（*Nature Genetics*）杂志上发表了分子进化领域的第二篇重磅论文，通过对不同人群 Y 染色体遗传标记物的分析，找到了人类共同的父系祖先。这位亚当同样生活在非洲，时间大约是距今 5.9 万年，远比夏娃要近得多。后来科学家们又获得了更多的数据，把这个数字修正为距今 16 万—12 万年，和夏娃大致处于同一个时间段内。这篇论文发表后，"多地区进化"理论便又挨了重重的一拳，虽然这个理论的支持者仍然还想挣扎着再爬起来，但难度越来越大了。

"其实我想问的问题很简单，那就是各个人群之间的遗传距离到底有多大？如果这个距离大于 100 万年，那么'多地区起源'理论就有可能是正确的。但如果像现在这样只相差十几万年，那么这个理论就不太好解释了。"金力对我说，"我当然知道分子钟有问题，计算出的年代可能有误差，但顶多差个 1—2

倍而已，无论如何差不到 100 万年以外去，没法支持'多地起源'理论。"

2000 年那篇论文只分析了 1000 多例 Y 染色体，虽然已经足以得出结论说世界上大部分人的父系祖先都来自非洲，但金力还是不满足。我问他："这个'大部分人'到底是多少？非洲智人是不是把世界各地的古老人种完全替代了？有没有漏网之鱼？对这几个问题我想了很久，一直想不出解决办法。"金力回忆道："我除了喜欢喝咖啡之外，还有一个爱好就是吃烤肉。就是在一次吃烤肉时我突然想到，既然直立人曾经走到了亚洲，那么只有大规模调查现代亚洲人的 Y 染色体，看看能否找到亚洲直立人的贡献，才能回答这个问题。"

于是，大家关注的目光再一次转到了亚洲，转到了中国。

东亚男性大调查

1994 年冬天，正当金力在斯坦福大学尝试用 DHPLC 技术寻找 Y 染色体标记物的时候，当年已是 86 岁高龄的谈家桢专程去斯坦福拜访了他，希望他学成之后回到复旦大学遗传所工作。后来金力果然听从了谈先生的建议，于 1997 年回到复旦大学做了兼职教授。2005 年，他干脆放弃美国居留权，回到复旦大学生命科学学院担任了全职教授。

几乎与此同时，由 IBM 公司提供技术支持、美国《国家地理》杂志负责实施的"人类迁徙遗传地理图谱计划"于 2005 年 4 月在世界各地同时启动。该计划打算在全球范围内收集 10 万份人类 DNA 标本，用五年时间描绘出史前人类的迁移路线。复旦大学生命科学院承担了东亚和东南亚地区的 DNA 取样和研究工作，金力是东亚和东南亚中心的总负责人。在他的领导下，中国科学家们分析了 2 万多个 Y 染色体样本，绘出了东亚男性成员的迁徙路线图。

写到这里必须要提一下 Y 染色体上最著名的 SNP——M168，这是距今8.9 万—3.5 万年时起源于非洲大陆的一个 SNP，最早是在金力参与的那篇

2000 年发表的论文里被发现的。当时金力他们只测了 1000 多个个体，发现所有非非洲大陆男性的 Y 染色体上都有这个 M168，为人类进化的"取代学说"提供了一个强有力的证据。

这一次，金力打算更进一步，分析一下 M168 旗下的三个子单倍型：YAP＋、M89T 和 M130T。所谓"单倍型"指的就是一组相距很近的 SNP 的集合体。因为距离近，这些突变总是连在一起传递给下一代。用单倍型来作为遗传标记物，操作起来要比用单个 SNP 更加方便，准确性也更高。

实验结果显示，来自亚洲及附近地区的 163 个人群当中的 12127 个采样个体均带有上述这三个单倍型中的一个，无一例外。这个结果再次说明几乎所有东亚人的父系祖先全部来自 M168 群体，也就是说他们均来自非洲，没有任何一个古老型人种对当今东亚人的 Y 染色体做出过贡献。

金力把研究结果写成论文，刊登在 2001 年 5 月 11 日出版的《科学》杂志上。"多地区进化"理论挨了第三记重拳，很难再爬起来了。

曾经在加州大学伯克利分校任教的美国人类学家文森特·萨里奇（Vincent Sarich）一直是"多地区进化"理论的坚定支持者，多年来一直不遗余力地宣扬该理论。他看到这篇论文后，也不得不在公开场合承认自己错了。"我好像经历了一次信仰转换，简直就像是耶稣基督对我显灵了一样。"萨里奇写道，"我终于确信当今人类中确实找不到任何一条古老的 Y 染色体，也找不到任何一个古老的线粒体，这是一次完全的替代。"

也许有读者会问，既然是这样，为什么现在生活在欧亚大陆上的各个民族会有如此大的不同呢？针对这个常见问题，群体遗传学家有自己的解释。他们通过对现代人基因多样性的分析发现，现代智人在走出非洲后经历过好几次瓶颈效应，即人群数量因为自然环境恶化等原因而突然大量减少，就好像一群人一起通过一个狭窄的瓶口一样。最终大部分人都被瓶口堵住了，只有极少数幸运儿挤了过去，其结果就是原有人群的遗传多样性大幅减少，在此基础上重新扩增起来的人群就有可能和原来的很不一样了。

从遗传多样性的角度讲，能通过瓶颈的人纯属运气好而已，这就是前文提到的"遗传漂变"。但是，对于一些和生存能力有关的基因来说，这是个优胜劣汰的过程，属于自然选择的范畴，人类肤色的差异就是如此。肤色是由两个因素决定的，一个是维生素 D 的合成，一个是叶酸的破坏。人的皮肤会在阳光的催化作用下合成维生素 D，阳光越强烈，维生素 D 的合成就越充分。但是，过于强烈的阳光会破坏叶酸，这同样是一种非常重要的维生素，所以低纬度地区生活的人倾向于进化出深色皮肤，以此来保护叶酸不被阳光破坏。生活在高纬度的人则倾向于进化出浅色皮肤，以便更好地利用阳光补充饮食中缺乏的维生素 D。

当然了，这是在人类褪掉毛发后才出现的一种进化选择。我们的祖先因为毛发浓密，挡住了绝大部分阳光，皮肤几乎可以肯定是浅色的。

有趣的是，真正到了最北端，也就是生活在北极圈内的人，情况又有所不同。比如，生活在阿拉斯加和加拿大北部的因纽特人皮肤反而非常黝黑。这是因为他们主要靠打猎为生，动物脂肪富含维生素 D，所以他们并不需要从阳光中获得维生素 D，这时候防晒就是一件更重要的事情了。

另一个很常见的问题是，原本生活在欧亚大陆上的古老型人类都去了哪里。化石证据显示他们当中的一些人已经开始向现代智人的方向进化了，引言中提到的许昌人就是一例，难道他们不是我们的祖先吗？对此问题金力给出了一个很好的解释："一个古人类学家找到一个古人化石，他只能希望它是有后代的，但是它究竟有没有留下后代，古人类学家是没有办法知道的。DNA 就不同了，现代人身体里的 DNA 肯定都是有祖先的，我们可以通过对DNA 多样性的分析，推测出每一个 DNA 的祖先都是从哪里来的。"

换句话说，在人类起源的问题上，群体遗传学家和古人类学家探究的是两个完全不同的问题。前者想要知道现代人的祖先究竟是谁，他们是从哪里来的，后者研究的则是人类这个物种的进化过程，其中有些支系群体不一定留下过后代，属于进化的死胡同，类似案例在其他生物中非常常见，人类一点也不特殊。

但是，这并不等于说这些支系就没有研究的必要，因为他们很可能在某些方面影响了现代人的进化过程。这就好比说你出生在一个小村子，村里有多户人家，你的律师肯定只关心你的父母，只有他们才是你的直系祖先，其他人和你没有法律关系。但你的传记作家除了关心你的父母外，也会去关心村里其他那些成年人，因为他们都或多或少地影响过你的人生。

在媒体的渲染下，很多旁观者都误以为人类进化的两派之争是遗传学家和古人类学家在打嘴仗，但实际上很可能双方研究的根本就不是同一个问题。不过，确实有少数科学家自己也没有弄明白两者的区别，分不清每一种研究方法的边界在哪里，一直热衷于关公战秦琼。

金力对两者的区别非常清楚。他在复旦大学创立了人类学与人类遗传学系，从名字就可以看出这个系分成了两个不完全一样的部门，分别研究人类的进化史和依靠 DNA 寻祖这两件事。后者目前主要是由李辉教授在负责，他带领一群研究生花费了大量时间和精力去全国各地收集 DNA 样本，分析 Y 染色体和线粒体的遗传多样性，画出了一张现代中国人的迁徙草图。

中国人到底是从哪里来的？

上一节提到，中国的人类考古学家大都属于传统的"化石派"，他们通过对化石的研究认定现代中国人是从原本生活在中国陆地上的原始人类单独进化而来的。金力和李辉属于这个领域的闯入者，他们拿到的 DNA 证据又得出了怎样的结论呢？为了寻找答案，我专程去复旦大学采访了李辉教授，发现他最爱说的一句口头禅就是："这是很清楚的一件事情。"

他之所以如此自信是有原因的，一来 DNA 分析本身就远比化石分析来得更精确，二来他曾经找到了一个已经延续了 70 代的大家族，对 DNA 分析法做过验证。前文说过，Y 染色体代表父系遗传，而中国的大家族一般都是父

复旦大学人类遗传学系教授
李辉博士

系家族，两者有很强的对应关系。李辉把 Y 染色体研究结果和这个大家族的家谱进行了对比，发现两者是高度一致的，说明这套算法经得起考验。

如果把研究对象从一个大家族扩展到更大范围的人群，光是研究单倍型就不够了，需要引入单倍群（haplogroup）这一概念。国际 Y 染色体命名委员会把全世界所有的 Y 染色体单倍型分为代号 A—T 的十几个大的类群，称之为单倍群。每个单倍群出现的时间都不一样，这是可以估算出来的。如果再把每个单倍群出现的地点找到，就可以推断出人类的迁徙路线和过程了。比如大洋洲原住民大都属于 C 单倍群，出现的时间非常古老，暗示人类走出非洲之后很快就沿着海岸线到达了东南亚诸岛。

每个单倍群内部还可以逐级分层，这个过程很像是一个大家族的儿子们离家出走另立门户。如果再用金庸盗版书做比喻的话，这就相当于广东省外所有的盗版书（以及一部分广东省内的盗版书）都印错了"甲"字（比如 M168），所有收自福建、浙江和江苏的盗版书都印错了"乙"字（比如 YAP＋），所有收于广西、云南和西藏的盗版书都印错了"丙"字（比如 M89T），所有收于湖南、湖北和陕西的盗版书都印错了"丁"字（比如 M130T），于是缉私人员就可以得出结论说，"甲"这个错别字来自广东省境内，这是广东省外所有盗版书的母版，然后盗版书沿着东线、西线和中线这三条线路在内地扩散，这三条线分别拥有乙、丙和丁这三个错字。

这三条传播路线中的每一条都可以按照新出现的错字继续分层，代表盗版书传播路径中的每一个细小分支。在人类遗传学研究中，这种分层最多可以分出好几十层，最终可以一直分到每个人自己的直系亲属为止。举例来说，Y染色体单倍型分层的最末端就是你和你兄弟，你们俩在所有其他层面上都是一样的，只有最后一层才能看到差别。

按照这个方法，李辉推算出了早期人类从非洲迁往东亚地区的大致路线。在他看来，这次迁徙是分两次完成的。第一次大约发生在6万年前，这群人从中东地区出发，沿着海岸线一路向东进入了亚洲地区，这是比较符合常理的一条路线，因为沿着海边走永远不愁找不到吃的。李辉称这些人为"早亚洲人"，他们的后代至今仍然居住在澳大利亚、新几内亚岛和美拉尼西亚诸岛上，在遗传上属于C单倍群，过去曾经被称为"棕色人种"。进一步研究显示，一部分"早亚洲人"曾经沿着海岸线一直走到了亚洲的东北部，然后其中的一部分人转而向西进入西伯利亚大草原，成为蒙古人，另一部分人穿越白令海峡，成为美洲大陆的原住民。

"早亚洲人"当中还有一个神秘的D单倍群，他们大都是住在小岛或者山林里的"小黑人"，学名称之为"尼格利陀人"（Negrito）。如今还能在安达曼群岛、马来西亚诸岛、菲律宾吕宋岛、日本本州岛和北海道，以及俄罗斯萨哈林岛（库页岛）等地看到他们的踪迹，说明这群人曾经一直沿着海岸线迁徙到了东亚和东北亚。事实上，李辉认为C型和D型"早亚洲人"都曾经到达过中国东部的沿海地区，他们多半靠打鱼为生，中国东南沿海出土的贝丘遗址就是这些人留下来的。但这些人没能长期在中国生存下来，今天的大多数中国人不是这群人的后代，只有青藏高原的羌族和藏族，以及四川和甘肃交界处的白马氏人有一部分属于D型单倍群，科学家们尚不清楚这个单倍

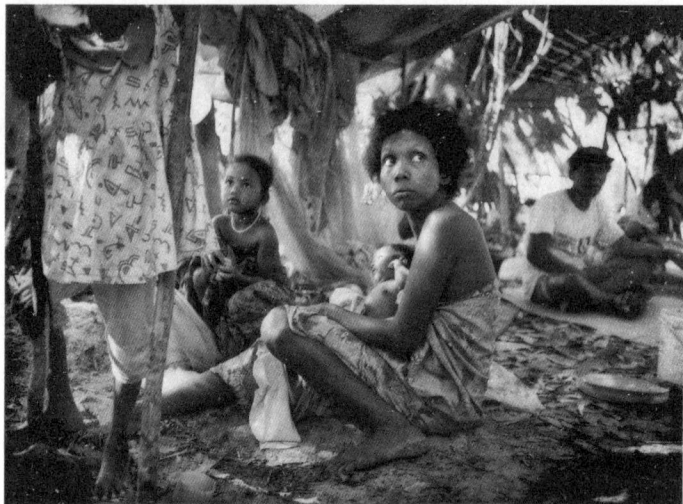

生活在马来西亚吉
兰丹的"小黑人"，
学名"尼格利陀人"

群是如何传过去的。

这些"早亚洲人"的祖先很可能早在10万年前就走出了非洲，进入了中东地区。他们之所以没有迅速向欧亚大陆的腹地扩散，很有可能是受到了当时居住在欧亚大陆上的尼安德特人等古人类的阻挡。后来不知什么原因，双方的实力对比发生逆转，现代智人打败了尼安德特人，这才得以向北扩散，进入了欧洲和中亚地区，这也是现代人直到4万年前才到达欧洲的原因，比到达亚洲的时间晚了2万年。

正是在打败了尼安德特人等古人类之后，第二批亚洲移民才得以从陆路进入了东南亚。他们很可能是追逐着猎物一路向东，大约在距今4万—3万年时到达了亚洲地区。李辉称这些人为"晚亚洲人"，他们的Y染色体单倍群主要为O型，也有少量的N、P、Q和R型。这些人构成了现代东亚和太平洋地区人群的主体，而那些"早亚洲人"则很可能是上古传说中被我们的祖先消灭掉的那些相貌古怪的"魔鬼"。

金力和他的学生宿兵等曾经分析过当今中国人的Y染色体多样性，发现南方人比北方人要多，因此金力等人认为"晚亚洲人"最早是从南方进入中国陆地的，时间大概是在距今3万—2万年。因为这批人是采集狩猎者，很可能是一路追逐着猎物前行，哪里有路就往哪里走。根据中国西南地区的地形地貌特点以及 DNA 证据，他们猜测最有可能的一条线路位于滇西，即从缅甸经瑞丽进入中国，然后途经大理到达昆明，这是最容易走的一条路线，而黄种人的皮肤很可能就是从缅甸到云南的过程中突变出来的。

古人没有交通工具，古代中国也没有道路，所以沿江而走是最合理的选择。李辉认为当年那批人进入滇西后兵分两路，一群人沿着珠江走，最终进入了两广地区，时间大约是距今 1.8 万—1.6 万年。另一群人沿着长江走，之后又分成两路，一路进入四川，一路进入湖广地区，时间也差不多。

大约在 1.1 万年前，最近的一次冰期结束，全球气候逐渐变暖，万物复苏，全世界掀起了一股发明农业的浪潮。中国最早的农业应该出现在洞庭湖西岸的澧阳平原，湖南澧县的彭头山文化就是早期农业文明的代表，彭头山出土的陶器内发现了稻谷和稻壳的痕迹，时间为距今 9000—8300 年，证明水稻很可能就是从这里走向世界的。江南地区则驯化了菱角，但这种农作物产量低，不能做主粮，不是很成功的驯化，所以江南地区的文明发展一直落后于湖南，直到水稻传过去后这块地方才迅速发展起来。这些以水稻为主粮的民族构成了中国的南方人群，中国的北方人群则以小米为主粮，发源地很可能位于现在的河北和内蒙古一带。

有了农业才会出现大的部落，才会有很多人聚在一起生活，语系的概念就是在这一阶段出现的。语言学也是研究人类起源和迁徙的一个重要工具，比如汉藏同源这个概念就是先从语言学研究领域开始叫出来的，后来被基因学研究所证实。从某种意义上说，语言和基因很相似，都是遵循一定的规律一代代拷贝下去的，也都可以通过倒推的方法追根溯源。但语言传承的规律性和精确性均不如基因，只能作为辅助手段来使用。

有了大部落，才会出现等级制度，才有可能出现强人统治。金力的学生严实等通过对 Y 染色体的研究发现，当今中国男性当中有将近一半的人属于三个超级男性的后代，他们很可能是三个古代部落的首领，各自代表着三个

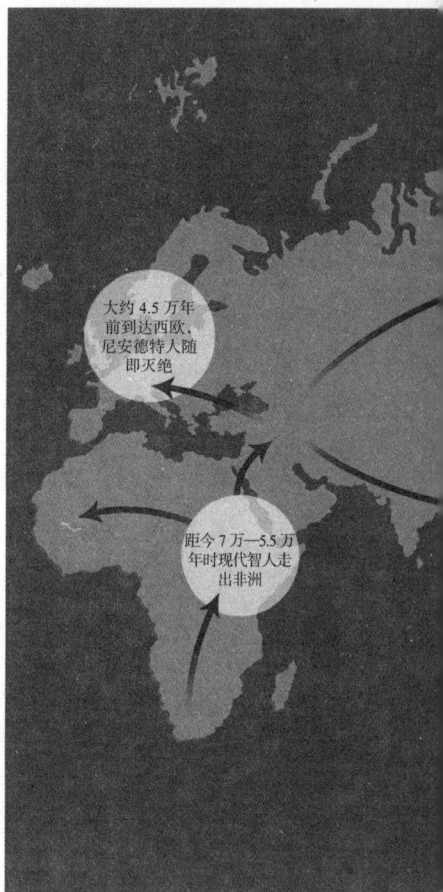

现代智人迁徙图

原始族群。但在人类遗传学体系里，这三个族群是用 Y 染色体上的三个标记物的名字命名的，李辉正在尝试把他们和具体的历史事件联系起来。

按照李辉的说法，第一个超级男性出现在 6800 年前，对应于 7800 年前在湖南开始的高庙文化。这就是前文所说的水稻文明，彭头山文化是其草创期，已经出现了很多大聚落，但那时只有护城河，没有城墙。前者挡野兽足够了，后者是高庙时期才出现的，主要是为了挡人，这说明从高庙时期开始，原本那些因为地理阻隔而单独发展了数千年的不同部落开始了相互争斗，中国的民族大融合从此拉开了序幕。第二个超级男性出现在 6500 年前，很可能

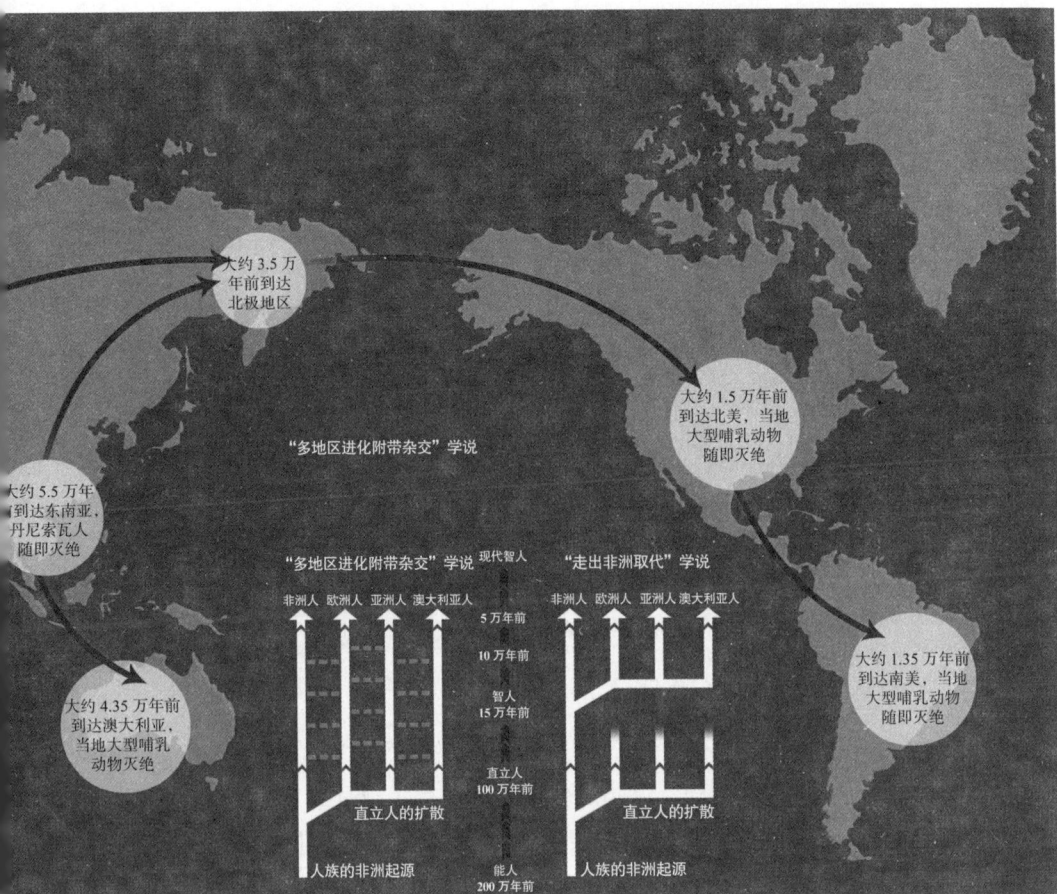

和仰韶文化有关。这个文化大致位于黄河中游地区，从今天的甘肃省到河南省之间，传说中的夏商周就位于这一区域，华夏民族的主体很可能就来自这里。第三个超级男性出现在5300年前，可能和红山文化有关。该文化大致位于今天的燕山以北的大凌河与西辽河上游地区，以小米为主要农作物。位于内蒙古赤峰市的红山后遗址挖掘出了大批造型生动的玉器，说明中国人用玉的传统很可能来自这里。

高庙文化、仰韶文化和红山文化都是考古学家们喜欢使用的名词，李辉认为这是一个很不好的习惯。"仰韶就是个小村子啊，怎么就变成一个文化了？考古界的专家们当然明白这是怎么一回事，但如果不借助历史文本的框架来解释的话，这些名词对于民众来说是没有意义的。"李辉对我说，"如果我们用神农时代、黄帝时代或者炎帝时代来解释的话，老百姓就能听懂了。考古遗传学也是如此，O1、O2这些Y染色体标记物对于老百姓来说没有任何意义，只有把它们和历史事件严丝合缝地拼接起来才有意义，这就是人类学要做的事情。"

李辉非常讨厌文理分科，他认为人类考古界不能各自为战，应该统一起来，所有材料不分文理都可以拿来用。理科生可以借助遗传学为人类历史整理出一个骨架，但是光有骨架太难看了，必须有考古学提供内脏，语言学和文化学提供肌肉，历史学提供皮毛，只有这样拼接起来才能构建出人类历史这头大象。

比如，李辉认为第一个超级男性对应的是苗瑶语系，很可能和蚩尤有关。第二和第三个超级男性则代表汉藏语系，很可能分别对应了炎帝和黄帝。他甚至认为传说中的逐鹿之战就发生在北京和张家口一带，当时生活在中原地区的炎帝先是和蚩尤打了一仗，战败后跑到北方向黄帝求援，然后炎黄二帝合力将蚩尤击败，获胜者就是华夏民族的祖先。今天的苗族人认为他们就是蚩尤的后代，战败后被逐出中原，流落他乡。

上述说法听上去很让人兴奋，李辉也坚信这是DNA给出的结果，是"很清楚的一件事情"。不过，李辉也明白他这个说法目前尚无考古学证据的支持，需要各方努力才能还原真相。

用Y染色体来追寻祖先的踪迹，功能虽然很强大，但毕竟是用现代人的遗传密码倒推古人，中间有很多逻辑链条都是建立在假说之上的，难以服众。由于人群不断迁徙的缘故，现代人的居住地很可能和他们的祖先不一样，这也是考古遗传学的缺陷之一。如果能直接测出古人的DNA，解读出古人的生命之书，再来和现代人做比较，就能更准确地搞清真相了。

尾　声

不知有多少人还记得老山汉墓的故事。这是位于北京市石景山区东部老山地区的一座西汉时期的王室贵族墓葬，北京市文物研究所于 2000 年 8 月在墓中发现了一具尸骨。那次挖掘在中央电视台做了直播，是央视有史以来所做的第一个考古直播，引起了海内外历史学爱好者的广泛关注。

经我国著名人类学家潘其风研究员鉴定，这具骸骨属于一个 30 岁左右的女性，其身份应该是西汉时期某诸侯王的王后。北京市文物研究所将头骨送至公安部物证中心，后者依照法医学原理做出了一个面部复原石膏像，看上去像是个西域人。于是那段时间媒体纷纷报道说这位王后是一名西域胡女，中国在西汉时期就经常和西域通婚，等等。但是，潘其风研究员通过体质人类学的方法对遗骨做了研究，认为她是中原人。

双方在遗骨的身份认定上产生了分歧，谁也说服不了谁。北京市文物研究所决定向吉林大学边疆考古研究中心求援，请该中心考古 DNA 实验室主任周慧老师出山，设法提取出骸骨中的 DNA，还她一个清白。

从此，一扇紧闭了很久的大门被打开，中国考古进入了一个全新的时代。

古人的遗言

世界观的进步很大程度上取决于技术水平的进步，人类进化领域同样如此。古人已经在自己的 DNA 里为后人留下了遗言，但只有等我们掌握了高超的技术才能读懂它。

写在骨头里的遗言

这个关于人类起源的故事已近尾声，但真正的高潮才刚刚开始。

迄今为止，这个故事的主角大都是狂热的人类起源探索爱好者，依靠私人或慈善机构的捐赠，独自踏上寻祖之路，很少有国家机构参与其中。之所以如此，是因为大多数政府的研究经费来自纳税人，老百姓虽然嘴上说自己很想知道人类祖先的秘密，但真要让他们掏钱恐怕就不那么情愿了。这事毕竟属于个人兴趣的范畴，似乎没什么现实意义，既不会振兴经济，也解决不了就业问题。

德国是少见的例外，原因前文已经讲过，这里不再赘述。中国也可算是一个例外，因为中国人历来就有祭祖的传统，当代中国人对于中华民族在全世界的地位也非常在意。不过，近百年来中国国力羸弱，在这个领域一直没有太大建树，直到 1949 年之后，尤其是改革开放之后，中国政府这才终于有了足够的经济实力去资助这方面的研究。

吉林大学就是这类资助的受益者之一。这所全国重点大学位于吉林省长春市的市中心，一堵围墙把学校和闹市区完全隔开，为学生们营造了一个世外桃源般的学习环境。吉大附属的边疆考古研究中心位于校园内的一幢苏式

吉林大学边疆考古研究中心
主任朱泓博士

建筑的二楼，老山汉墓女主人的身世之谜就是在这里被揭开的。

"我们是全国最先开始做古 DNA 的，早在 1998 年就成立了中国第一个考古 DNA 实验室。"边疆考古研究中心主任朱泓教授对我说，"这是个纯粹烧钱的项目，多亏国家自然科学基金委员会的支持，这才得以实施。"

朱泓教授本来是研究体质人类学的，DNA 并不是他的强项。据他介绍，20 世纪 90 年代中期，改革开放的浪潮席卷全中国，大批科研人才流失到了能和经济挂钩的应用科学领域，毫无"钱景"的人类学研究青黄不接。1996年，国家自然科学基金委员会的几位老科学家联名提议中国政府加强基础科研人才的培养，出资支持一批纯基础领域的科学研究。专家们选出了六个研究方向，都属于国际上热门，国内有发展潜力，但那时仍然是一片空白的全新领域。20 世纪 90 年代中期，考古学界最热门的就是古 DNA，于是朱教授说服了当时在吉林大学生物系研究生物制药的周慧教授，两人联手从基金委员会申请到了一笔研究经费，开始了这方面的探索。

说到古 DNA，多数人首先想到的大概是欧洲阿尔卑斯山上发现的那个冰人奥茨，或者西伯利亚冻土带中发现的猛犸象。确实，像这种死后一直被冻在零度以下的动物尸体的软组织中是比较容易找到 DNA 分子的，但这种情况在自然界中极为罕见，可遇而不可求，绝大部分古 DNA 都是从脊椎动物的骸骨或者牙齿中找到的。

"国内把考古人类学分成了旧石器和新石器两大块，旧石器的研究中心在北京的古脊椎动物与古人类研究所，吉大的边疆考古研究中心则是研究新石器时期人类学的核心机构。"朱泓教授对我说，"我们中心目前已经收集到了超过两万件年龄在 1 万年以内的古人类骸骨，从这个年龄段的骸骨样本中提取 DNA 要相对容易一些，再老的就很困难了。"

朱泓教授带我参观了该中心的骸骨储藏室，这些珍贵的古人类骸骨全都被放置在一排排类似书架的储藏柜里，整个储藏室尽量保持相对恒定的环境条件，尽可能地延长样本的保存时间。值得一提的是，这里存放的大都是骸骨，不能算是化石。顾名思义，化石指的是在土壤中埋藏了很久的古生物遗体，骨头中的有机物质大部分都被土壤中的无机分子替换掉了，提取 DNA 的难度更大。

虽然骨头本身的成分也是以无机物为主，但骨头内部有很多"骨小窝"（lacunae），里面生活着很多成骨细胞，它们的任务就是及时补充磨损的骨头，以及随时准备接断骨。动物死亡后，这些骨细胞很快就会破裂，释放出的 DNA 分子会附着在骨骼中的矿物质（主要成分为羟磷灰石）上。如果外部条件合适的话，这样的 DNA 分子可以保存很久。

问题在于，DNA 分子光是保存下来还不行，保存的质量必须达到一定标准，否则一点用处也没有。前文多次提到，DNA 是由腺嘌呤（A）、鸟嘌呤（G）、胞嘧啶（C）和胸腺嘧啶（T）这四种核苷酸首尾相连组成的长链分子，它唯一的作用就是携带信息，而信息就蕴藏在 ATCG 这四个字母的排列顺序上。如果把 DNA 分子彻底打散，还原成 ATCG 这四种核苷酸的话，即使所有核苷酸都没丢，也是没有任何意义的。

如果这四种核苷酸以最恰当的方式组成双螺旋，那么这样的结构是相当稳定的，这也是生命体选择 DNA 作为信息载体的原因。但是，土壤中的细菌会分泌 DNA 酶，很容易将 DNA 分子降解掉，绝大部分死亡动植物（包括古人类）的 DNA 就是这样丢失的。另外，自然界无处不在的背景辐射也会以一定的比率击中 DNA 分子，将其从中折断，一旦所有 DNA 分子都断裂成只有几个核苷酸长的小片段，其中蕴含的信息也就永远地丢失了，神仙也不可能找得回来。

即使细菌污染和背景辐射都被控制住也不行，因为只要环境中有水分子存在，那么核苷酸中的氨基就会以一定的速率丢失，尤其是胞嘧啶（C）丢得最快。丢掉了氨基的胞嘧啶就变成了尿嘧啶，用字母 U 来表示。一旦 C 变成了 U，DNA 双螺旋结构就不稳定了，DNA 便会从这个地方断开。据统计，人体内的每个细胞每天都有大约 1 万个 C 会蜕变成 U，活细胞内的染色体之所以没有断裂成碎片，全都是因为细胞核内的 DNA 修复酶一刻不停地在工作，把每个 U 都及时还原成 C 的缘故。一旦人体死亡，这些 DNA 修复酶很快就会失去活性，导致体内所有的 DNA 分子迅速而又永久地断裂开来，再也找不到一条完整的 DNA 链了。

人死不能复生，但即使 DNA 分子裂成碎片，里面储存的信息仍然可以被精确地解读出来，原因就是每一个人体细胞内都含有全套的 DNA 序列，它们的断裂方式都是不同的，只要测出足够多的 DNA 序列，就可以通过拼接的方式获得全部信息。举例来说，如果一个 DNA 分子只断裂一次，那么只要从另外一个 DNA 分子中再找到一小段 DNA，正好横跨断裂的部分，就能知道断裂开的这两个片段应该如何拼接了。同理，如果 DNA 分子断裂了两次，变成了三段，那么就需要至少再找到两小段 DNA，才能把断裂的部分补上。也就是说，DNA 分子断裂的程度越高，拼接的难度也就越大。当然了，实际情况远比上面这个例子要复杂得多，古人类骸骨中的 DNA 大都会断裂成极小的碎片，每个碎片只有几十到几百个核苷酸那么长。要想把这些小碎片完整地拼接成长度以亿计的 DNA 分子，难度可想而知。

幸运的是，如果你只是想通过测序来推断人类的进化路线，那么你并不需要测出全部的 DNA 序列，只需测出一小段特定位置的 DNA 顺序就可以了。但即使这样也是很困难的，因为古人类骨骼极为珍贵，可供研究的样本量极小，科学家首先必须将其中蕴含的微量 DNA 进行扩增，才能用来测序。

　　最传统的扩增方法是把 DNA 分解成一个个碎片，然后分别插入到细菌（通常是大肠杆菌）的基因组中，这个过程就是大名鼎鼎的克隆。之后，只要让每一个克隆细菌分别单独长大，就能获得足够多的 DNA 分子用于测序了。换句话说，这个方法就是利用细菌自带的 DNA 复制酶将外源 DNA 无限复制，达到扩增的目的。

　　克隆法需要借助活细菌才能实现，不但步骤复杂烦琐，而且效率很低。科学家们一直希望能跳过活细菌这一步，直接在试管里扩增 DNA。最终这个愿望在 1983 年的时候被一个名叫凯里·穆里斯（Kary Mullis）的美国科学家实现了，他发明了大名鼎鼎的"多聚酶链式反应"（PCR），并因此获得了 1993 年的诺贝尔化学奖。简单来说，如果你已经知道你想扩增的 DNA 片段两端的顺序，那么你就可以事先合成出针对两端序列的 DNA 小片段，科学术语称之为"引物"（primer），然后你把引物加入到 DNA 提取物当中，再加入一组特殊的酶，DNA 复制就自动开始了。你只要把这个试管放入 PCR 机器里，让这个复制过程不断循环往复，几个小时后你就会得到足够多的 DNA 片段用于测序了。

　　就拿老山汉墓的例子来说，当时科学家们已经知道不同人群的线粒体都有哪些独有的序列特征。周慧教授通过 PCR 法提取到了老山汉墓女主人的线粒体片段，测序后证明她来自亚洲，属于黄种人。

　　"我们这个方法最难的步骤就是提取古 DNA，因为古人的骨骼化石非常珍贵，不能因为取样而破坏样品，尤其是影响外貌，所以我们只能从颅骨的内部以及牙齿中取样，可惜最后都失败了。"周慧对我说，"后来我们是从颅腔内已经干枯的一小块大脑组织中提取到了高质量的 DNA，这才终于拿到了我们想要的线粒体序列。"

据周慧介绍，如今他们团队的古 DNA 提取技术已经有了很大提高，保存状况好的话只需 50 毫克骨粉末或者牙粉末就可以了。另外，虽然牙齿很硬，但最好的实验材料还不是牙齿，而是耳朵里面的一小块骨头，术语称之为颞骨岩部，这小块骨头的骨壁最厚，里面的 DNA 最有可能被保存下来。

老山汉墓的例子很好地说明了古 DNA 的优点。如果没有这项技术的话，仅凭骸骨的样貌或者身体特征很难判断出这位生活在汉代的妇女究竟是什么样的人。自那之后，周慧实验室已经测了很多例中国古人的 DNA，最早的已经可以测到 1.2 万年前的样本了，而且不但能测线粒体，就连核染色体也能测，其中当然包括已经研究得极为透彻的 Y 染色体。

如果把周慧教授的古 DNA 研究和朱泓教授的体质人类学研究结合起来，就可以知道古代中国人大致的分布情况是怎样的，以及东亚人特有的相貌、肤色究竟是如何形成的。再加上很多古墓都有墓志铭或者碑文什么的，所以从古墓里挖出来的古人大都可以很清楚地知道他们生前居住过的地域，这就为研究新石器时代中国人的迁徙路径提供了重要依据。

据朱泓教授介绍，中国男性当中比例最高的 O 单倍群最早出现在中原地区，他们很可能就是从黄河流域起家的华夏族，代表着中华民族的主体。O 型单倍群的出现时间非常早，大致在 3 万年前，说明 O 型人对中华民族的延续性做出了最主要的贡献。体质人类学研究结果表明，O 型人长得和现在的广东人非常相似。也就是说，夏商周时代的中国人大都是短脸、宽鼻、肤色黝黑的热带人模样。

C 型单倍群是来自北方草原的游牧民族，他们祖先的长相和现在的蒙古人没什么区别。不过，如今的中国北方人之所以长成现在这个样子，和 C 型单倍群关系不大，主要是从北方迁移过来的匈奴和鲜卑等民族的贡献，这些人带来的基因使得北方人身材普遍较南方人高大，皮肤较白，脸形也变长了。

N 型单倍群曾经是中国东北地区的主流人群，从东三省出土的古人类骨骼大部分都是 N 型，其年代也相当古老，说明这些人很可能是东北土著，北方的小米很可能就是他们首先驯化的。但如今中国人当中的 N 型非常少，就连东北地区也几乎找不到了，这说明他们的文化相对落后，很可能被 O 型和 C 型人群排挤走了。体质人类学研究显示，N 型人和今天的因纽特人非常相似，说明今天生活在东西伯利亚、白令海峡一带、加拿大北部、阿拉斯加地区和格陵兰岛等地的原住民很可能就是从中国东北地区迁徙过去的那批人的后代。

Q 型单倍群来自中国的西北地区，有可能是从中东地区迁移过来的一群人带来的。

如今有很多基因检测公司都可以根据唾液检测出你到底属于哪个单倍群，以及很多其他遗传特征。根据一家名为 WeGene 的基因检测公司提供的数据，在他们已经检测过的 5000 多名中国男性当中，OCNQ 这四种单倍群分别占 78.03%、9.84%、6.41% 和 1.46%。

从这个例子可以看出，1 万年前中国这块土地上曾经生活着各式各样的人群，他们有着完全不同的文化特征，甚至连长相都不一样。但随着文明的扩张和兼并，以及人群的替代和混血，这里最终变成了一个看上去似乎很单一的群体，这就是华夏民族的起源。这个民族的后代构成了今天中国人的主体部分，但我们身上保留的基因就像一本家谱，忠实地记录着祖先们动荡的生活轨迹。

1 万年前的世界已经是今天的中国人很难想象的了，在那之前的中国究竟是什么样子的？那时候的中原地区生活着怎样的一群人？他们是从哪里来的？这些问题的答案要从更古老的遗骨中去寻找。这方面的技术德国最好，我决定去那里走一趟。

从埃及法老到尼安德特人

　　莱比锡位于德国东部盆地的正中央，和德国其他城市相比显得不太景气，似乎尚未完全适应新的时代。在距离市中心几公里远的郊区有一幢全玻璃外墙的七层建筑，周围全都是各类公司和机构的办公楼，连个小餐馆都找不到。这就是德国著名的马克斯·普朗克学会下属的进化人类学研究所（Max Planck Institute for Evolutionary Anthropology），我要找的人就是这个所的现任所长，瑞典科学家斯万特·帕博（Svante Pääbo）博士。

　　"欢迎，请进，请坐，要不要先喝杯咖啡？"帕博用纯正但略带口音的英语招呼我，"我们可以先聊半个小时，然后我要去开一整天的会，但我已经安排我的同事带你参观并接受你的采访，咱们明天再细聊。"

　　帕博身高足有一米九，人极瘦，走起路来弓腰驼背，两条长胳膊甩来甩去，看上去很不协调，再加上鼻梁上架着的那副金丝边眼镜，活脱脱一副学究模样。但他说起话来嗓音轻细，语速也不快，而且总是面带笑容，让人很容易产生亲近感。

　　我坐在沙发上一边喝咖

古
人
的
遗
言

瑞典人类学家斯万特·帕博（右）
在西班牙洞穴考古现场

啡一边打量这间办公室，首先映入眼帘的是一个尼安德特人的骨架模型，这是人类学实验室的标配，一点也不稀奇。但这间办公室的墙壁上却挂着好几幅绘画作品，显示出主人的口味有点特别。其中一幅水彩画画的是一个戴眼镜的中年男子头像，看上去很像是帕博本人，不过这幅画的画技显然不怎么高明，而且风格很不统一，很像是几个小孩的涂鸦作品。

"这是我的学生们送给我的生日礼物，他们事先约定每个人只负责画其中的一部分，结果就变成现在这个样子了。"帕博笑着解释道，"我的实验室是名副其实的国际团队，学生们来自全世界好多个国家，其中就包括来自中国的付巧妹。"

付巧妹已经学成回国，现在在中科院古脊椎动物与古人类研究所下属的分子古生物学实验室工作。该所曾经在 2016 年举办过一次遗传学、人类学和考古学交叉研讨会，帕博受邀来北京参会，我就是在那次会议上第一次见到了这位古 DNA 研究界公认的大神。

那次研讨会也是我第一次在现场见识了"走出非洲派"和"多地起源派"的正面交锋，虽然大家表面上和和气气的，但其实火药味非常浓，双方谁也不让步。那次会议间隙我曾经偷偷询问过帕博对这场争论的看法，他没有过多评论，只是委婉地说，化石证据不太可靠，定性的成分居多，缺乏定量指标。这次在帕博的办公室我再一次当面提出了这个问题，帕博斟酌了几秒钟，回答道："我对化石证据最大的疑惑就是，如果没有古 DNA 证据的帮助，我们无法知道某个人类化石是否留下了后代。"

复旦大学的金力教授也表达过类似的看法，看来这是全世界 DNA 学派压箱底的绝招。不过这个质问非常有道理，"化石派"确实难以招架。

半个小时太短，还没聊几句就过去了。帕博临走前从角落里翻出一本蓝色封皮的书递给我："你先读读这本书，关于尼安德特人基因测序的所有故事都在里面了。"我接过来一看，原来是他刚刚出版不久的一本畅销书，题目就叫《尼安德特人》(*Neanderthal Man*)。

其实这是一本半自传性质的书，首先讲述了他自己走上这条路的经过。帕博于 1955 年出生于瑞典首都斯德哥尔摩，父亲是一位获得过诺贝尔奖的瑞典生化学家，母亲则是一位来自爱沙尼亚的化学家。不过他父母很早就离婚了，他几乎没怎么见过生父，一直跟母亲生活，就连姓也是随的母姓。受到家庭熏陶，帕博从小就立志要当科学家，但他最迷的既不是生物学也不是化学，而是古埃及学。喜欢古埃及的欧美人特别多，毕竟埃及是人类文明的诞生之地。前文提到过的那位美国物理学家吉姆·阿诺德就是因为喜欢埃及才决定钻研放射性同位素测年法的。帕博也是一样，不过他感兴趣的是当初建造金字塔的那些人后来去了哪里，现在住在埃及的人是不是古埃及法老们的后代。

想来想去，帕博认为要想知道这个问题的答案，最好的办法就是分析法老们的 DNA，看看和现代人有何区别。这个想法相当超前，因为当时还没有人尝试过从古代动物的身上提取 DNA，即使有人尝试过也肯定失败了，因为帕博仔细翻阅了图书馆里的相关期刊，没有找到一篇关于此事的论文。当时他已经是瑞典乌普萨拉大学生物系的学生了，研究方向是人类免疫学。但他对古埃及的兴趣实在是太过强烈了，便利用假期登上了一列开往东德的火车，因为他听说东德博物馆里收藏了不少古埃及木乃伊。这是他第一次和德国发生亲密接触，为此他还自学了德语，没想到后来这里真的成了他的第二故乡。

为了达到目的，帕博首先必须证明木乃伊里有 DNA，而且质量还不能太差。最终他用化学的方法证明从木乃伊中能够提取到几千个核苷酸长的 DNA分子，足以用来测序了。他把这个结果写成论文发表在一本东德科学院出版的德语期刊上，可惜当年西方科学界没人关注这本杂志，这篇论文石沉大海，再也没了音讯。

帕博不知道的是，其实当时国际上有不少人都在关注这个问题，加州大学伯克利分校的艾伦·威尔逊就是其中之一。1984 年，威尔逊实验室的一名

古人的遗言

研究生从一种已经灭绝了100多年的南非斑驴（quagga）的皮肤中提取到了DNA，并成功将其克隆到了大肠杆菌中。通过对线粒体DNA的分析，得出结论说南非斑驴是非洲斑马的近亲，和非洲野驴的关系反而较远。这篇论文发表在1984年11月出版的《自然》杂志上，帕博读后心潮澎湃，立刻决定把自己的研究成果写成英文投给《自然》杂志，居然被后者接受了。

有趣的是，当时帕博尚未从乌普萨拉大学毕业，他的博士论文的主题是人体免疫系统研究，如果做好了很有可能在某个著名研究机构或者大制药厂找到一份体面的工作。但他的兴趣不在这里，一心想改行。他的导师对古DNA一窍不通，但他非常理解帕博的想法，不但没有指责帕博不务正业，还鼓励他去实现自己的理想，这样的事情只有在一个自由开放的社会才有可能发生。

论文发表后，帕博很快收到了威尔逊的来信，后者误以为帕博是乌普萨拉大学的教授，希望自己能来他的实验室学习！受宠若惊的帕博赶忙写了封回信，澄清了事实，威尔逊也立刻改了主意，邀请帕博来伯克利自己的实验室做博士后。就这样，拿到博士学位后的帕博立刻登上了去美国的班机，他的人生轨迹从此被改写了。

帕博的第一站不是旧金山，而是纽约。1986年，全世界分子遗传学领域的顶尖人物齐聚纽约长岛冷泉港，参加一个重要的学术研讨会。不但威尔逊去了，刚刚发明PCR技术的穆里斯也到了。会议的重点就是如何解读遗传密码，DNA测序问题成为大家关注的重点。就是在这次大会上，科学家们第一次公开讨论了人类基因组全测序的可能性，并为这一宏伟计划绘出了路线图。15年后这项计划提前完成，其意义再怎么强调都不过分。

帕博的兴趣点虽然是古DNA，但其核心同样是DNA测序，在这一波DNA测序技术的大飞跃中获益良多。在伯克利期间，帕博和同事们完善了从骨头中提取DNA的技术，并在实践中意识到用克隆法来对付古DNA是不现实的，最好用PCR扩增，然后直接测。

古 DNA 研究的巨大潜力很快就被非科学圈的人知道了。1990 年，美国著名小说家迈克尔·克莱顿（Michael Crichton）出版了长篇科幻小说《侏罗纪公园》，把公众对古 DNA 的期望值抬高到了不可思议的程度。不少科学家也趁机火上浇油，纷纷发表文章称他们提取到了各式各样的古 DNA。有人甚至在《科学》杂志上发表论文说他从琥珀中提取到了 3000 万年前的 DNA！不过这些论文后来全都被证明是假阳性，那些依靠 PCR 技术扩增出来的 DNA 片段无一例外都是污染。

这股风潮在当年曾经极为流行，就连中国著名学者陈章良也曾掺和过这件事，号称从恐龙蛋化石里提取出了恐龙 DNA。后来有位研究生把陈章良测出的 DNA 序列放到国际基因库里一搜，发现他提取出来的是细菌的 DNA 序列。

在这股风潮中，帕博自始至终一直保持着冷静的心态，一方面因为他在读大学期间就研究过古 DNA 的保存问题，发现碱性环境才是最好的，琥珀是酸性物质，恰好最不利于保存古 DNA，所以《侏罗纪公园》描写的事情在现实世界中是不可能发生的。另一方面，他很早就知道 PCR 是一项非常敏感的技术，痕量的环境 DNA 污染都会被无限放大，导致假阳性结果。帕博自己曾经被污染问题折磨得痛不欲生，不得不为实验员们制定出史上最严厉的规章制度。所有 PCR 实验都必须有对照组，即不加古 DNA 提取物，其他一切照旧。如果对照组也扩增出了 DNA，那么整批试剂必须全部扔掉，一滴也不留。

如果污染的是细菌 DNA 还好办，只要分析一下 DNA 序列就能辨别出来（就像陈章良的闹剧一样）。如果是现代人带来的污染，那就会给古人类 DNA 研究带来致命打击，因为两者的差别非常小，极难分辨。这里所说的现代人污染不光是来自实验操作员的误操作，更多的是来自挖掘化石的工人，以及所有曾经触摸过这块骨头的人。以前的人类学家缺乏保护意识，经常不戴手套摸化石样品。有经验的人甚至养成了用舌头舔骨骼化石的习惯，因为这么做可以帮助他们辨别化石是否曾经被清漆处理过！不用说，这样的化石里含有大量的现代人 DNA 污染，极易混淆。

帕博非常清楚这样的污染会给古 DNA 研究带来致命伤害，于是他花了很多时间研究如何消除污染，最终他找到了减少污染的方法，这使得他做出来的结果比别的实验室更可信。

随着经验的积累，帕博越来越意识到古 DNA 研究是有边界的。即使所有条件都绝对完美，DNA 分子仍然是有寿命的，总有一天会断裂成细小的碎片，再也无法复原了。据他估算，起码从理论上讲，古 DNA 中保留的信息最多只能保存几十万年，超过 100 万年的古 DNA 是不可能含有任何有用信息的，因此也就毫无价值。

这件事非常值得我们认真思考。一提到科学研究，很多人都会觉得想象力才是最重要的，只要想得到，没有做不到。但帕博用最科学的方式证明，想象力固然重要，但对细节的关注才是一个科学家获得成功的关键因素。另外，科学是有边界的，有些想象无论怎样努力都是无法实现的，如果认不清这一点，就会钻进死胡同，永远也出不来。

正是在看清了这一点之后，帕博决定把工作重点放到尼安德特人上来。一来这是欧洲最重要的古老型人类，对于揭开欧洲人起源之谜有着极为关键的作用。二来尼安德特人直到 3 万年前才灭绝，有可能找到年代不太久远的古 DNA。像露西这样的非洲南猿虽然更重要，但年代太过久远，不大可能提取出有效的古 DNA。

于是，帕博在做完博士后研究之后立即回到欧洲，在德国的慕尼黑大学找到一份工作，专心投入到提取尼安德特人的线粒体 DNA 的工作中来。在克服了诸多常人想象不到的困难之后，他和同事们终于在 1996 年成功地提取到了一小段尼安德特人的线粒体 DNA，并测出了其中一段含有 379 个核苷酸的 DNA 序列，发现尼安德特人的线粒体和所有现代人的线粒体之间的遗传距离都是一样的，都是 28 个核苷酸的差别，尼安德特人和欧洲人之间的距离并不比和非洲人之间的距离更近。这个结果证明尼安德特人既不是欧洲人的直系祖先，也没有对现代人的线粒体做出过任何贡献，他们就是人类进化过程中的死胡同，虽然一直活到距今 3 万年左右，最终还是不幸灭绝了。

经过一番考虑，帕博决定把这篇论文投给在科学家圈子里口碑更好的《细胞》（*Cell*）杂志。1997 年 7 月 11 日，这篇他认为是自己写得最好的论文终于发表了，这是人类测出的第一个已灭绝古人类的 DNA 序列，对于人类起源的研究具有划时代的意义。此前关于 DNA 的研究用的都是现代人 DNA，需要事先做出很多理论上的假设才能得出结论。帕博直接测到了几万年前的古人 DNA，用它来和现代人的加以对比，不需要太多假设就可以得出令人信服的结论了。

那年帕博只有 42 岁，却已经成为全世界家喻户晓的科学明星了。但他并没有停下脚步，而是抓住了一个千载难逢的机遇，实现了自己毕生的梦想。

尼安德特人的遗言

就在这篇关于尼安德特人线粒体基因测序的论文发表后没多久，一个陌生人拜访了帕博的实验室。原来他是代表马克斯·普朗克学会前来游说的，想把帕博从慕尼黑大学挖走，帮助该学会创办一所全新的人类学研究机构。

马克斯·普朗克学会的前身是创办于 1911 年的威廉皇帝学会（Kaiser Wilhelm Society），这家非政府机构一直致力于资助国际一流的科学家进行高水平的科学研究，爱因斯坦就是受益者之一。希特勒上台后该学会摇身一变，成为纳粹的帮凶，不但帮法西斯军队研制出很多先进武器，还投入大量人力物力研究所谓的"优生学"，试图为纳粹德国的种族歧视政策找到科学根据。"二战"结束后该学会决定东山再起，恢复资助科学研究。为了纪念前任会长、优秀的德国理论物理学家马克斯·普朗克，大家一致决定更名为马克斯·普朗克科学促进会，中国人习惯简称其为马普。

马普的主要资金来源是德国政府，很多德国大企业和财团也很愿意捐钱给他们，但因为有纳粹前科，德国人一直不太敢碰人类学领域。这次找到帕博，一方面因为他是人类学领域的明星级科学家，很有号召力；另一方面也是因为帕博是个瑞典人，可以少些顾忌。帕博接受了马普的邀请，并建议把研究所建在莱比锡，这样可以帮助这个东德城市振兴经济，我眼前的这座崭新的建筑物就是这么来的。

这座建筑外表并不起眼，但内部设施相当豪华。进门后首先看到的是一个直通房顶的大厅，大厅一角安装了一个高达 15 米的攀岩墙，谁都可以来玩一把。大厅内的一块空地被布置成科普园地，展出了一些关于人类进化的物品和科普文章。大厅后面是一个露天池塘，岸边放着一排桌椅，方便科学家们在这里一边喝咖啡一边聊天，希望他们能在聊天的过程中碰出灵感的火花。

帕博被任命为所长，在他的建议下，该所设立了遗传学、进化学、行为学、心理学和文化人类学五个学科，所有人全都在这幢大楼里办公，方便不同学科的人相互讨论，取长补短。帕博还亲自出马，从全世界招来了各个学科最优秀的学者，比如最早提出"线粒体夏娃"理论的斯通金博士目前就在这里工作。这事说来很有意思，帕博和斯通金曾经一同在威尔逊的实验室做博士后，当时帕博喜欢上了实验室的另一位女博士后，但他本人是个双性恋，当时还不敢肯定自己的性取向，结果这位女博士后和斯通金结了婚，两人还生下了两个孩子。后来这三人再次聚首，帕博发现自己仍然很喜欢她，最终她和斯通金离婚，嫁给了帕博。

那天早上帕博安排一位名叫薇薇安·斯隆（Vivian Slon）的博士研究生领着我参观实验室。我最感兴趣的当然是专门用于古 DNA 操作的超净实验室，该所居然有两个，全部建在地下一层。每间实验室都分内外两间屋子，我作为参观者只能进入外间屋，透过厚重的玻璃门看一看内屋的构造。内外屋之间安装了一套超强的空气过滤装置，99.995% 的直径超过 0.2 微米的颗粒物都被过滤掉了，其干净程度堪称世界之最。

这两间超净室当初是专门为提取古 DNA 而建的，尽一切可能杜绝外源污染。如今这两间超净室主要用于为提取出来的古 DNA 建文库，也就是在古 DNA 分子的两端各安装一个引物，这个做法相当于为图书馆里的每一本藏书都贴上一个标签，然后就可以把所有古 DNA 纳入同一个体系，对其进行各种常规操作了。这么做的一大好处就是可以把提取物中的古 DNA 分子一股脑儿全部扩增出来，不像老式的 PCR 那样只能扩增出特定的 DNA 片段。另一个好处就是可以测出很短的 DNA 分子的序列，这一点对于尼安德特人基因组的测序工作是极为关键的，因为从骨头中提取出来的尼安德特人的 DNA 分子都很短，平均只有 40—60 个核苷酸长度，PCR 是没办法扩增这么短的 DNA 片段的。

从骨头中提取古 DNA 首先需要钻孔，通常这一步是在超净室里完成的。斯隆特意拿来一块动物骨头，在外屋为我演示了一遍如何钻骨取粉末。只见她先穿好厚厚的实验服，戴上 PM2.5 口罩，再戴上一个玻璃头盔，前面的挡风玻璃一直伸展到下巴处，尽一切可能不让自己呼出的气污染样本。然后她坐在生物实验专用的无菌操作台前，用戴了两层乳胶手套的双手打开一个锡纸包，从里面取出一小块骨头。我注意到她的手指始终都不去碰骨头，而是通过锡纸捏住骨

131

古人的遗言

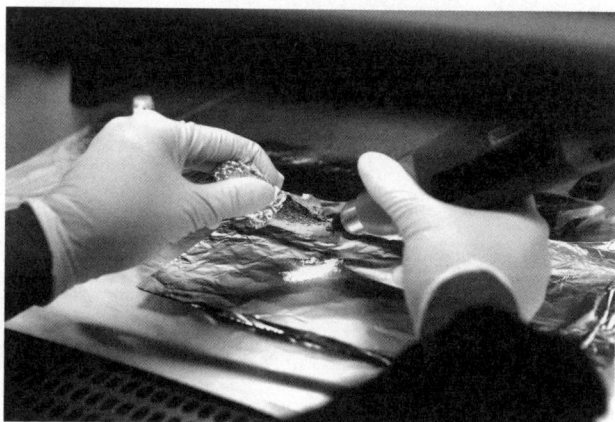

进化人类学研究所的研究人员在钻取骨粉，试图从中提取古人类 DNA 样本

头的一端，然后用一把牙医专用的钻头在骨头上打眼。每钻几秒钟后她就停一会，避免钻头温度过高损坏 DNA。钻下来的粉末被收集到一个小试管里，再倒入特殊的溶液，粉末里面含有的 DNA 就可以被萃取出来了。

那天是星期四，可那间超净实验室里却没有人在工作，就连外屋也看不到一个人。"如今大部分工作都是在计算机上完成的，就连测序工作也都交给机器了。"斯隆指着桌上放着的几台机器对我说，"它们才是真正的明星，大部分 DNA 数据都是由它们生产出来的。"

原来，这就是大名鼎鼎的 DNA 测序仪，一共有两种型号，一种是 Miseq，一种是 Hiseq，都是由一家名为 Illumina 的公司生产的。

"Miseq 一次可以测出 2000 万个核苷酸顺序，Hiseq 一次可以测出 2 亿个核苷酸顺序，这就大大降低了测序成本。"斯隆解释说，"不过，后者虽然通量大，但错误率通常也比较高。"

我在 20 世纪 90 年代中期曾经在一家生物实验室工作过，主要任务就是 DNA 测序。那个时候测序用的是电泳技术，俗称跑胶，每跑一次要花一整天时间，一次最多只能测几十个样本，每个样本最多只能读出几百个核苷酸序列。在这 20 年的时间里，DNA 测序技术有了长足的进步，大概只有电脑芯片的进步速度可以和 DNA 测序技术相媲美。

事实上，如果没有技术的进步，帕博的"野心"是不可能实现的。在测出尼安德特人的线粒体序列之后，帕博立即着手研究如何才能测出古人的核染色体的 DNA 序列。尼安德特人的基因组和人类一样，都有大约 30 亿个核苷酸，如果 46 条染色体全算上，那就是 60 亿个字母，对于跑胶时代的 DNA 测序技术来说这是个天文数字。这就是为什么当年冷泉港会议提出要测人类全基因组序列时很多人都觉得那是个笑话。

事实上，这就是当初科学家们提出人类基因组计划的原因之一，他们相信这项计划会促成 DNA 测序技术的革新。最终结果证明科学家们的预言是正确的，两位瑞典科学家于 1996 年发明了焦磷酸测序技术（Pyrosequencing），不用再跑胶了，也不必使用放射性元素标记 DNA 了，而是利用光化学原理把单个核苷酸信号变成光信号，然后通过一台高灵敏度的仪器检测这个光信号，就能测出 DNA 顺序了。

这项技术有两大好处，一个就是它完全不需要通过 PCR 来扩增特定的 DNA 片段，只要事先建好 DNA 文库，其中所有的 DNA 片段都可以一次性地测出来。另一个好处就是成本低，这一点对于古 DNA 来说非常重要，甚至可以说是最关键的优点。但这项技术也有两个缺点，一个是每次只能测几十个核苷酸序列，长的片段测不了，另一个就是错误率较高，比跑胶差一些。但对于古 DNA 来说这两个缺点根本不算问题，因为古 DNA 片段本来就很短，测长的没用，第二个问题则可以通过大量测序来解决。

经过近 20 年的发展，焦磷酸测序技术已经相当成熟了，人类全基因组测序的价格甚至有望在不远的将来降到几百美元的水平。但活人的 DNA 非常完整，测起来要容易得多。尼安德特人的基因组不但极为破碎，而且纯度很低，帕博当年能把尼安德特人的线粒体的一个小片段测出来就已经是一件轰动全世界的壮举了，要想测出全部基因组顺序其难度好比登天。

我们可以用前文举过的一个例子说明这件事难在哪里。如果把人类基因组序列印成一本书的话，按照每页 3000 个字母来计算，这将是一本 200 万页的巨著。现在想象一下，如果我们手头有 1000 本书，把它们全部撕个粉碎，任何一片碎纸都只含有 50 个字母，然后让你依靠这些碎纸片把全书拼出来，你能做到吗？

帕博所要面对的就是类似这样的难题。随着岁月的流逝，尼安德特人的基因全都碎成了小片段，平均长度只有 50 个核苷酸左右。不但如此，从尼安德特人遗骨里提取出来的 DNA 含有大量外源污染，真正属于尼安德特人的 DNA 片段最多只有 3%，大部分样本甚至连 1% 都不到。换句话说，我们手中的碎纸片除了来自那 1000 本正版书外，还混有 1 万本错误连篇的盗版书！

怎么样？你觉得这件事有可能成功吗？事实上，即使是目前最强大的电脑也很难完成这个任务。但帕博手里有一件秘密武器，这就是人类基因组序列。2001年，人类基因组计划宣告完成。帕博相信尼安德特人的基因组和现代人差不太多，他可以用现代人基因组作为参照系，把测出来的尼安德特人基因片段——对应地贴上去。换句话说，这就相当于一个人找到了一本完整的书，然后他只要把每一个碎纸片的内容从书里找出来就能知道这个碎纸片所处的大概位置了，难度大大降低。为了避免可能出现的偏向性误差，帕博后来又决定采用黑猩猩的基因组作为参照系，不过原理是一样的。

当然了，这么做的前提是首先必须剔除基因污染。细菌DNA污染还好办，只要和人类基因组一比较就能看出来了。最难办的就是现代人的基因污染，很难分辨。经过多次试验，帕博找到了辨别古DNA和现代人DNA的方法，只不过这个方法并不完全可靠，需要分析大量数据才能得出较为肯定的结论，这就对DNA测序的速度提出了很高的要求。如果还是只能靠跑胶来测序的话，帕博的理想是不可能实现的。

这个例子再次说明，世界观的进步有赖于科学技术的进步，如果没有后者的支持，那么前者就很难实现。

有了新技术的支持，帕博决定来一次世纪豪赌。2006年7月他在莱比锡召开记者会，宣布将用两年的时间测出尼安德特人的全基因组序列。这件事当年曾经遭到了很多人的白眼，因为科学圈从来不喜欢这种还没做出成绩就先吹牛的作风。不过这就是马普的风格，像这样的独立研究机构都希望培养出自己的科学明星，以此来扩大知名度，帕博就是马普的明星，只能配合宣传。

在此后的两年多时间里，帕博和他的团队所经历的艰辛可想而知，这里只说一件小事。测序仪产出了海量的数据，即使马普调用了所有能找到的计算机供帕博使用，但运算能力还是不够，于是帕博只能请求位于波士顿的博德研究所（Broad Institute）提供支援。因为数据量大到无法通过网络传输，双方只能通过快递大容量硬盘的方式交换数据。就在截止日期到来的前 6 天，来自波士顿的 18 个大容量硬盘终于寄到了，发布会这才终于按期举行。

好在整个过程有惊无险，帕博在 2009 年初对外宣布测序成功。之后他花了很长时间将结果写成论文，发表在 2010 年 5 月 7 日出版的《科学》杂志上。文章本身并不长，但附件却有 174 页之多，完全就是一本书的容量。因为尼安德特人的全基因组序列非常难测，迄今为止也只有他一家实验室成功地测了出来，因此他在附件中详细描述了整个过程，并把所有的原始数据都公开了，任何人都可以随时查验。

这个实验之所以至今一直没人能够重复出来，一个原因是技术复杂，门槛太高，全世界大概只有四五家实验室具备这样的能力。不过另一个更加重要的原因就是尼安德特人的遗骨太难找了，高质量的骨头更是稀缺。帕博试验了超过 70 个样本，最终只有一个样本质量合格，其余的都含有太多的细菌污染，这就大大增加了 DNA 测序的工作量。

那块高质量的骸骨来自克罗地亚的温迪佳山洞（Vindija Cave）。那是个石灰岩山洞，因此洞内环境呈弱碱性，比较适合 DNA 的保存。1980 年有人在洞内发现了 3.8 万年前的尼安德特人骸骨，大部分骨头都被仔细地切成了小碎块，说明这些尼安德特人都是被另一群人吃掉的。帕博认为，这个不幸的事件很有可能是这些骨头被污染得极少的重要原因，因为吃他们的人很可能把骨头上的肉全都仔细地吃光了，连骨髓都没有放过。如此"干净"的骨头不容易滋生细菌，所以这批骨头内的尼安德特人的 DNA 含量超过了 3%，从古 DNA 的角度来说属于极为罕见的优质样品。

换句话说，最终是这个被同伴吃掉的可怜的尼安德特人为后人留下了宝贵的遗书，帮助我们解开了尼安德特人的身世之谜，同时也揭开了隐藏在人类基因组里的一个大秘密。

走出非洲路上的小插曲

读到这里也许有人会问，从如此古老的遗骨里测出的尼安德特人基因组顺序可靠吗？答案是肯定的。目前已经测过的尼安德特人全基因组序列的最高精度级别为50层，即平均每个片段都至少测了50次。前文说过，新的DNA测序技术虽然速度快，但错误率较高，必须多测几次才能肯定哪个是对的。50层是相当高的倍数，其准确性已经和现代人的基因组测序没什么差别了。

初步分析显示，尼安德特人和现代人的基因组差别是1.2‰，也就是说每1000个核苷酸有1.2个不同之处。已知任意两个现代人之间的DNA序列差别是1‰，所以说尼安德特人和现代人之间的差别非常小，两者是近亲。相比之下，现代人和黑猩猩之间的差别是1%，平均每100个核苷酸就有一处差异，说明我们和猩猩之间的差距有点大，最多只能算远亲。

接下来一个很自然的问题是，尼安德特人和现代人有过基因交流吗？化石界曾经有不少人研究过这个问题，但得出了相互矛盾的结论。人类基因组计划完成之后，又有人试图根据现代人的DNA序列倒推回去，看看有没有杂交过的迹象，结果同样相互矛盾。两派学者争来争去，双方谁也说服不了谁，最终还得依靠古DNA证据。这就是帕博测尼安德特人基因组全序列的原因之一。

当尼安德特人的线粒体DNA测序结果出来后，帕博立刻做了分析，结果没有发现基因交流的证据。后来，他的实验室又测出了尼安德特人的Y染色体基因序列，分析后得出了同样的结论。不过线粒体和Y染色体都属于单线遗传，并不能说明全部问题，直到尼安德特人全基因组顺序出来后，真相终于大白。分析结果显示，所有生活在非洲之外的现代人体内都有1%—4%的尼安德特人基因，非洲人则几乎没有。针对这一结果，最好的解释就是现代人的祖先走出非洲之后曾经和遇到的尼安德特人有过基因交流，而且其中的一部分尼安德特人基因一直保留到了现在。

也许有人会问，既然双方杂交过，为什么现代人的线粒体和 Y 染色体都没有尼安德特人的贡献呢？个中原因很简单：携带有尼安德特人线粒体和 Y 染色体的人都死光了，没有留下后代。常染色体因为可以发生基因重组，所以比较容易混入现代人的基因组中，如果混入的部分对现代人的生存能力没有影响，甚至是有利的话，这部分外来基因便会保留下来，并一直遗传下去。

根据这一结果，帕博提出了"取代人群"（replacement crowd）这个新概念。他认为人类祖先走出非洲后并没有立即扩散开来，而是先在某个地方（很可能是中东地区）生活了一段时间，他们和尼安德特人的基因交流就是在这段时间里发生的。这次杂交产下的后代不但活了下来，而且成功地繁殖出了下一代，逐渐把尼安德特人的基因扩散到了整个人群之中。后来时机成熟了，这群身上携带有尼安德特人基因的现代智人终于离开了居住地，扩散至整个欧亚和美洲大陆，他们就是除了非洲之外的所有现代人的共同祖先。因为这群人在扩散过程中取代了原先居住在各地的古老型人类，因此称他们为"取代人群"。

可以想象，这篇论文发表后在全世界引起了多大的轰动。就在大家对人类祖先的所谓"滥交"行为议论纷纷的时候，帕博实验室又扔出了一枚重磅炸弹。2010 年 12 月出版的《自然》杂志刊登了帕博小组提交的一篇新论文，他们通过对古人类 DNA 的测序，发现了一个全新的人类亚种，取名为"丹尼索瓦人"（Denisovan）。

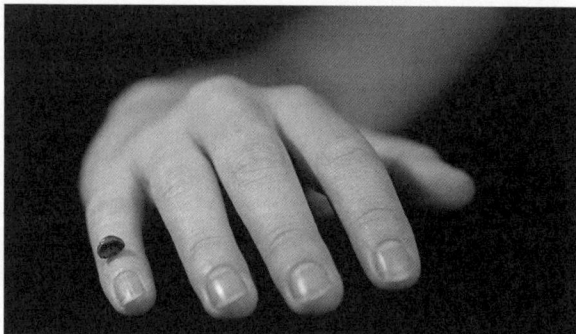

一小块 5 万年前留下来的小指骨，科学家们正是从这块小骨头里提取出了丹尼索瓦人的全套 DNA

丹尼索瓦原本是一个石灰岩山洞的名字，这个山洞位于俄罗斯境内的阿尔泰山区，距离中国新疆和蒙古西部都不远。2008 年，俄罗斯人类学家在山洞里发现了一个女性的小指骨，其年代至少在 4.1 万年以上。阿尔泰地区气候干冷，非常适合古 DNA 的保存，所以帕博对这一地区的考古发现很感兴趣。来自帕博实验室的德国科学家约翰尼斯·克劳斯（Johannes Krause）博士主要负责这个项目，但真正负责提取 DNA 并测序的是来自中国的博士研究生付巧妹。

初步试验表明帕博的预感是正确的，这块小指骨里含有高质量的古 DNA，非常适合用来测序。当时他们以为这是尼安德特人的遗骨，想通过测序来研究一下尼安德特人的遗传多样性。没想到付巧妹测出线粒体 DNA 序列后，发现和尼安德特人的线粒体不太一样，很可能属于一个以前不知道的全新人种。

当时尼安德特人全基因组刚刚测完，帕博实验室立即开足马力将这个小指骨里含有的丹尼索瓦人 DNA 全序列测了出来，结果发现这是一种和尼安德特人非常相似的全新的古人类，很可能和尼安德特人分别占据了欧亚大陆的东西两侧。后来考古学家又在丹尼索瓦山洞里挖出过两颗牙齿，从中提取出来的线粒体 DNA 证明同属丹尼索瓦人。这是人类历史上第一个仅凭 DNA 证据就命名的人类新亚种，迄今为止关于这个神秘人种的化石证据就只有这两颗牙和一小块指骨，我们对他们的身材、长相等人类学特征一无所知。

但是，DNA 顺序可以告诉我们很多更有用的信息。分析显示，丹尼索瓦人也和现代智人的祖先有过基因交流。奇怪的是，同样分布在东边的东亚人体内却只含有 0.2% 的丹尼索瓦人 DNA，居住在南亚诸岛上的美拉尼西亚人（主要包括新几内亚岛和澳大利亚）却含有 4%—6% 的丹尼索瓦人 DNA，这是怎么回事呢？

为了寻求答案，我专程前往另一座德国城市耶拿（Jena），拜访了在那里工作的克劳斯博士。耶拿比莱比锡还冷清，一到晚上就安静得像座鬼城，连吃个晚饭都要走出很远。马普大概是看中了耶拿的安静气质，在这里成立了一家新的人类历史研究所，克劳斯被任命为该所的第一任所长，主要负责用基因手段研究人类的进化史。

"现代人不止有 20 万年历史，那只是线粒体的历史。"克劳斯对我说，"我觉得现代人的历史应该从和尼安德特人分家开始算起，时间大概在距今70 万—50 万年。分家之后，一部分尼安德特人的祖先离开非洲进入欧亚大陆，然后兵分两路，向西走的最终进化成了尼安德特人，向东走的最终进化成了丹尼索瓦人。也就是说，丹尼索瓦人其实就是尼安德特人的近亲，甚至有可能比尼安德特人更古老，因为我们从丹尼索瓦人的基因组里发现了一个更古老的支系，很可能来自 100 万年前的直立人。"

据克劳斯介绍，最近这 200 万年里有过大约 20 次冰河期，每次冰期结束后的间冰期气温比现在还高，那时的欧洲就像现在的非洲一样炎热，所以他认为每一次间冰期都可能有一拨人走出非洲，进入欧亚大陆生活，这两个大陆的人员交流是非常频繁的。

不过，现代人的祖先却一直留在非洲，最终在那里进化成为现代智人。

大概在距今 8 万—7 万年,这群现代智人中的一部分走出非洲,和尼安德特人发生了基因交流,成为"取代人群"。与此同时,留在非洲的那部分现代智人也开始扩散,最终占领了整个非洲大陆。他们在这个过程中也很有可能和当时住在非洲的古老型人类有过基因交流,但因为非洲气候不利于古 DNA 的保存,我们至今没有确凿的证据证明这一点。

大约 5 万年前,这个"取代人群"也终于开始从居住地(很可能是中东)向四面八方扩散,最终占领了整个欧亚和美洲大陆。第一批出走的"取代人群"很可能是沿着海岸线向东走的,最终占领了东南亚诸岛。这群人沿途遇到了丹尼索瓦人,和他们发生了基因交流,这就是今天的美拉尼西亚人体内含有如此高比例的丹尼索瓦人基因的原因。

今天的东亚人的祖先很可能来自第二拨向西扩散的"取代人群",但当时丹尼索瓦人很可能已经灭绝或者接近灭绝了,所以这群人沿途没有和丹尼索瓦人发生基因交流,这就是在今天的东亚人基因组内几乎找不到丹尼索瓦人 DNA 的原因。

克劳斯毕竟是德国人,他的兴趣点不在亚洲而在欧洲,他想知道现代欧洲人都是从哪里来的,于是他花了大量时间研究这个问题。"现代欧洲人的来源已经大致弄清楚了,只剩下一些细节有待进一步核实。"克劳斯自信地对我说,"最早移民到欧洲的那批人几乎都死光了,没有留下后代,第二拨移民后来成为欧洲大陆上的采集狩猎者,他们只留下了 10%—20% 的基因。现代欧洲人基因组当中贡献最大的是第三拨移民,这些人主要是来自中东地区的农民,他们带着农作物种子迁徙到了欧洲。也就是说,欧洲农业的兴起不是源于文化的交流,而是人口的迁徙、取代和交融。"

克劳斯越说越兴奋,又告诉了我一个从来没有听说过的惊人事实:"今天博物馆里展出的那些尼安德特人模型全都是按照欧洲人的样子重建的,但其实尼安德特人很可能都是深色皮肤、黑眼睛的人。事实上,现代欧洲人的样貌只有 5000 多年的历史,1 万年前的欧洲居民很可能都是深色皮肤、蓝眼睛的人，浅色皮肤的出现只有不到 1 万年的时间，然后又用了 5000 年才扩散至整个欧洲。这些样貌特征从化石里是看不出来的，只能从 DNA 顺序里找到答案。"

克劳斯甚至认为真正典型的现代智人长得就像现在的非洲人，今天的欧亚人因为混入了尼安德特人基因，变得不纯了，这才会出现各式各样的奇怪相貌。"现代欧洲人当中可以找到很多眉脊特别突出的人，或者身上毛特别多的人，这些特征很可能都是向尼安德特人方向发生的返祖现象。"克劳斯一边说一边用手比画自己突出的眉骨，显然他并不在乎自己是否是基因返祖的产物。他认为今天生活在地球上的所有现代人全都来自非洲的一个部落，只不过偶尔和其他部落有过基因交流而已。这个结论证据确凿，已经很难动摇了。相比之下，中国考古人类学界至今还在纠结于中国人到底是本地起源还是外来取代，这场旷世之争因为古 DNA 证据的出现反而愈演愈烈。

有趣的是，争论的双方都认为古 DNA 证据对自己有利。"多地起源派"认为现代人和尼安德特人有过基因交流这件事正好说明"取代派"的观点是错误的，古老型人类确实对现代人做出了基因贡献，当时生活在欧亚大陆的古老型人类并没有被一群来自非洲的现代智人完全替代掉，所以"多地区进化附带杂交"的理论才是正确的。

"取代派"则会拿尼安德特人基因组做例子，认为古 DNA 已经证明他们不是现代欧洲人的祖先，而是进化的死胡同，所以中国也不应该有例外。

平心而论，尼安德特人基因组序列确实证明"完全取代"理论是不完全正确的，走出非洲的现代智人祖先并没有把沿途遇到的所有土著全部杀光，而是和他们发生过基因交流，并继承了当地土著的一部分基因。从这个角度讲，"多地区进化附带杂交"理论也不能说完全就是错的，双方争论的焦点变成了基因交流的程度到底有多大。

话虽这么说，"多地起源派"有两个坎儿是绕不过去的。第一就是目前已经发现的基因交流的双方是现代智人和尼安德特人，似乎没东亚直立人什么

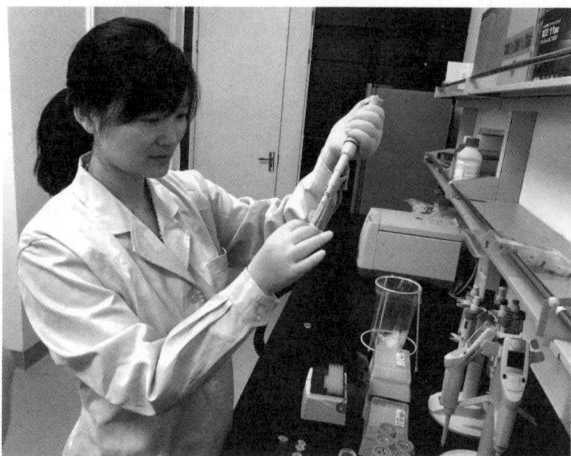

中国科学院古脊椎动物与古人类研究所研究员付巧妹博士在做实验，她是帕博的学生，目前是国内古 DNA 研究领域的领军人物

事儿。第二就是像尼安德特人这样的古老型人类对于现代智人所做的基因贡献是非常小的，这说明双方的基因交流属于偶然现象，现代人的主流部分还是来自非洲的。因此走出非洲派将"替代模型"的名称修改了一下，称其为"不完全替代"（leaky replacement）模型。这么做相当于为"走出非洲"理论打了一块补丁，弥补了原理论的不足之处。

"多地起源派"要想绕过这两个坎儿，最好的办法就是测出中国古人类的DNA，这就是近年来中国再一次变成国际考古学界的热点地区的原因。比如引言中提到的湖南道县牙齿化石和许昌人头盖骨化石，虽然看似都对"走出非洲"理论提出了挑战，但因为没有 DNA 证据，很难服众。

帕博的学生付巧妹博士学成归国后在中科院古脊椎动物与古人类研究所创立了分子进化实验室，试图从中国本地出土的人类骨骼中提取出 DNA。可惜的是，因为古人类化石非常珍贵，很多化石研究人员并不十分愿意把标本贡献出来测 DNA。DNA 测序只需要 50 毫克骨碎片就行了，比碳-14 测年所需要的骨量少多了。另一方面，中国大部分地方的气候条件也不利于古 DNA 的保存。截至目前，付巧妹只在周口店附近的田园洞出土的 4 万年古人类遗骨中提取出了足够多的 DNA，并测了线粒体和部分核染色体的基因序列。分析结果显示这是现代东亚人的祖先之一，为当代中国人贡献了一部分基因。

不过没有证据显示田园洞人基因组里有来自某个古老型人类的 DNA 的成分。另外，田园洞人已经和欧洲人的祖先彻底分家了，这说明欧亚大陆的现代智人至少在 4 万年前就已经分成了欧亚两支，这个时间是相当长的。

总之，因为尼安德特人和丹尼索瓦人基因组测序的成功，古 DNA 成为人类学研究最热门的新领域。最近这 5 年里，来自世界各地的人类学实验室发表了无数篇论文，运用古 DNA 技术研究人类进化史。但这些论文大都是对人类进化过程中的一些细节所做的补充，尚未出现值得一提的重大突破。

那么，这段时间帕博教授在做什么呢？第二天我准时出现在他的办公室，对他进行了第二次专访。

人之为人

"我现在的兴趣点已经不在人类进化上了，这个问题已经基本上搞清楚了，不再吸引我了。当然未来仍然有可能发现新的证据，得出新的结论，对此我持开放态度，只要证据确凿的我都可以接受。"帕博开门见山地对我说，"我打算把未来的工作重点放在研究人类的独特性上，我想知道为什么地球上曾经有过那么多种不同的人，最终只有现代智人发展出了全新的技术和文化，使得我们这个群体能够迅

斯万特·帕博在位于德国莱比锡的进化人类学研究所办公室内接受采访

速扩张到全世界，并改变了整个地球的生态。"

帕博从小就对这个问题感兴趣，当初他之所以和马普一拍即合，就是因为他看到了实现自己梦想的机会。于是他建议马普换个方向，不再专注于传统意义上的人类学研究，而是把重点放到"人之所以为人"这个问题上来。德国人因为历史原因一直对重启人类学研究感到底气不足，这个建议正中下怀。

如果只想研究人类进化，那么只需测出基因组中的一段 DNA 顺序就可以了，而且最好测那些没有功能的 DNA 段落，否则结论会不准。但是，帕博心里想的是"寻因"而不是"寻祖"，所以他才如此坚定地要把尼安德特人全基因组序列都测出来。尼安德特人是和我们关系最近的人种，从尼安德特人到现代智人的进化是人类进化史上的最后一步，也是"人之为人"的最关键的一步。

研究结果显示，现代人和尼安德特人、丹尼索瓦人等古老型人类有大约3 万个基因差异，主要是 SNP 不同，也有一些差异属于核苷酸插入或缺失。这些差异当中有 3000 多个位于基因调控片段内，但真正负责编码蛋白质的基因序列的差别很小，一共只有 87 个氨基酸发生了变化。也就是说，如果把现代人基因组中的这 87 个基因位点修改成尼安德特人的版本，理论上就能制造出一个尼安德特人。

144

事实上，这就是帕博实验室正在做的事情。说到差异，大家肯定最关心现代人和尼安德特人在心智上的差别，这就必须研究双方的神经发育状况。帕博手下的一个研究小组找到了和神经发育有关的三个氨基酸差异，通过基因编辑的方式把人类神经细胞中的这三个位点换成了尼安德特人版本，然后将其培养成神经细胞团，称其为"迷你脑"（mini brain）。接下来，他们将研究这个尼安德特人的"迷你脑"和现代人的大脑到底有何不同，希望能通过这个实验揭示出双方在智力上的巨大差异究竟来自何处。

这个实验说起来简单，但操作起来困难重重。目前实验室只是做了初步的尝试，尚未看出明显差异。不过这也是可以预料到的事情，因为现代人和尼安德特人之间的差异应该是非常小的，在大脑发育的初期很可能看不出来，所以科学家们试图让这个"迷你脑"在培养皿里一直长下去，看看后来会不会有变化。

考虑到尼安德特人的脑量甚至比现代人的还要大，也许双方的差异是在其他一些很微妙的地方。比如，美国科学家曾经研究过尼安德特人的喉咙骨骼结构，发现不如现代智人那么精细，这说明尼安德特人无法像现代智人那样发出复杂的音调，在语言表达方面存在缺陷。我们都知道语言对于人类的智力进化来说有多么重要，大家普遍相信，正是因为人类进化出了语言，才使得现代人的智力发生了飞跃，最终统治了世界。

还有一个问题无法避免，那就是尼安德特人的基因贡献是否导致了现代欧亚人和非洲人之间的不同。要知道，欧亚人身体内有1%—4%的基因来自尼安德特人，非洲人几乎没有，难免有人因此而相信非洲人就是不行，并将这件事看成种族歧视的证据。

针对这个疑问，帕博做出了自己的解释。首先，虽然平均每个现代人体内只有1%—4%的尼安德特人基因，但因为每个人继承的尼安德特人基因都不一样，加起来已经有30%的尼安德特人基因在现代人体内被找到了，未来这个数字甚至有可能接近50%。也就是说，已经灭绝的尼安德特人至少有一半的基因被保留了下来。这些基因之所以没有被淘汰掉，很可能说明它们确实对人类有某种好处。其次，目前已经发现的所有尼安德特人基因都是和皮肤、体毛、免疫系统和消化系统等直接和环境接触的部位有关的，没有发现任何基因是和神经发育有关联的。这件事其实是很好理解的，尼安德特人毕竟已经在欧亚大陆生活了几十万年，适应了那里的环境和病菌。现代智人刚刚走出非洲，进入一个完全陌生的地方，肯定会对新环境不那么适应，从尼安德特人那里继承下来的这些基因正好派上了用场。

另一个比较著名的案例就是中国西藏地区人的抗高原基因。研究显示这个基因继承自丹尼索瓦人，西藏人的祖先正是通过和丹尼索瓦人的基因交流获得了在高海拔地区生活的技能。

不过，所有这些研究都是间接的，因为人类毕竟不是小白鼠，不能随随便便把人的基因换成尼安德特人的版本，然后相互比较。但是，既然尼安德特人的基因已经进入了人类基因组，帕博认为我们可以通过大规模人口基因普查的方式发现那些天生带有某个尼安德特人基因的个体，然后通过研究这些个体，找到现代人和尼安德特人之间的不同之处，从而鉴别出到底是何原因导致了尼安德特人的灭绝以及现代智人的兴起。

无独有偶，复旦大学的金力教授也不再对传统人类学感兴趣了。"人类起源的问题虽然重要，但从目前的情况来看，要想让科学界达成共识是很难的。"金力在接受采访时对我说，"现在我更关注亚洲人对东亚环境的适应问题。我想知道东亚人为什么进化出了黄皮肤，一晒太阳就会变黑，休息几天又会恢复原样。这种皮肤是东亚人独有的，我想知道这是如何进化出来的，这样的皮肤对于我们的祖先适应东亚环境做出了什么样的贡献。"

金力原本就不是学人类学的，他的专业是生物医学，因此他一直想把人类进化研究和疾病联系起来。"我认为人类进化史上有两个节点非常重要，一个是走出非洲，一个是发明农业。前者意味着人类去了不该去的地方，后者意味着人类做了不该做的事情。"金力对我说，"我认为正是这两个节点导致了现代人类的很多困境，因为这两件事对于任何一个物种来说都是不该做的。比如，农业提供了稳定的食物来源，而人是不应该有稳定的食物来源的，只有这样我们才能在生理和心理上保持健康。"

紧接着，金力又把矛头对准了现代文明。"更重要的是，农业衍生出来的是文明，但是文明对我们是有害的，文明让人类走上了一条不归路。"金力对我说，"因为文明强调生存的权利，以及人人都有好生活的权利，其结果就是让不该活的人活下来，让不该出生的人生下来。"

我想，金力教授的意思是说，文明违反了进化论的前提条件，导致了不良基因的积累和某些性状的退化。确实，现代人无论是御寒能力还是抗病能力都很可能比不过尼安德特人，我们的野外生存能力更是比不上几乎所有的野生哺乳动物。但是，为什么最终反而是尼安德特人灭绝了，而我们却活了下来呢？为什么看似手无缚鸡之力的人类最终登上了食物链的最顶端呢？原因恰恰就是文明。文明的基础是高级智慧，高级智慧的最大特征就是知识的主动传承，这两件事让人类成为自然界最善于分工合作的物种。正是这种分工合作，使得人类能够团结起来，克服诸多困难，成为地球上最成功的物种。

尾 声

2017 年 3 月 2 日出版的《自然》杂志刊登了一篇论文，几个加拿大学者发现了迄今为止最古老的生物化石，距今已有 42.8 亿—37.7 亿年了。考虑到地球的年龄只有 45 亿年，能够形成化石的生物肯定都已经进化了很多年，所以这个新发现说明生命早在地球形成后不久就出现了。

这个新发现意味着什么？它意味着生命的出现在地球环境中是一个大概率事件。

但是，人属动物直到 300 万年前才出现，解剖学意义上的现代人直到 20 万年前才被进化出来，具备抽象思维能力的高级智慧生物甚至直到 5 万年前才刚刚诞生。5 万年听起来似乎很漫长，但对于 45 亿年的地球历史来说，它甚至连弹指一挥间都算不上。

这件事意味着什么？它意味着高级智慧生物的出现是一个极小概率事件，我们是宇宙中的幸运儿。

地球上之所以会进化出智人这个物种，有人认为是因为气候变化导致的生存压力，有人认为是因为吃肉促进了大脑发育，也有人认为是因为用火改变了食物的消化方式，甚至还有人认为是因为语言的出现大大提高了信息传递的效率。所有这些理论的背后都有一批支持者为其背书，但真正的原因很可能不止一个，甚至还可能有很多我们不知道的理由。

还有一点可以肯定，那就是我们并不是唯一获得这些进化优势的物种。30万年前的旧大陆上至少生活着五个不同的人种，我们的祖先和罗得西亚人、海德堡人、尼安德特人、丹尼索瓦人和弗洛里斯人共享这个世界。不久前，南非考古学家又在一个非洲深洞中发现了一个全新的人种，取名"人属纳乐迪种"（*Homo naledi*），他们生活在距今30万—20万年的非洲，脑颅容量比智人要小，却表现出了很高级的智慧，甚至已经知道埋葬同类了。

按照经典的"走出非洲"理论，我们的祖先因为某种原因获得了比其他人种更大的进化优势，并在走出非洲的过程中将沿途遇到的其他人种尽数灭绝。但古DNA证据清楚地表明，我们的祖先起码和其中的两个人种发生过基因交流，并从中获益。一些学者认为，这个结果说明我们的祖先原本并不比其他人种强多少，我们很可能只是因为善于学习，是在和其他人种的交流过程中逐渐变强的。

最近又有一些新的证据显示，我们的祖先也并不像传统理论预言的那样来自某个20万年前的东非部落，而是曾经遍布整个非洲大陆。因为交通不便，各个部落之间很可能长达数百年甚至上千年都没有交往，各自在不同的生态圈内独立进化，但每隔一段时间就会因为各种原因相互接触，彼此交换基因和信息，祖先们正是在这种相互交流和学习中飞速进步，最终脱颖而出，进化成今天的智人。

按照生物学关于物种的定义，我们的祖先和尼安德特人、丹尼索瓦人等其他人种属于同一个物种下面的亚种，大家原则上都是一家人。但是，因为各种未知的原因，其他亚种在大约4万年前全部灭绝，地球上只剩下了现代智人这一个亚种。此后智人亚种不断地四处迁徙，并按照地理位置的不同重新隔离成了新的人群，分别被称为非洲人、欧洲人、东亚人、美洲人和美拉尼西亚人等不同的名字，但究其历史，我们都是一家人。

又过了一段时间，地理隔绝被打破，我们再次相遇，却因为争夺资源而爆发了无数场战争。不过，这一次和以往的部落战争有所不同，我们进化出了高级智慧，发明出了人类学这门新学科。通过人类学家的研究，我们第一次了解了自身的历史。在这种情况下，历史还会重演吗？

中国人相信同姓之人五百年前是一家，我希望大家在读完这个故事后，知道不同姓之人 20 万年前也是一家，我们都是同一群非洲人的后代。

参考资料：

Chris Stringer: *The Origin of Our Species*, Penguin Books, 2012.

Svante Pääbo: *Neanderthal Man: In Search of Lost Genomes*, Basic Books, 2015.

Spencer Wells: *The Journey of Man: A Genetic Odyssey*, Princeton University Press, 2017.

Doug Macdougall: *Nature's Clocks*, University of California Press, 2009.

Brian Regal: *Human Evolution: A Guide to the Debates*, ABC-CLIO, 2004.

Dr. Alice Roberts: *Evolution: The Human Story*, DK, 2011.

Bernard Wood: *Human Evolution: A Very Short Introduction*, Oxford University Press, 2006.

Brian M. Fagan, Nadia Durrani: *World Prehistory: A Brief Introduction*, Routledge, 2016.

Bryan Sykes: *The Seven Daughters of Eve: The Science That Reveals Our Genetic Ancestry*, W. W. Norton & Company, 2002.

Roger Lewin, *Human Evolution: An Illustrated Introduction*, Blackwell Publishing Ltd., 2005.

史蒂夫·奥尔森：《人类基因的历史地图》，生活·读书·新知三联书店，2008 年。

尼古拉斯·韦德：《黎明之前：基因技术颠覆人类进化史》，电子工业出版社，2015 年。

古人的遗言

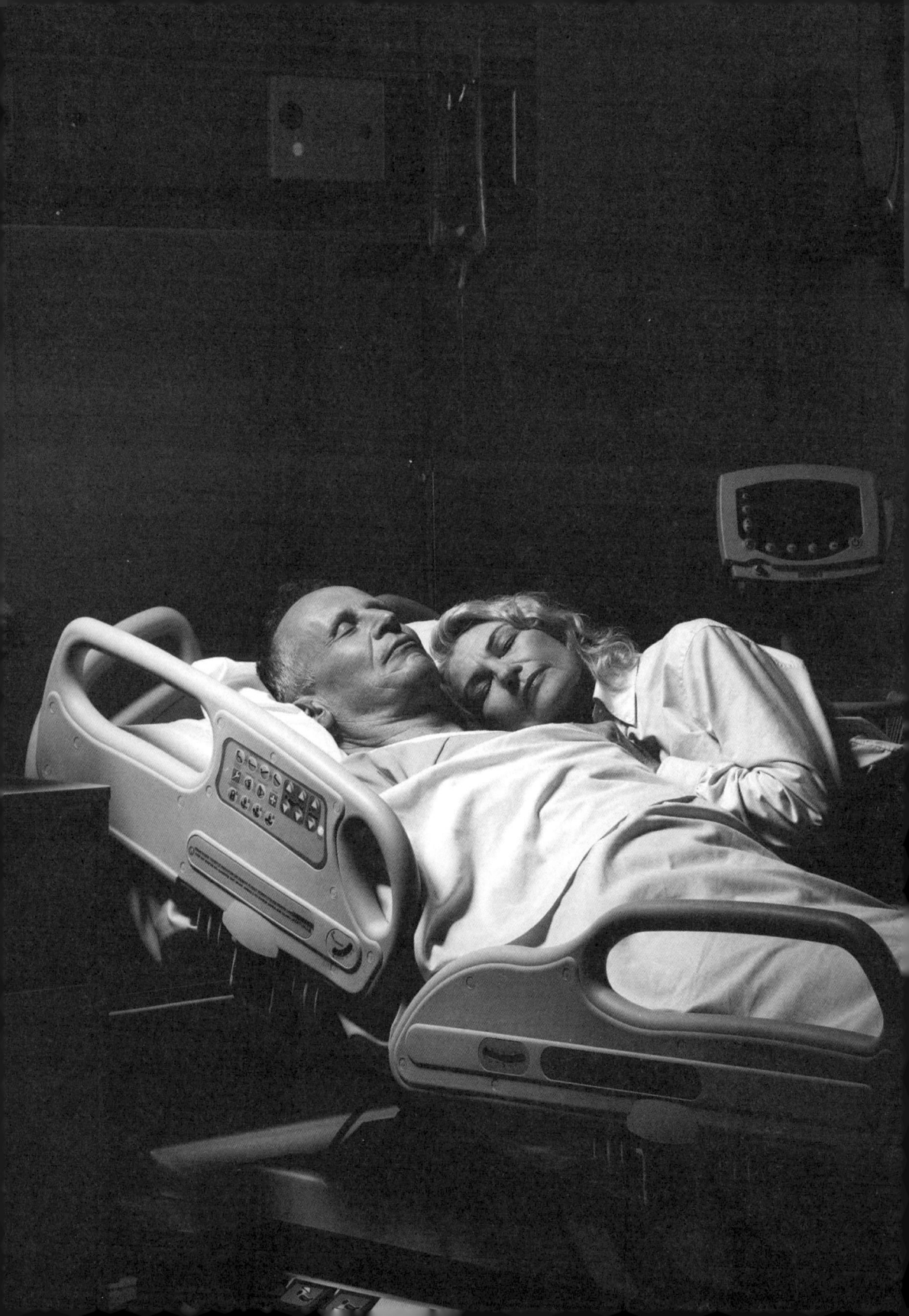

第 二 章

人类到底能活多久?

只有了解了死亡,

才能弄清生命的意义。

引言：人人都想长命百岁

如果大脑无法永生的话，身体的长寿是没有意义的，所以真正的永生应该是多做有益的事情，让世界记住你的贡献。

长寿之梦

每个人都想长寿，这个愿望古已有之，但古人对长寿仅存奢望，比如古希腊人认为只有神才可以永葆青春，古代中国人则相信只有像秦始皇这样的大人物才有能力追求长寿，很可能是因为古代的人均预期寿命和绝对寿命之间相差太远了，长寿变成了一件可望而不可即的事情。

人均预期寿命指的是一个族群中的每一个出生的人平均能活多久，这个值受婴儿死亡率和战争死亡率的影响非常大，因为两者都是年纪轻轻就死了，因此全世界的人均预期寿命直到100年前还只有40岁。

绝对寿命指的是一个人理论上最多可以活多久。即使在人均预期寿命只有20岁的远古时代，活到90岁的人也是偶尔可以见到的，两者之间巨大的差距使得古人把长寿者敬若神明。

工业革命给人类社会带来了翻天覆地的变化，其中最显著的就是人均预期寿命的增加。如今全球人均预期寿命已经达到了71岁，相当于在100多年的时间里几乎翻了一番。这个速度是历史罕见的，因此人类社会的很多生活习俗和运行模式都来不及做出相应的改变，比如退休年龄定得太早就是一例。

但是，人均预期寿命的提升大部分源于婴幼儿死亡率的快速下降以及传染病防治和外科手术技术的飞速提高，人类的绝对寿命并没有增加多少。事实上，即使在遥远的古代，如果一个人能够健康地活到 30 岁，那么他的平均预期寿命就已经接近 60 岁了。古今的不同之处在于，在古代至少有一半人活不到 30 岁，但如今绝大部分人都可以活到 60 岁，这些人对于长寿的渴望，催生出了一个市场规模巨大的老年健康产业。

翻开任何一本健康杂志或者大众报纸的健康版，上面都充斥着长寿秘诀。看多了就会知道，这些秘诀无外乎就是生活规律、节制饮食、坚持运动、戒烟少酒等这些谁都明白的大道理，但它们都属于生活方式的建议。真正有毅力照着去做的人少之又少。真实情况是，虽然每个人都希望自己长寿，但谁也不愿意为此牺牲自己的生活乐趣。尤其是年轻人，很少有人会为了长寿而改变自己的生活方式。可等到大家年纪大了，再想弥补却已经来不及了。因此，所有人都把希望寄托在科学家身上，幻想着等到自己老的时候药店里会出现一种神奇的药丸，只要买一粒吃下去就能多活几年。

奇怪的是，虽然大家都想吃到长寿药，但严肃的长寿研究却一直受到各方冷落。一来，负责拨款的政府部门相信长寿研究短期内不可能有任何成果，花纳税人的钱去研究这个纯属浪费；二来，有能力资助科学研究的私人基金会则认为这个世界上还有很多远比长寿更值得研究的事情，还是先把好钢用在刀刃上吧；三来，多数百姓也觉得这些研究都是为少数富人服务的，普通人享受不到他们的成果。

不过，长寿研究之所以发展缓慢，真正的原因还是研究难度太大了！

长寿之理

科学意义上的长寿研究只有不到 100 年的历史，因为此前的生物学家相信永生是不可能的，人的身体就像一辆小汽车，只要天天上路，早晚会抛锚，这是个物理问题。

有趣的是，最早意识到这个想法有问题的反而是物理学家薛定谔。他把熵的概念引入生命科学，指出生命和非生命的最大区别就是如何应对熵增定律。像小汽车这样的非生命物体无法依靠自己的力量对抗熵的增加，最终一定会化为一堆铁锈。但生命会主动从环境中获取能量来抵抗熵的增加，只要能量供应不断，理论上是有可能做到长生不老的。

薛定谔开创了物理学家跨行研究生物学的先河。长寿领域更是吸引了很多物理学家投身其中。直到 20 世纪 50 年代 DNA 的秘密被发现后，生物学家才从物理学家手中接过火炬，开始从基因的角度探索生命的奥秘。

在此之后，长寿研究领域诞生了 300 多个理论，彼此争论不休。它们大致可以分成两派。一派认为，一个人一生中肯定要面对各种生存压力，比如饥饿、病菌和放射性等，这些压力会给身体造成伤害，如果无法按时修复，伤害大到一定程度人就死了，所以一个人的寿命最终是由他的身体修复能力决定的。另一派则相信，死亡是生命用来调节种群数量的一种方式，或者是生命为后代留出生存空间的一种手段。换句话说，他们认为死亡本质上是一种自杀行为。

这两派的差别看似属于学术范畴，但其实它们的实际意义很大。如果前者是对的，那就意味着我们的身体本来是不想死的，但最终坚持不住了，所以如果我们想长寿的话，就得想办法帮助身体对抗外敌。如果后者是对的，那就意味着死亡是身体早已安排好的结局，是一种被特定基因编码的生理过程。在这种情况下，如果我们想长寿，就得反其道而行之，和自己的身体对着干。

目前的情况是前一种理论占了上风，因为科学家们想不出生命有任何理由选择自杀，起码从进化论的角度很难解释自杀行为。于是主流的长寿研究一直是按照前一种理论在进行的，科学家们一直在努力寻找提高抗压能力的方法，或者想办法减轻外部压力对身体造成的伤害，大家熟悉的"抗氧化"风潮就是在这种情况下兴起的。

这么多年过去了，科学家们在这一领域仍然没有达成共识，因为人类长寿研究有个致命的难点，那就是研究者必须等到研究对象去世才能下结论，没人有这个耐心。因此，不少人把目光转向了实验动物，开始研究酵母、线虫、果蝇、小鼠和猩猩的寿命问题，希望能从它们身上发现长寿的秘密。

20世纪90年代，第一个长寿基因在线虫身上被发现了。一个看似很简单的基因突变就能把线虫的绝对寿命提高60%，这一点让科学家们大吃一惊，大家纷纷放下手中的工作，转而寻找新的长寿基因。目前科学家们已经在线虫身上找到了好几个长寿基因，效果最好的能把线虫的绝对寿命提高到原来的10倍。如果换算成人的话，岂不是说人类也可以通过简单的基因操作活到1000岁了？

可惜的是，后续研究表明，动物越是高等，单个长寿基因所能起到的作用就越是有限，到了小鼠这个级别，最高纪录只提高了不到50%，远不如线虫那么惊世骇俗。但是，长寿基因的存在本身意义重大，这说明起码理论上有可能通过调节基因的活性而延长寿命，于是长寿研究骤然升温，吸引了越来越多的科学家加入到这个行列。

但是，这些人不得不面临前文提到的各种障碍，如果无法改变政府和公众的态度，研究经费就拿不到了。

长寿之道

于是，长寿研究换了个名称，改成了衰老研究。研究目的也随之改变，从提高绝对寿命改成了延长健康寿命。

所谓健康寿命，指的是一个人能够健康地活多久。数据显示，全球人均预期寿命虽然一直在提高，但有越来越多的老人是躺在床上度过余生的。如果你去问问这些人还想不想长寿，很可能会得到不一样的回答。

这里所说的健康不是说老人也要像大姑娘、小伙子那样活蹦乱跳，而是说老年人生活能够自理，头脑基本清晰，而且没有大病。但实际情况是，目前绝大部分老年人都有一身的毛病，大家都处于药不离口的状态，生活质量大受影响。

说到治病，这大概是现代科学最引以为豪的地方。科学家们发明了抗生素和疫苗，有效地控制住了各类传染病。科学家们还发明了一整套外科手术技术，外伤不再像古代那样致命了。正是因为这三项技术革命，人均预期寿命才有了大幅度提高。但是，癌症、心血管疾病和阿尔兹海默症却仍然难以对付，它们是当前人类最致命的三大杀手，发达国家的绝大部分老年人最终都是死于它们之手。

如果我们仔细考察一下两者的区别，不难发现传染病和外伤都和年龄关系不大，任何年龄的人都有可能中招。但癌症、心血管疾病和阿尔兹海默症都是典型的老年病，也就是说，它们的发病率都随着年龄的增加而呈现出爆发式的增长。

事实上，如果我们计算一下每一种疾病的致病因素的话，那么上述这三大杀手的最大致病因素就是年龄。也就是说，一个 20 岁的烟鬼得癌症的可能性远比一个 80 岁的不吸烟者要小。只是因为年龄（衰老）似乎是一件无法控制的事情，卫生部门这才把注意力全都集中到了控烟上，而不是想办法减缓衰老。但是，如果我们不想办法解决衰老这个最大的致病因素，怎么可能彻底治好这三大病呢？反之，如果我们能想出办法延缓衰老，就能够同时降低这三大病的发病率，可谓一举三得。举个例子来说，这就好比是一条即将远航的帆船，船舱有很多裂缝。为了行驶得更远，最好的办法当然是出发前先把所有裂缝全都补好，而不是在航行途中漏一个补一个。

于是，各国政府改变了态度，越来越重视衰老研究了，因为老年人消耗掉了太多的公共资源。研究显示，目前全世界每天大约死亡 15 万人，其中约有 10 万人死于各种老年病，约占死亡总人数的三分之二。发达国家这个比例更高，已经接近 90% 了。根据美国一家咨询机构的预测，到 2030 年时，预计将有一半的公共医疗开支被用于 65 岁以上的老年人。如果不想办法解决老年病的问题，医保体系将入不敷出。

当大批科研经费进入衰老领域后，吸引了越来越多的世界顶尖大学和科研机构转而研究衰老问题。其中，美国加州无疑是衰老领域最重要的研究基地。我这次专程去了趟加州，走访了位于旧金山、洛杉矶和圣地亚哥的几所著名的长寿研究所，采访了多位顶尖专家，了解了这一领域的最新动态。

从目前的情况来看，虽然衰老领域近几年取得了一系列重大突破，但真正可以称得上是革命性的新发现还不多，大家仍处于探索阶段。面对这一困境，"自杀"派又重新站了出来，再次提出衰老是一种主动的自杀行为。这一派认为，传染病和外伤之所以容易对付，是因为它们都是外来敌人的攻击，我们的身体显然是在拼死抵抗，因此科学家们只要从后面推上一把，问题就很容易解决了。但三大老年病都是身体主动选择的自杀，如果科学家们仍然抱着"帮忙"的想法，不去从根本上解决自杀的问题，是不可能治好这三大病的。目前关于这三大病的研究之所以困难重重，不是技术不精，而是方法论上出了偏差，走错了方向。

目前这两派仍在争论，在可预见的未来不大会有明确的结果。但有一点可以肯定，那就是人脑是不可能长生不老的，因为神经细胞不会分裂，而不会分裂的细胞寿命肯定是有限的，只能通过替换的方式让其永生。但是，人脑神经元的连接方式决定了我们每个人的个性所在，如果替换了它们，"我"就不存在了。换句话说，即使未来发明出了长寿药，最多也只能让我们的身体活得更长，我们的精神是没办法延续的，这就是另一派开始研究脑机接口的问题的原因。他们试图通过这个办法把我们的精神传入电脑，间接地获得永生。不过这是一个全新的话题，这里就不再讨论了。

但是，这个思路提醒我们，如果大脑无法永生的话，身体的长寿是没有意义的，所以真正的永生应该是多做有益的事情，让世界记住你的贡献。就像热门电影《寻梦环游记》所说的那样：真正的死亡是世界上再也没有一个人记得你了。

长寿之谜

关于长寿，历史上诞生过很多理论，彼此间争论不休。

美国的"长寿之乡"

从旧金山市中心出发，穿过狭窄的街道和拥挤的人流一路向北，跨越著名的金门大桥，就进入了马林郡（Marin County）的地界。这个郡是美国的"长寿之乡"，男性预期寿命为 81 岁，女性预期寿命为 84 岁，综合排名全美第一。

我的"人类长寿探秘之旅"就从这里开始，并不是因为这里寿星多，而是因为全球第一家专门研究长寿问题的独立科研机构"巴克研究所"（Buck Institute）就坐落在马林郡内的一座小山之巅。研究所由一组乳白色的建筑组成，由著名华裔建筑师贝聿铭亲自设计，外表看起来极为朴素，但内部却充满了各种现代元素，相当精巧。

巴克研究所之所以选择建在马林郡，并不是因为这里是所谓"长寿之乡"，而是因为旧金山湾区出众的科研实力和投资环境。距此地一小时车程以内就有三所世界排名前十的大学，分别是加州大学旧金山分校、加州大学伯克利分校和斯坦福大学。从这里开车去硅谷也用不了一个半小时，后者绝不仅仅是全球 IT 行业的中心，同时也是很多生物技术公司的摇篮。

长寿正是目前硅谷最热门的话题之一，该领域的一位狂人奥布雷·德格雷（Aubrey de Grey）创立的长寿研究基金会（SENS Research Foundation）就坐落在硅谷的中心——山景城（Mountain View）。德格雷宣称"能够活到 1000 岁的人已经出生了"，这句极富诱惑力的口号被美国媒体放大后感染了很多人，也感动了不少投资者。相比之下，畅销书《奇点临近》（*The Singularity Is Near*）的作者雷·库兹韦尔（Ray Kurzweil）则认为真正意义上的长寿是即将成为现实的脑机接口技术，人类将能够通过这种方式获得精神上的永生。库兹韦尔目前受雇于谷歌公司，正是在他的影响下，谷歌出资成立了一家专门研究长寿问题的高科技公司 Calico，可惜这家公司以刚刚成立缺乏成果为由拒绝了我的采访申请。

为什么硅谷会如此热衷长寿研究呢？2017 年 4 月出版的《纽约客》（*The New Yorker*）杂志刊登了一篇长文，解释了其中的奥秘。该文援引一位资深人士的话说，硅谷的风险投资家和程序员们虽然不懂生物技术，但他们懂编程，也知道大数据应用的厉害。这些人普遍相信生命就是一个数据量比较大的程序而已，因此可以通过寻找程序中的缺陷而将其修复，从而达到治疗疾病甚至延年益寿的目的。

另一个原因是，遍布硅谷的那些精力旺盛的暴发户们相信，他们如此有钱，如此无所不能，居然还和周围那些庸碌之辈一样只能活一辈子，这件事实在是太不酷了。HBO 电视剧《硅谷》中就有这样的情节，一位踌躇满志的硅谷投资人豢养了一个身体健康的小伙子，每日为他提供年轻的血液，因为他相信输年轻人的血能延缓衰老，让他永葆青春。

这个情节并不是夸张的讽刺，而是确有其事。就在 2017 年初，一家名为"不朽"（Ambrosia）的生物技术公司刚刚在旧金山湾区成立了。这家公司试图通过输血来让那些渴望长生不老的百万富翁们恢复青春。第一批顾客全都来自硅谷，每人收费 8000 美元。有意思的是，硅谷所在的旧金山湾区实际上已经是全美最长寿的地区之一了。美国人均预期寿命排名前十的郡有三个都在湾区，其中就包括硅谷所在的圣塔克拉拉郡。其他几个长寿郡也都在富人云集的地方，包括洛杉矶和华盛顿特区周边的郊县。这些地方自然环境优美清洁，医疗条件优越，居民的健康意识也很强，这三条恰好都是成为"长寿之乡"的必要条件。

在此必须指出，美国并没有"长寿之乡"的说法，这是个很有中国特色的名词，暗示长寿之地一定是在乡下。其实根据最新统计，全球最长寿的地区是中国香港，男性预期寿命为 81.2 岁，女性为 87.3 岁，平均值首次超过了长年排名第一的日本。即使只看中国内地，北京和上海的人均预期寿命也都超过了 81 岁，远高于被誉为"长寿之乡"的广西壮族自治区巴马瑶族自治县。该县的人均预期寿命仅为 76 岁，和全国平均数字持平。

巴马瑶族自治县之所以敢自称"长寿之乡"，是因为该县超过 100 岁的人瑞数量据说很多。但因为 100 年前大多数乡村的户籍登记制度很不健全，导致这个数字非常不可靠。事实上，不少人怀疑日本之所以出了那么多长寿老人，就是因为战争年代很多日本人为了逃避兵役或者多领一份救济粮而冒名顶替死去的年长亲属。

还有一个重要原因就是故意造假，目的各异。有的是出于经济目的，比如巴马瑶族自治县就以"长寿之乡"的名义高价贩卖一系列土特产品，像什么巴马可滋泉、巴马白泥和巴马火麻油等，但目前都没有科学证据证明这些东西有效。还有的是为了宣传某种思想，比如古代各大宗教门派都喜欢宣称自己的教主万寿无疆。更多的则是出于"为尊者讳"的善意，把耄耋老人的年龄再多说几岁又有何妨？结果肯定是皆大欢喜。

但科学不能造假，必须较真儿。目前学术界公认的年龄最大的人瑞是法国人珍妮·卡尔蒙（Jeanne Calment），她出生于 1875 年 2 月 21 日，死于 1997 年 8 月 4 日，享年 122 岁零 164 天。她家是开颜料铺子的，她在 20 世纪 90 年代接受记者采访时说，她清楚地记得小时候家里曾经接待过一位脾气暴躁、一身酒气的丑鬼顾客，后来才知此人名叫梵·高。

卡尔蒙是迄今为止唯一活过 120 岁的人。在她去世之后很长一段时间

美国巴克研究所所长
埃里克·威尔丁博士

内，意大利人艾玛·莫拉诺（Emma Morano）接替了她的位置，成为地球上活着的人当中年纪最大的人瑞。莫拉诺出生于 1899 年 11 月 29 日，死于 2017 年 4 月 15 日。在她去世之后，世界上便再也没有一个出生于 19 世纪的人了。从某种意义上说，直到这一天为止，人类才终于正式向那个伟大的世纪告别。

"去年发表的两篇论文称，人类的寿命极限是 120 岁，不可能再多了。"巴克研究所现任所长埃里克·威尔丁（Eric Verdin）博士对我说，"一个主要原因就是地球上已经有过几十亿人，却再也没有一个人能活过 120 岁，这个样本数量足够大，很有说服力。"

威尔丁博士在他那间明亮的所长办公室里接受了我的采访，进入正题之前他还透露了一个关于卡尔蒙女士的小八卦："她直到去世前两年才终于戒了烟！当然了，这可不等于说吸烟有助长寿，而是说如果她不吸烟的话有可能活得更长。"

卡尔蒙是在 1997 年去世的，而巴克研究所两年后即宣告成立，我本以为两者之间有什么联系，但威尔丁博士告诉我不是这样的："从 20 世纪 80 年代末期开始，几家研究所相继发现了几个长寿基因，能够把实验动物的寿命提高好几倍。这件事震惊了整个生物学界，真正意义上的长寿研究正是从那个时候开始的，我们只不过顺应了这个潮流而已。"

为什么几个长寿基因的发现会让生物学家们如此震惊呢？故事必须从长寿研究的起源开始讲起。

长寿研究的物理学时代

每个人都想长寿，每个民族都有自己的长寿传说，这个自不必多说。但在古代，长生不老被认为是只有少数帝王将相或者异能人士才有的专利，比如中国有秦始皇派遣三千童男童女去海外采集长寿仙丹的传说，西方人则干脆把长寿归到了神话的范畴里，普通人是无福享受的。

科学意识萌芽之后，终于有人开始试图理解长寿的原因，或者更准确地说，试图解释死亡的真相。比如有人相信生命体内有一种神秘的"活力"，所有生命活动都需要消耗"活力"，一旦用完了生命就终结了。还有人提出过一个听上去似乎很有道理的假说，认为一个人的心跳次数是有上限的，甚至还算出了这个上限是 10 亿次，跳满 10 亿次人就活不成了。这个假说还有个变种，那就是所谓的"能量守恒"理论。该理论认为生命一辈子所能消耗的能量是有限的，所以新陈代谢速率越快的生物死得越早。

"曾经有个理论认为动物的体型大小和寿命有关，体型越大的动物越长寿，原因就是体型和新陈代谢的速率有关联。"威尔丁博士对我解释说，"学过数学的人都知道，一个物体的体积越小，其表面积和体积之比就越大，这就相当于扩大了单位体积的散热面积，身体就必须加快新陈代谢的速率以抵御寒冷。"

威尔丁博士还举了个实际的例子：普通小鼠的心跳次数是每分钟 600 次，

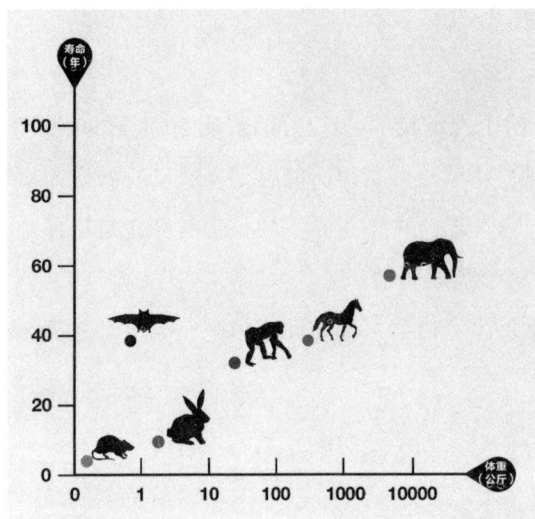

呼吸频率是每分钟 100 次，两项重要指标几乎都是人类的两倍，而小鼠寿命也只有两三年。相比之下，大象的心率和人类差不多，平均寿命也和人类差不多。

有人曾经把几十种常见动物的体重和寿命做成了一张图，发现其变化趋势非常明显，几乎是一条直线，数学家们完全可以根据这条直线推导出一个体重和寿命之间的换算公式，只要把某种动物的体重代入这个公式，就能计算出它的大致寿命。

如果事实真是如此的话，那就意味着一个人要想长寿的话，最好的策略就是尽量减少自己的新陈代谢速率，变成一个懒虫。所幸随着科学家研究的动物种类越来越多，那条直线也越来越不规则了。比如鸽子和小鼠的体重差不多，新陈代谢速率也相近，但鸽子的寿命却是小鼠的 10 倍以上。

另外，如果只在某个物种内部比较的话，上述规律同样是不成立的，甚至有可能正相反。比如大狗通常会比小狗死得早，人类中的人瑞往往也是身材瘦小的居多。最关键的是，有越来越多的证据表明锻炼身体有助于长寿，这一点和新陈代谢理论的预测正好相反。

还有一点非常有趣，那就是人类绝对是哺乳动物中的异数。如果我们把人类的平均体重代入前文所说的那个公式的话，计算出来的结果是人类应该活不到 20 岁！换句话说，如果那个公式是正确的，那就意味着人类寿命已经远远超过了自然界所能允许的上限，恐怕很难再增长了。

还好这个理论现在已经被彻底否定了，因为该理论的基本假设是不正确的。从某种意义上说，这个理论假设生命体和一辆车一样，都必须遵从热力学第二定律（熵增定律），用得越多磨损就越多，坏得也就越快。但是，生命是活的，和一辆车有着本质区别，这一点最早是被一位物理学家首先揭示出来的。1943 年，著名奥地利量子物理学家薛定谔在都柏林三一学院发表了一个题为"生命是什么？"的演讲。在那次演讲中，薛定谔首次提出生命最本质的特征就是能够不断地从外界获得能量，以此来维持自己的负熵状态。这个过程并不违反热力学第二定律，因为生命本身不是封闭系统，它能够把正熵作为废物排出体外。

同样拿车做个比喻。如果我们愿意不计成本地修车，哪个部件坏了就换个新的上去，一辆车完全有可能永远地开下去。生命就是这样一辆车，只不过修车过程是靠自身的力量来完成的，无须借助外力，这就是生命和非生命最大的区别。

既然如此，为什么这个过程不能永久地持续下去呢？最早给出答案的同样是两位来自非生物界的科学家。一位是波兰裔美籍核物理学家里奥·西拉德（Leo Szilard），他从原子核裂变的过程中得到启发，认为关键就在于 DNA 的每一次复制都会产生少量误差，这些误差会随着细胞分裂而被逐渐放大，整个过程和核裂变一样都是指数增长的，总有一天会让大部分基因失去功能，从而导致大量细胞死亡，生命系统就崩塌了。

这个理论本质上就是磨损理论的一个变种，只不过西拉德试图用数学的方法证明这种磨损是无法修复的，因此也是无法避免的。可惜的是，西拉德低估了进化的力量。1978 年干细胞被发现，生物学家们意识到组成人体的体细胞并不是按照一分为二、二分为四这样的节奏分裂而来的，而是全都来自少数干细胞。这些干细胞平时被严密地保护了起来，其 DNA 很难发生磨损。一旦身体某处有需求，这些干细胞就会发生分裂，产生出的后代被运送到指定地点，分化成特定功能的体细胞，去完成特定的任务。换句话说，西拉德理论本身是没错的，但生命进化出了干细胞这样一个巧妙的细胞扩增模式，有效地防止了西拉德理论所预言的系统崩塌。

另一位是美国化学家登海姆·哈曼（Denham Harman）。他本来是研究放射化学的，在一次实验中意外发现接触过辐射的小鼠会未老先衰。他在研究这一现象的过程中逐渐意识到细胞内的线粒体同样会产生大量具有氧化作用的自由基，其破坏力和放射性物质产生的高能粒子是类似的，两者都会攻击细胞中的有机大分子，包括蛋白质、核酸和脂肪等，最终导致细胞功能的丧失。1956 年，哈曼把这个自由基理论写成一篇论文，发表后引起了轰动。这个理论和西拉德提出的那个理论一样，听起来都是毫无破绽的，很快就在学术界找到了很多拥趸，其中最著名的支持者当属诺贝尔奖获得者，美国化学家莱纳斯·鲍林（Linus Pauling）。他对自由基理论深信不疑，每天都要吃下好几勺维生素 C 药片，希望这种具备一定抗氧化功能的维生素能够帮助他健康长寿。最终他活了 93 岁，虽然可以说是相当长寿了，但也还算不上是一个奇迹。

如今这个自由基理论同样遭到了质疑，无数实验证明无论是食用大量具备抗氧化功能的蔬菜，还是服用抗氧化药物都不能增寿，甚至反而会加速死亡。可惜这些实验结果并没有得到广泛的传播，市面上还能见到很多以"抗氧化"为卖点的保健食品在卖高价。

事实上，西拉德的那个理论同样具有顽强的生命力，直到今天医生们还会用"磨损"来解释各种组织和器官的衰老。之所以会出现这种情况，其背后是有深刻原因的，后文将会做出解释。

读到这里也许有些读者会问，为什么提出长寿理论的都是物理学家或者化学家呢？长寿难道不应该首先是个生物学问题吗？没错，长寿当然是个生

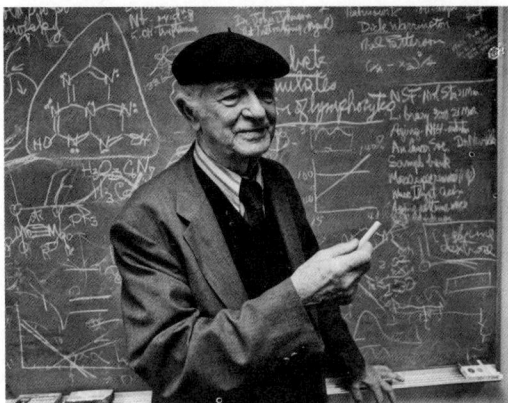

诺贝尔奖获得者、美国化学家
莱纳斯·鲍林

物学问题，但这件事本身却和生物学领域最不可撼动的进化论发生了冲突，
导致生物学家们在很长一段时间里都把长寿研究视为禁区，没人敢碰。

长寿研究与进化论

达尔文于 1859 年出版了《物种起源》，生物学从此进入了一个崭新的时
代。达尔文在这本书中几乎没有提及长寿的问题，一方面他老人家有更重要
的问题需要解答，另一方面长寿这件事似乎和进化论有冲突。按照《物种起
源》里的说法，如果一个种群中有一个个体进化出了超长的寿命，那它岂不
是会生下更多的长寿的后代？如此这般一代一代地传下去，地球上肯定会充
斥着长命百岁的生物，为什么这样的事情没有发生呢？

这个问题肯定有人提出来过，但当时的生物学家并没有想出太好的解释，
只有一位名叫奥古斯特·魏斯曼（August Weismann）的德国生物学家做过一
次并不成功的尝试。他在 19 世纪末提出过一个理论，认为地球上的所有生物
都生活在一个激烈竞争的环境中，只要时间足够长，每个生命个体都会因为
各种艰难险阻而遍体鳞伤。于是大自然进化出了死亡，把这些羸弱的个体清
除出去，好给新来的健康个体腾出位置。

仔细一想不难发现，这不是个很好的解释，不但缺乏细节，而且有一种

循环论证的味道。因为他首先假设存在赢弱的个体，然而这个假设本身正是需要解释的问题。魏斯曼本人显然也意识到了自己的错误，他并没有在这个问题上浪费太多的时间，提出这个理论后便转身去做别的事情了。但大家千万别因此而小瞧了这位魏斯曼先生，他被很多人认为是整个19世纪第二重要的生物学家，仅次于达尔文。正是他第一个意识到多细胞生物体内的所有细胞可以分成体细胞（somatic cell）和生殖细胞（germ cell）这两大类，后者才是不朽的存在，前者只是为了促成后者的不朽而被进化出来的工具而已。从这个角度出发再来审视魏斯曼提出的这个长寿理论，就不难看出其真正的价值。这个理论虽然逻辑上存在漏洞，却正确地指出了进化的实质，那就是生殖细胞的延续。相比之下，生命个体本身是不重要的，是可以被抛弃的。

自从魏斯曼提出这个理论后，时间又过去了半个世纪，在此期间生物学家们发现了基因，搞清了遗传的基本规律，却仍然没人敢去研究一下长寿的奥秘。直到1951年，英国著名的免疫学家、诺贝尔奖获得者彼得·梅达瓦（Peter Medawar）在伦敦大学学院所做的一次演讲中才又一次触及这个禁区。他指出，我们之所以会死，是因为当我们完成了繁殖后代的任务后，自然选择就不再搭理我们了，任由我们老去。

具体来说，梅达瓦假设我们体内有两组基因，一组在我们年轻时起作用，另一组只在我们年纪大时才起作用。如果前者出了问题，我们就留不下后代，因此大自然对于第一组基因所施加的选择压力是非常大的，其结果就是这些"年轻基因"的质量会越来越好，这就是我们年轻时身体都那么好的原因。但当我们完成了繁殖后代的任务之后，再出什么毛病就无所谓了，也就是说在我们中年之后，大自然给予我们的选择压力骤然减小，于是后一组"老年基因"的质量便每况愈下，最终导致我们衰老并死亡。

现在想来，梅达瓦提出的这套理论仍然问题多多，因为他事先假设我们有两组基因，而且假定这两组基因分别在年轻和年老时起作用，这是典型的循环论证。不过，这套理论首次把长寿和基因联系了起来，梅达瓦大胆地假设寿命很可能是由基因决定的，这一点和物理学家们提出的基于"磨损"的那两个理论有着本质的区别。

由于梅达瓦是生物学领域的泰斗级人物，说话很有分量，因此在他发表那次演讲之后的30多年里，来自世界各地的生物学家们又陆续提出了很多假说，从细节上丰富了梅达瓦的基因理论，弥补了其中的不足之处。其中有三个假说得到的支持者最多，下面按照时间顺序对这三个假说做一个简要介绍。

第一个假说名叫"突变累积"（mutation accumulation），大意是说，在进化的过程中会出现很多基因突变，大部分突变都是不好的，注定会被自然选择所淘汰，只不过淘汰的速率有所不同。那些特别坏的突变肯定很快就被淘汰掉了，但那些不那么糟糕的基因突变淘汰起来就要慢得多，会在群体中保留一段时间，这就是生物进化必须付出的代价。在这些不那么坏的基因当中，凡是影响生物发育早期性状的坏基因肯定会最先被淘汰掉，因为它们影响了繁殖。但那些只影响中后期性状的坏基因遇到的选择压力就会小一些，生命体来不及将其清除出去，就是它们导致了衰老和死亡。

第二个假说名叫"拮抗基因多效性"（antagonistic pleiotropy），这个假说的关键词是"基因多效性"，意思是说有一类基因具备多种功能，年轻时能提高生育能力，年老时则会导致衰老和死亡。因为自然选择只关心繁殖的效率，因此这样的基因在进化上具备优势，很容易被选中。但当个体进入中老年之后，这些基因便显示出不好的一面，最终导致个体死亡。

第三个假说名叫"可抛弃体细胞"（disposable soma），该假说的核心思想就是生物的可支配能量是有限的，繁殖需求肯定是排第一位的，这是自然选择理论所导致的必然结果，于是其他需求就被牺牲掉了，比如保持身体永远健康。显然，这个假说的思想鼻祖就是魏斯曼，当初正是他提出为了保证生殖细胞的健康，体细胞是可以被牺牲掉的。

上述三个假说都有一定的道理，但也都存在一些无法解释的问题，生物学家们为此争论不休，谁也说服不了谁，毕竟这些假说尚处于纸上谈兵的阶段，谁也没有拿出过硬的证据。最终大家一致认为，要想解决这个问题，必须找到能够控制衰老和死亡的基因；但大家同时也相信，像衰老和死亡这样的大事件肯定是由很多个基因所控制的，不可能找到一个能够影响生物的寿命的单独的基因。

但是，大自然很快就用事实告诉生物学家们：你们猜错了。

长寿基因

"1988 年，加州大学尔湾分校的托马斯·约翰逊（Thomas Johnson）博士发现了 Age-1 基因，能够把线虫的寿命增加 60%。"威尔丁博士对我说，"当时很多人都以为这是个孤立事件。没想到 10 年后，也就是 1998 年，加州大学旧金山分校的辛西娅·肯扬（Cynthia Kenyon）博士又发现了 Def-2 基因，能够把线虫寿命增加一倍。后来她又在此基础上做了进一步的突变筛选，竟然把线虫的寿命提高了 10 倍！这个消息震惊了整个科学界，此前谁也没有料到单个基因突变竟然能有如此大的效力。"

于是，就在这个消息出来后的第二年，巴克研究所宣告成立。事实上，从 20 世纪末到 21 世纪初的那几年时间里，全世界涌现出了一大批专门研究长寿问题的研究所和高科技公司，大家从那个小小的线虫身上看到了彻底改变人类命运的希望。

"20 世纪 80 年代之前没人相信长寿基因的存在，全世界的生物学家们都认为不可能有任何基因能够大幅度地延长寿命。Age-1、Def-2 和 Tor 等基因的发现彻底改变了大家对于这个问题的认识。"巴克研究所的研究员潘卡基·卡帕西（Pankaj Kapahi）博士对我说，"记得当时也有不少人认为这些长寿基因有可能只在线虫身上有效，不适合高等生物，没想到类似的同源基因很快就在果蝇和小鼠身上找到了，只是寿命增加的幅度不如线虫那么显著而已。"

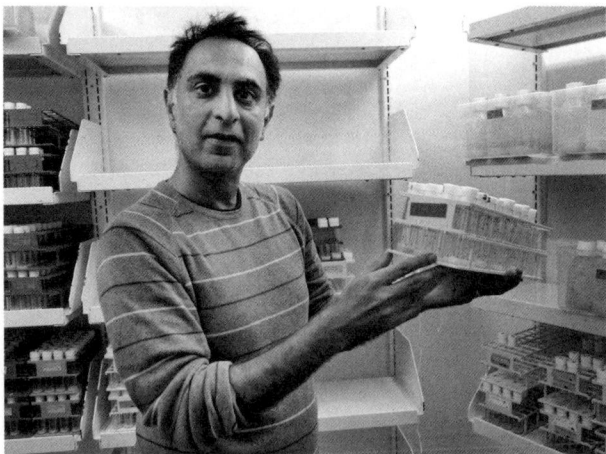

巴克研究所的研究员潘卡基·卡帕西，他的主攻方向是果蝇的长寿基因

卡帕西博士是英国著名生物学家托马斯·柯克伍德（Thomas Kirkwood）的学生，后者正是"可抛弃体细胞"理论的奠基人。这个理论在很长一段时间里都得不到大家的支持，原因就是找不到基因证据。事实上，前文提到的那三个长寿理论一直乏人问津，也是因为没有基因证据的支持。

"我研究长寿已经有 20 年了，记得 20 年前我刚入行的时候参加过一次长寿研讨会，只来了不到 30 人。"卡帕西博士对我说，"可是，前两天刚刚结束的湾区长寿大会居然有 350 人参加，创了纪录。"

为什么会这样呢？熟悉生物学研究现状的人都知道，最近这半个世纪以来，生物领域几乎被基因研究垄断了，任何看起来很复杂的问题，只要发现了相应的基因，似乎立刻就能迎刃而解。反过来，任何一个缺乏基因证据的课题都很难获得研究经费，因为大家都会觉得这样的课题很难深入下去。长寿就是这样一个课题，虽然它一直被认为是生物学皇冠上的那颗明珠，却一直缺乏吸引力。就拿"可抛弃体细胞"理论来说，这一派的科学家们很早就猜测长寿很可能和能量的分配有关，却始终找不到确凿的基因证据，研究进行不下去。长寿基因的发现完美地提供了这样的证据，因为目前研究过的大部分长寿基因都与新陈代谢的调控有关。

于是，长寿研究终于热闹了起来。按照威尔丁博士的说法，目前整个长

最常用的生物研究模式生物：果蝇 ·······································■

寿研究领域都是围绕着这几个长寿基因在做文章，大家都在试图搞清这些基因的工作原理，然后想办法转移到人类身上。但是，20多年过去了，科学家们沮丧地发现，情况远比他们想象的要复杂得多。

"目前长寿研究领域公认的世界纪录是由线虫保持的，科学家已将线虫的寿命提高了10倍。"巴克研究所的另一位元老级研究员茱蒂丝·坎皮西（Judith Campisi）博士对我说，"但果蝇的最高纪录只提高了两倍，小鼠的最高纪录更是只提高了大约30%。换句话说，越是高等的动物，能够控制寿命的长寿基因数量就越多，单个基因的作用就越小。"

这里所说的线虫全名叫作"秀丽隐杆

巴克研究所研究员茱蒂丝·坎皮西博士，她的主攻方向是衰老细胞

172

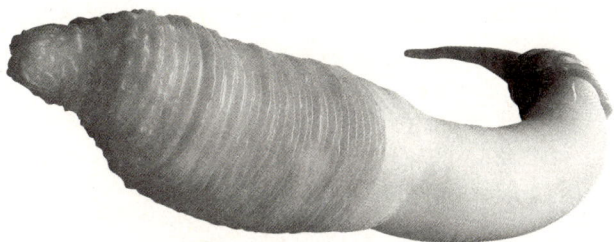

最常用的生物研究模式
生物：秀丽隐杆线虫

线虫"（*Caenorhabditis elegans*），这是一种非常原始的模型动物，身体结构极为简单，不但没有肌肉和骨骼系统，也没有免疫系统和干细胞。事实上，成年线虫全身只有 959 个细胞，每个细胞的来龙去脉都已经被研究清楚了。正常情况下线虫活不过三周，非常适合用来研究长寿问题，但很多超级长寿的线虫都处于一种介于"活着"和"冬眠"之间的亚健康状态，不少研究者认为这样一种半死不活的状态对于人类而言没有参考价值。

但是，即使我们只比较那些活性和生殖能力均不受影响的线虫，目前的长寿世界纪录也已达到了正常寿命的 5 倍左右，也就是说科学家们只需引入几个基因突变就能让线虫健康地生活 15 周以上，换算成人类的话就相当于活到 500 岁。如果这个目标真能在人身上实现的话，哪怕只有线虫增寿效果的十分之一，那也是相当震撼了。可惜的是，这个领域至今也没有拿出任何像样的成果可以应用到人类身上。

在坎皮西博士看来，类似线虫那样的结果之所以很难在人类身上重复出来，原因就在于人是高等动物，而动物越是高等，控制其生命过程的基因数量就越多，每个基因的贡献值也就越少。"'拮抗基因多效性'理论的发明者麦克·罗斯（Michael Rose）博士曾经做过一个有趣的实验，他采用人工方式筛选长寿果蝇，也就是每一代都只让活得最长的果蝇交配产卵，如此简单的过程只重复了 10 代就已经筛选出寿命延长一倍的长寿品种了。"坎皮西博士对我说，"当然我们不可能在人类身上做这种实验，但我猜即使真的这么做的话，至少也得花好几万年才能见效。我不相信人类基因组当中存在那种能够大幅度增加寿命的所谓'主控基因'（master gene），如果真有的话，以我们现在的研究力度，应该早就发现它了。"

虽然暂时没办法让人长寿，但威尔丁博士仍然野心勃勃。"我是去年11月走马上任的，当上所长后我立刻制定了一个目标，那就是加快临床试验的速度，尽快把我们从动物实验中获得的知识运用到人类身上。"威尔丁对我说，"只不过我们的目标不是让少数人活得更长，而是让多数人活得更健康。"

这句话值得仔细琢磨，它暗示长寿研究的重点已经从提高"绝对寿命"（life span）转移到了提高"健康寿命"（health span）上来了。这个转变并不都是科学家们主动为之，而是现实逼迫他们不得不这么做，否则就拿不到科研经费了。

从长寿到健康

长寿研究在20世纪的绝大部分时间里都不见起色，一个很大的原因就是这个领域的名声被一些心怀鬼胎的人毁掉了。

各位读者肯定都听说过"民科"这个词。由于一些历史原因，中国的民间科学家多半集中在数学和理论物理领域，这些人的诉求以出名为主，想靠它发财的人不多。但西方国家的"民科"则以长寿领域最为多见，因为这个领域需求量很大，但真实效果却又很难衡量，符合这两个特征的领域历来就是骗子的最爱，长寿首当其冲。

欧洲很早就出现过号称能让人长命百岁的"老西医"，现代医学诞生后这类人仍然没有消失，只是换了种方式，打着"科学"的旗号继续行骗。他们普遍口才极佳，不少人还有正规大学的博士头衔，所以说服了很多人为其捐款，其中不乏百万富翁，于是追求长寿渐渐成了富人和异想天开者的代名词。真正的科学家自然瞧不起这些人，把他们视为骗子，这导致很多国家级科研基金都拒绝为长寿研究拨款。

"对长寿的追求一直遭人歧视，被认为是富人的奢望，其实长寿应该是人类的共同愿望，谁不想多活几年啊？"卡帕西博士对我说，"100 年前一个人活到 70 岁就全村庆祝了，如今这样的人满大街都是，他们可不愿意回到过去。"

威尔丁博士则从另一个角度解释了社会上针对长寿研究的歧视态度到底是怎么形成的："很多人一想起长寿研究，脑子里首先想到的就是一个富有的老头子躺在病床上，一大堆医生、护士运用各种高科技手段维持其生命。还有很多人听说我是研究长寿的，立刻质问我说，地球上已经有太多人了，为什么还要去增加更多人口呢？在我看来，所有这些反对者都犯了同一个错误，那就是想当然地把老年人视为生活不能自理的病人，是全社会的累赘，其实这样的景象同样也不是我们的目标，我们关心的不是提高绝对寿命，而是如何延缓衰老，提高人类的健康寿命。"

据威尔丁博士介绍，近代生物学研究的一个主要成果就是大幅度提高了人类的寿命，其结果就是人类的平均寿命以每十年提高两岁的速度在提升。也就是说，在过去的这一个世纪里，人类的平均预期寿命从 40 多岁增加到了60 多岁，大约增加了 20 年。但由于各种原因，人类的健康寿命却只增加了15 年。

"老年人的各项身体机能肯定不如年轻人，因此对于他们来说，健康的定义就是没有任何能够影响其正常生活的严重疾病，健康寿命的意思就是一个人能够维持这样的状态多久。"威尔丁博士对我说，"目前美国超过 65 岁的人当中有一半患有至少一种严重的疾病，这是一种很不健康的状态。"

在威尔丁博士看来，长寿研究的进步加上抗衰老研究的滞后，为人类社会创造了一个以前从来没有过的全新的阶层。这个阶层的人年龄在 65—85岁，身体一直处于慢性病的折磨当中，活得相当痛苦。"我周围经常见到这样的人，65 岁得了第一次心脏病，开始服用他汀类药物；两年后又得了糖尿病，开始吃降糖药；五年之后又得了阿尔兹海默症，生活逐渐不能自理，只能住进养老院，在痛苦中勉强活到了85岁。"威尔丁博士对我说，"目前全球超过85岁的人当中至少有一半患有阿尔兹海默症，他们全都需要有人照顾才能活下去。如果这种情况没有改善，而人口平均预期寿命仍然以每十年增两岁的速度在增加，那么我们的医疗保健系统迟早会崩溃。"

这种局面显然是谁也不愿见到的，科学家们的目标就是想办法扭转局势，不让这种局面成为现实。要想做到这一点，首先就要减少老年病的发生。这里所说的老年病不是指那种只有老年人才会得的病，而是指那些发病率随着年龄的增长而大幅度增加的疾病，全称应该叫作"与年龄有关的疾病"（age-related diseases）。最常见的老年病包括骨质疏松、白内障、老花眼、癌症、心血管疾病和阿尔兹海默症等，理论上年轻人也能得这些病，但发病率明显要比老年人低得多。

巧的是，这份名单中的后三种病也是目前发达国家当中最难治愈、杀人最多的三大疾病。目前全世界绝大部分医疗科研经费全都花在这三大疾病身上了，科学家们虽然取得了一些局部的胜利，但距离成功还远着呢。

为什么这三大疾病那么难治？最根本的原因就是科学家目前还没有找到任何办法来解决这三大疾病的最大的致病因子。我们都知道抽烟、酗酒和过度暴晒会导致癌症，肥胖、高胆固醇和缺乏运动会导致心脏病，这些都是最为常见的致病因子，每一种因子都会增加癌症和心血管疾病的发病率。但是，目前公认的这三大疾病最大的致病因子并不是以上这些，而是衰老。随着一个人年龄的增加，这些病的发病率会成倍增长。比如，很多人认为高胆固醇是导致心脏病的罪魁祸首，但实际上年龄因素对于心脏病的"贡献"是高胆固醇的7倍。

换个简单的说法，如果你想知道一个人得心脏病、癌症或者阿尔兹海默症的概率有多大，那么首先应该问一下这人的年龄，因为其他所有因素相对来说都是次要的。

问题在于，其他因素都是比较容易控制的，唯独年龄没有办法。"现代医学研究往往只关注单一疾病的防治，很少有人研究衰老问题，因为后者貌似是无法解决的。我们这个研究所的最大特点就是把衰老单独拎出来作为一个课题来研究，争取早日找到解决办法，一次性降低所有老年病的发病率。"威尔丁博士对我说，"我不认为这个目标是不可能实现的，要知道，古代的新生儿死亡率那么高，大家也是习以为常了，认为理应如此。当时的医生也想不出解决办法，因为每个婴儿的死亡原因似乎都不一样。最终法国微生物学家路易·巴斯德（Louis Pasteur）发现了病菌，一劳永逸地解决了这个问题。衰老问题与此类似，一旦有人找到了衰老的生理基础，解决了这个问题，那么人类的健康长寿就将成为新的常态。"

巴克研究所的几位专家为我描绘了这样一幅场景：在不远的将来，每一个 90 岁的人身体都基本健康，不但生活完全能够自理，还能为社会做贡献。如果一个人仍然选择 65 岁退休的话，他完全可以再去大学读个学位，学习一门新的手艺，然后 70 岁时再找个新工作，快快乐乐地干上 20 年。

"我们不是在谈论衰老，而是在谈论生活。"坎皮西总结道，"所以我想对所有那些热爱生活的人说，你们一定要有信心，请继续保持良好的生活习惯，也许再过 20 年我们就把衰老这个难题攻克了。"

尾　声

出生于 1908 年的瑟古德·马歇尔（Thurgood Marshall）是美国历史上第一个黑人大法官，这个职位是终身制的，因此有人问他这辈子打算活多久，他回答说："我希望自己能活到 110 岁，然后死于一个嫉妒心太盛的丈夫的枪下。"

可惜他于 1993 年因病去世，没能实现自己的愿望。长寿领域的研究者的目标不是帮助三五个亿万富翁活到 150 岁，而是帮助无数个像马歇尔这样的人健康地活到 100 岁。

抗击衰老

　　长生不老是一个可望而不可即的目标，延缓衰老才是大多数人的希望所在。抗击衰老是当前科学界的热点领域，有一大批新的研究成果值得详细介绍。

饿治百病

　　洛杉矶是美国西部最大的城市，著名的南加州大学（USC）就建在洛杉矶市中心。这所大学早在 1975 年就成立了伦纳德·戴维斯老年学院（Leonard Davis School of Gerontology），专门研究和老年人有关的课题。这是全球所有大学当中开设的第一个老年学院，在老年学领域享有很高的威望，我的"人类长寿探秘之旅"的第二站就从这里开始。

　　这所学院汇集了老年学研究领域的好几位国际知名学者，可惜我最想采访的沃尔特·朗格（Valter Longo）教授正好去国外讲学，没有碰上。不过我采访到了在他实验室工作的来自中国的助理教授卫敏博士，间接地了解了他近期的工作方向。

　　朗格教授的研究课题很简单，那就是如何通过控制饮食来延缓衰老。这个课题始于 20 世纪 30 年代初期，那时美国刚刚经历了大萧条时代，很多人吃不饱肚子。一家美国私人基金会委托康奈尔大学的克莱夫·麦基（Clive McKay）博士研究一下饥饿会不会影响青少年发育，麦基博士当然不敢直接拿人来做实验，所以他选择了同为哺乳动物的小鼠。

　　因为掌握不好节食的力度，研究初期很多小鼠被活活饿死了。经过一番

南加州大学伦纳德·戴维斯老年学院的沃尔特·朗格教授，他的主攻方向是营养与衰老

试验，麦基发现在保证基本的蛋白质和维生素供应的前提下，如果将卡路里减少到正常水平的 50%—70%，小鼠是不会饿死的，其发育过程也不会停止，只是速度略缓而已。

但是，接下来的事情让麦基大吃一惊。挨饿的小鼠居然活得比对照组还要长，平均寿命延长了将近 30%。不但如此，挨饿小鼠看上去活力十足，各项生理指标普遍都比对照组好很多，糖尿病、心脏病和癌症的发病率也都下降了不少。总之一句话，适当的饥饿似乎延缓了小鼠的衰老速度，吃得少反而活得更好了。

这个看似违反常识的结论遭到了不少人的指责，反对者认为麦基博士肯定是搞错了数据，把实验组和对照组弄反了。麦基教授自己也有些疑惑，没有继续深究下去，于是这件事便逐渐被人遗忘了。

在此期间长寿研究仍在继续，来自世界各地的"民科"们提出过各式各样的长寿建议，最终都被证明是错误的。事实上，如果只统计治疗方案的数量的话，衰老很可能是天底下最容易治的病。我们每个人肯定都知道好几个长寿秘方，它们听上去全都很有道理，报纸杂志上的健康专栏每隔几天就会发布一条抗衰老小贴士，每一条听起来似乎都无懈可击，但实际上没有一条建议经得起科学实验的检验，它们全都失败了。

20 世纪 80 年代，又有人想起了半个世纪前的那个小鼠实验，决定再试试这个饥饿疗法。这一次研究人员尝试了酵母、线虫和果蝇，发现效果很好，适当的饥饿不但能够延长寿命，还能延缓衰老。之后研究人员又用更高级的猴子做实验，因为猴子的平均寿命较长，这项实验并没有完成，饥饿是否能延寿还不好说，但起码已有的实验数据表明适当的饥饿确实能让年老的猴子身体更健康，抗衰老的功效似乎是坐实了。

虽然猴子和人在进化上已经十分接近了，但科学家们仍然表现得十分谨慎，毕竟动物的生活环境和人类相差太远，动物实验极为成功而人类实验却惨遭失败的案例发生过太多次了。

"我们圈子里有个笑话，大意是说癌症、糖尿病和阿尔兹海默症这些疑难杂症其实很容易对付，我们每天都能治好很多次，只不过是在实验动物身上。"专攻衰老研究的巴克研究所资深研究员戈登·李斯高（Gordon Lithgow）博士在采访中对我说，"抗衰老研究也是如此，比如我们实验室就找到了很多能够延长线虫寿命的方法，但至今没有一样能够应用到人类身上，因为关于人类的研究太难做了，成本过高，风险又太大，这方面的投资严重不足。"

巴克研究所研究员戈登·李斯高和妻子朱莉·安德森，两人的主攻方向是线虫的长寿基因

李斯高和他的妻子朱莉·安德森（Julie Anderson）博士目前都在巴克研究所工作，两人试图通过研究线虫的长寿机理，找到延缓衰老的小分子化合物，然后将其制成药物。目前两人已经发现了好几个这样的化合物，却苦于找不到投资，没法进行人体试验。

事实上，即使找到投资也很困难，毕竟科学家不能像对待实验动物那样对待人类受试者，因此关于人类的研究只能间接地进行，不但难度要大得多，而且实验设计也更加困难，不容易出高质量的结果。比如这个饥饿疗法就很难找到甘愿充当小白鼠的人类志愿者，只能去寻找间接证据。有人曾经指出，日本冲绳地区的人均寿命比日本本土高好几岁，原因很可能是冲绳人的食量要比日本本土少30%。但是这个差别也可能是因为冲绳地区空气清新，生活压力小，或者因为冲绳人饮食当中包含大量鱼类，等等。总之这类研究如果没有设置严格的对照组，是很难得出可信的结论的。

1991年，一次意外事故让事情有了转机。那一年美国航空航天局（NASA）在亚利桑那州的沙漠中建了一座"生物圈2号"，8名"宇航员"将在其中生活两年，尝试过一种完全自给自足的生活。其中一位随队医生名叫罗伊·沃尔福德（Roy Walford），他当时的另一个身份是加州大学洛杉矶分校（UCLA）的一名老年学研究者，而且正好对饥饿疗法很感兴趣，已经在自己身上试验了10多年，自我感觉良好。不幸的是，或者说幸运的是，"生物圈2号"的气候控制系统出了问题，导致粮食产量远远达不到预期，8名成员每天只能摄入1500大卡的热量，比正常值低30%。这8人没有其他选择，只能坚持下去。沃尔福德就这样获得了一个老天赐予的绝佳机会，对这8个人（包括他自己）跟踪观察了两年，结果再次表明饥饿疗法相当有效，这8人不但身体健康，而且各项指标全都向好的方向转变，大家似乎都变年轻了。

严格来说，这也不是一个高质量的研究，但这件自带光环的意外事件引发了媒体的广泛关注，并再一次把饥饿疗法推到了前台。这个疗法的科学名称叫作"卡路里限制饮食法"（Calorie Restriction Diet），顾名思义，此法只是把饮食中的总热量限制在正常值的 60%—80% 左右，大致相当于一个成年人每日摄入 1500 大卡左右的热量，而不是标准的 2100 大卡。但是此法对营养成分的搭配要求比较高，蛋白质、脂肪、维生素和其他微量元素都不能缺，否则是无效的。

既然各种营养成分都不能缺，因此饥饿疗法只能在减少能量的主要提供者——碳水化合物上面做文章。有人将饥饿疗法等同于限制碳水化合物的"阿特金斯饮食法"（Atkins Diet），虽然不完全准确，但大致不差。两者的不同之处在于阿特金斯饮食法只对碳水化合物有所限制，但饥饿疗法还对总热量有严格的限定，实行起来比阿特金斯饮食法更加困难。

我采访过的所有长寿专家都告诉我，饥饿疗法是目前唯一确信能够延缓衰老的办法，其他所有方法都不确定，有待进一步研究。"我参加过很多次抗衰老学术研讨会，发现了一个有趣的现象。"巴克研究所所长埃里克·威尔丁博士对我说，"参加会议的很多学者在吃午餐的时候如果点的是汉堡包，一定会把面包扔在一边，只吃夹在里面的肉饼、奶酪和蔬菜。"威尔丁博士向我承认，他自己也是这么做的，因为他本人就是饥饿疗法的拥趸。

不过，这个方法对于常人而言是很难坚持下去的，因为它太违反人性了。"据我所知，有一个针对饥饿疗法的人体试验已经连续进行了 15 年，据说受试者的各项生理指标都要比正常人好很多，唯一的坏处就是这些人全都在吃抗抑郁药。"南加州大学老年学院的助理教授贝蕾妮丝·贝纳永（Berenice Benayoun）博士对我说，"吃饭是生命的基础。食物就是天底下最厉害的毒品，我们的大脑被进化成永远需要吃饱才能高兴的状态，如果一个人每天都只能吃六成饱，肯定不会开心。"

显然，如果减缓衰老的代价只能是抑郁症的话，这个方法效果再好也肯定是行不通的。朗格教授当然明白这一点，于是他试图发明一个折中方案，既能享受到饥饿疗法带来的好处，又不用太辛苦。经过一番尝试，他找到了，这就是轻断食。

顾名思义，所谓轻断食就是不必坚持长时间节食，而是阶段性地减少饮食中包含的卡路里。朗格认为阶段性饥饿产生的好处会被身体记住，同样能够带来长寿的效果。

为了验证自己的想法，朗格教授先在酵母中做了一系列实验，证明轻断食确实有效。然后他又拿小鼠做实验，专门为小鼠设计了一套特殊的进食程序，平时随便吃，但每两个月抽出 4 天时间尝试轻断食，即每日摄入的卡路里总量只相当于平均值的三分之一到一半。食物的成分也经过了严格细致的搭配，保证碳水化合物、蛋白质、脂肪和微量元素一样不缺。结果表明，即使从中年开始轻断食，小鼠的平均寿命仍然会有所增加，同时健康状况也会有明显的改善，腹部脂肪减少了，癌症的发病率降低了，免疫系统强健了，骨密度也提高了，甚至连皮肤都变好了。

这篇论文发表在 2015 年 6 月 18 日出版的《细胞》杂志的子刊《新陈代谢》（Cell Metabolism）上，一经发表立刻在全世界引起了强烈反响。之后，朗格教授又招募了一批志愿者，开始在人身上试验饥饿疗法。试验进行了 3 个月，志愿者每个月 5 天轻断食，只吃他专门配制的营养配方，3 个月后测量他们的血压、血糖和胆固醇等健康指标，结果都有明显好转。于是他趁热打铁，创立了一家名为 ProLon 的保健品公司，在网上销售这种营养配方。据说购买者只需每年进行 6—12 次轻断食，每次持续 5 天，每天只吃 ProLon 配方，就能在不那么饥饿的情况下享受饥饿疗法带来的各种好处。

必须指出，这个营养配方并没有经过严格的临床试验的检验，因为这不是药，只是若干常见食品的一种特殊搭配而已，不需要 FDA 批准就可以上市。如果各位读者去搜一下"健康食品"，你会发现市面上有好多这样的产品在销售，价格远高于食品本身的生产成本，你是否愿意购买就要看你对于产品背后的理念是否认同了。

抗击衰老

模拟大自然

朗格发明的这个 ProLon 营养配方还有很多竞争者，它们有个统一的名称，叫作"禁食模拟饮食法"（Fast-mimicking Diet）。意思是说，既然饥饿疗法是唯一被证明可以减缓衰老的方法，此法本身难度又太大，普通人不易掌握，那就想办法模拟禁食的效果，同时降低执行难度，好让消费者更容易接受。

要想达到这个目的，就必须首先找到饥饿疗法的作用原理，然后才能做到扬长避短。比如朗格发明的这种饮食法，一年算下来使用者摄取的卡路里总数并不比普通人少，但朗格认为饥饿疗法的成功关键并不是总的卡路里摄入量，而是饥饿感，他相信饥饿感能够导致使用者体内发生一系列有益的化学变化，这才是延缓衰老的原因所在。

如果你相信这个说法，那么曾经流行过一阵子的"少食多餐"饮食法就不对了。这个方法的提倡者相信饥饿疗法的关键在于卡路里的总摄入量，因此要想达到少吃而又不那么饿的效果，此法建议大家饿了就吃，但每次都只吃一点点，只要能帮助自己熬过最难受的阶段就行了。

威尔丁博士非常反对这个"少食多餐"饮食法，因为他自己也相信饥饿感才是关键所在。他向我介绍了一个动物实验，是由著名的索克研究所（Salk Institute）做的。研究人员把同样的垃圾食品按照不同的方式喂给小鼠，结果发现有一种方式效果最好，那就是每天只有 8 个小时的时间吃饭，其余 16 小时不提供任何食品，让小鼠饿肚子。对应于人的话，此法就相当于每天只吃两顿饭，正餐之间不吃任何零食。

不但饥饿感很重要，威尔丁博士认为饮食中的营养成分比例也非常重要，比如朗格的 ProLon 营养配方就很符合威尔丁的口味，这里面除了各种维生素之外，只有极少量的碳水化合物，蛋白质也是刚好够用，其余热量大都来自植物油。熟悉营养学的人都知道，这就是最近非常流行的生酮饮食法

（Ketogenic Diet）。

顾名思义，生酮饮食法就是能够生成酮体（Keytone Bodies）的饮食方式。正常情况下，人体所消耗的能量主要来自食物中的碳水化合物，后者经过简单消化后就会转变为葡萄糖，这是效率最高的能量来源，多数情况下都会被优先使用。一旦葡萄糖被用光了，人就会感到饥饿，此时身体就会开始消化脂肪，酮体就是脂肪在肝脏中被氧化分解的中间产物，包括乙酰乙酸、β-羟基丁酸和丙酮这三种小分子化合物。也就是说，当一个人开始饥饿疗法时，他的血液中一定会有较高浓度的酮体，威尔丁博士认为，这就是饥饿疗法之所以有效的重要原因。

为了模拟这种状态，饮食中就不能含有碳水化合物，蛋白质也不能太多，剩下的唯一选择就是脂肪了，这就是 ProLon 营养配方背后的科学根据。越来越多的证据支持这个思路。2017 年 9 月 5 日出版的《新陈代谢》杂志上又刊登了三篇论文，证明生酮饮食法起码在小鼠身上是有效果的，不但能够延长小鼠的平均寿命、延缓衰老的速度，甚至还能抑制癌细胞的生长。

后者值得多说一句。前文提到，朗格教授曾经做过 3 个月的人体试验，证明轻断食很有效。但是，根据美国的法律，拿健康人来做试验费用太昂贵了，于是朗格改用癌症病人来做试验，结果却意外地发现饥饿疗法可以让癌细胞对化疗药物更敏感。于是朗格教授改变了研究方向，目前正在和南加州大学附属医学院合作，看看能否将饥饿疗法用在癌症病人身上。目前该项研究仍在进行当中，让我们拭目以待。

除此以外，饥饿疗法还对治疗糖尿病有帮助。2017 年 12 月 5 日出版的《柳叶刀》杂志刊登了一篇论文，作者发现饥饿疗法能够治愈高达九成的 II 型糖尿病，甚至那些已经患病 6 年的糖尿病人都能治好了。根据最新统计，中国目前有超过一亿糖尿病人，其中绝大部分都是 II 型糖尿病。要知道，20 世纪 80 年代时中国的糖尿病患者人数仅占总人口的 0.7%，经济发展导致的营养过剩绝对是糖尿病高发的主要原因。

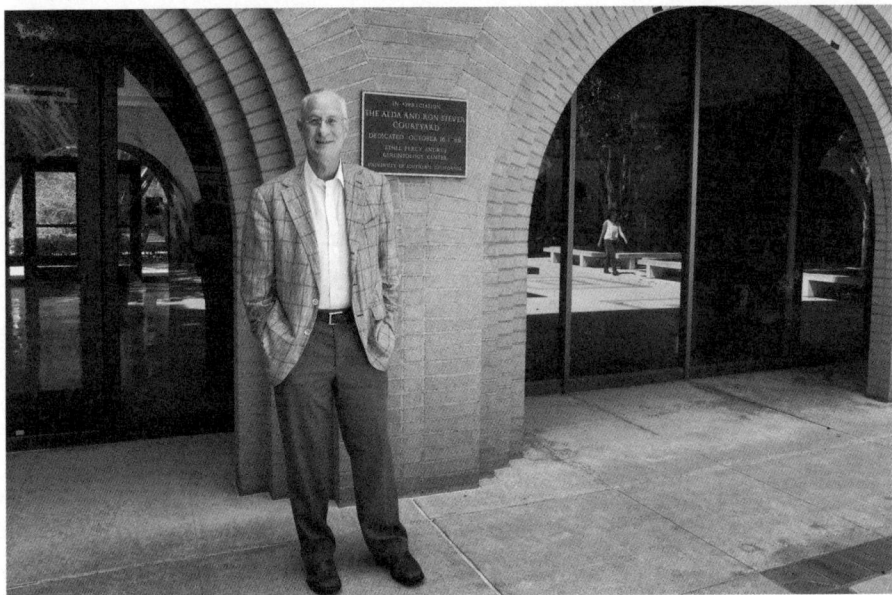

南加州大学伦纳德·戴维斯老年学院院长平查斯·科恩博士

需要提醒大家的是，饥饿疗法的功效在科学界尚有一定的争议，并不是所有人都认同这个理念。另外需要注意的是，也不是所有人都适合饥饿疗法，尤其是生酮饮食法，对于某些特殊体质的人会产生严重的副作用，所以威尔丁博士建议那些对饥饿疗法感兴趣的人先去咨询一下医生再做决定。

事实上，随着研究范围的扩大，就连针对实验动物的饥饿疗法都不一定管用了。比如目前已经完成的两个用猴子做的实验就得出了矛盾的结果，一个有效，一个无效。

"我们系的一位研究人员曾经用 40 个不同品系的小鼠试过饥饿疗法，发现这个方法对于某些品系的小鼠来说没有效果，甚至还有一些品系的小鼠死得更早了。这个结果说明饥饿疗法并不是万能的，因为每个人都有自己的特殊情况，不能一概而论。"南加州大学老年学院院长平查斯·科恩（Pinchas Cohen）博士对我说，"只有一点我能肯定，那就是目前发达国家有 90% 的人都超重了，所以少吃一点在大多数情况下应该都是好的。但有些人本来就不胖，如果节食太过分的话不一定是好事。"

威尔丁博士从另一个角度证实了这个说法："我们研究所曾经试验过180个不同品系的果蝇，发现饥饿疗法不一定都有效，所以我决定从机理入手，尝试将人工合成的酮体制成药物，直接模拟饥饿疗法在体内的效果。我们正在做人体试验，如果成功的话大家就不必都饿肚子了，只要吃一片药就可以享受到饥饿疗法带来的好处。"

威尔丁博士的做法代表了长寿研究领域的未来趋势，那就是通过研究饥饿疗法的作用机理，找到能够直接起作用的小分子化合物，然后将其制成长寿药。这么做有两个好处：一来，只有卖药才能挣大钱，光靠卖营养配方是发不了大财的，因此这个领域吸引了大笔投资，研究经费应该不成问题；二来，人类是一种意志力极为薄弱的高等动物，大家都知道锻炼、节食和戒烟能够延缓衰老，但很多人却连这三条最基本的要求都做不到。人类需要的不是那种需要极强自制力的生活方式建议，而是一种神奇药片，只要按时服用就能延年益寿。

流行一时的抗氧化

饥饿疗法为什么能延年益寿呢？关于这个问题曾经出现过两套理论，早些年提出的一套理论认为，饥饿疗法降低了新陈代谢的速率，减少了细胞内的自由基，后者正是导致衰老的罪魁祸首。这个自由基理论最早是由物理学家提出来的衰老假说，与生命的新陈代谢机制有很大关系。新陈代谢是生命的核心，氧气则是这一过程的主角。这是一种化学性质极为活跃的气体，它最擅长干的事情就是从其他分子那里夺取电子，这个过程被称为"氧化"（oxidation）。我们吃进去的食物当中含有很多富含能量的有机化合物，主要成分就是碳和氢，氧气会从这些有机大分子中夺走电子，并在这一过程中释放能量供人体使用。失去了电子的碳原子和氢原子则会分别和氧原子结合，变成二氧化碳和水，这在化学术语中被称作"还原"（reduction）。氧化和还原一定是成对出现的，属于一枚硬币的正反两面，所以经常被合起来说，称之为"氧化还原反应"（英文简写为 redox）。

　　自然界中最直观的氧化还原反应就是铁器的生锈。这是个缓慢而又坚定的过程，只要是暴露在空气中的铁器，早晚会因生锈而腐朽。自由基理论的拥趸最喜欢用生锈来比喻衰老的过程，暗示生命和生铁一样，无论如何小心保养，总有生锈的那一天。

　　这件事还被赋予了某种哲学意义，因为氧气绝对是人类最好的朋友，我们一刻也离不开它，但最终害死我们的却正是这位好友，这个想法很有一种宿命论的味道。这件事还有一个科学术语，叫作"氧气悖论"（oxygen paradox），大意是说，氧化还原反应是生命的能量之源，但生命最终却会毁于氧化还原反应之手。

　　氧气究竟是如何害人的呢？这就要从氧化还原反应的机理说起。在所有真核生物中，这个氧化还原反应主要发生在线粒体内，所以说线粒体是真核细胞的能量来源，其重要性一点也不亚于细胞核里的 DNA。氧化还原反应的过程非常复杂，很多步骤都像是在走钢丝，稍有不慎就会出岔子。线粒体是专门进化出来干这个的，其效率已经高到科学家至今都无法在试管里模仿出来的程度了，但即便如此仍然会发生误差，导致氧化还原反应的效率降低，食物分子中的电子没有被氧气抓牢，从线粒体中跑了出来，这就是自由基（free radical）。

　　自由基是一种破坏力极强的负离子，对 DNA、蛋白质和细胞膜的伤害非常大，所以线粒体一定会尽全力不让自由基跑出来。但是，线粒体本身也是有 DNA 的，线粒体 DNA 的复制精度不如核 DNA 那么高，随着年龄的增长，线粒体累积的有害突变会越来越多，导致其工作效率逐年下降，于是自由基早晚会被泄漏出来，对细胞产生伤害，衰老就是这么发生的。

　　面对自由基的攻击，细胞当然也不会束手就擒，大自然早就进化出了一

188

整套防御机制，就等我们去发现了。1969 年，科学家们找到了第一个具有抗氧化功能的酶，能够帮助细胞抵抗自由基的攻击，这就是大名鼎鼎的超氧化物歧化酶（SOD）。后续研究显示，这种酶的活性和衰老程度密切相关，如果人为地提高 SOD 的活性，就能延长线虫和果蝇的寿命。

这一发现让自由基学派更加坚信自己是对的，投入了更多的精力去寻找抗氧化物质。很快他们就又发现了好几种具备抗氧化功能的蛋白酶，比如过氧化氢酶和谷胱甘肽过氧化物酶等，以及一些同样具有抗氧化功效的小分子化合物，包括胡萝卜素、维生素 C 和维生素 E 等。但是，在小鼠身上进行的实验却让人大失所望，所有这些抗氧化剂没有一样能够延缓小鼠的衰老速度，甚至有相当一部分实验证明过量服用抗氧化剂反而对小鼠有害。

值得深思的是，这一系列失败的科学实验并没有改变大众对于抗氧化剂的热情。由于前期铺天盖地的宣传，自由基有害论已经深入人心了，这样一种从道理上讲简直无懈可击的理论怎么可能是错误的呢？于是前文提到过的那些抗氧化剂仍然被制药厂制成了药片，贴上延缓衰老的标签，继续陈列在保健品柜台上的显要位置。为了帮助那些不喜欢吃药的人，各国媒体又都尽职尽责地列出了抗氧化物含量较高的食物名单，像蓝莓、草莓、橘子、西兰花和洋葱等水果和蔬菜都被包装成能够延缓衰老的保健食品，获得了不俗的销量。

其实稍微懂点生物化学基础知识的人都知道，酶是蛋白质，一旦进入消化系统后就会立刻被降解，根本无法进入血液循环，因此酶制剂是不能做成口服药的，市面上卖的 SOD 药片都是骗人的玩意儿。维生素之类的小分子化合物倒是可以被消化系统所吸收，但其抗衰老功效却从来没有被证明过，商家不能以此为卖点欺骗消费者。当然了，水果和蔬菜中含有很多对人体有益的化合物，多吃点倒也无妨，所以科学界普遍采取睁一只眼闭一只眼的态度，使得这股风潮持续流行了很多年。好在随着研究的深入以及新一代科普作家们的宣传，这股抗氧化风潮在国外渐渐平息了下去。但由于信息的闭塞，至今仍然有不少国内媒体和厂家还在拿自由基说事，欺骗那些接触不到最新科技信息的中国老百姓继续购买抗氧化产品。

这个故事充分说明，任何一种科学理论，哪怕听上去多么有道理，如果没有经过严格的科学实验的检验，仍然有可能是错误的。

后续研究表明，抗氧化理论本身其实也是有漏洞的。曾经有人测量过线虫和酵母菌在饥饿状态下的新陈代谢速率，发现和正常状态没有区别，甚至还要更快一些。另外，还有人测量了不同年龄的细胞内的自由基数量，发现也没有太大差异，这两个实验证明自由基理论是无法解释衰老的原因的。又有人对比过不同年龄的人体细胞在体外培养皿里对抗自由基的能力，发现那些从年轻人身上取下来的细胞比从老年人身上取下来的细胞要健康得多，说明两者之间的差别不是环境自由基数量的多寡，而是对自由基的耐受能力。

换句话说，自由基很可能不是衰老的原因，而是衰老的结果。幻想用抗氧化剂来对抗衰老，充其量也只是一种治标不治本的方法而已，很难奏效。更何况研究发现自由基还有其他重要用途，限制自由基的正常释放反而相当于加速了衰老，这个问题留待后文详细解释。

压力之下的应对

关于饥饿疗法还有第二个理论，这就是前文提到过的"可抛弃体细胞"理论。该理论假定新陈代谢的速率是有上限的，生命所能利用的能量同样也是有上限的，而生命最需要能量的地方有两个，一个是细胞的日常维护和更新，另一个就是繁殖下一代。根据进化论，繁殖后代是所有生命的第一要务，所以如果一切条件都很完美的话，生物肯定会把主要精力放在繁殖上。但是，如果环境条件不好，比如过热、过冷、缺水、少粮，那么最合理的对策就是暂时放弃繁殖的打算，把能量全部用于自身的维护，尽力先让自己活下来，待情况有好转了再考虑繁殖不迟。

上述过程应该是由基因来控制的，前文提到过的那些能够影响线虫寿命的基因基本上都是这一类。哈佛大学的大卫·辛克莱尔（David Sinclair）教授一直致力于寻找这样的基因，他相信自然条件下最常见的环境压力应该就是食物短缺，因此他把目光放在了新陈代谢的通路上。最终他找到了去乙酰化酶（sirtuin），这是一个在进化上非常保守的酶，从酵母到人类身上都有，这一点说明它很重要。研究发现这种酶很像是生物应对环境压力的总开关，一旦发现情况不对，生物会立即启动这个酶，宣布进入紧急状态。此时的细胞会大幅度提高新陈代谢效率，减少浪费，并停止细胞分裂，把工作重心转移到延年益寿上来。

辛克莱尔认为，饥饿疗法之所以有效，就是因为饥饿模拟了环境压力，诱使细胞启动了去乙酰化酶通路。如果想在细胞层面模拟这个过程，就必须从大自然中寻找到能够激活去乙酰化酶的小分子化合物。2006 年，辛克莱尔宣布找到了一个候选者，这就是大名鼎鼎的白藜芦醇（resveratrol）。这是植物在遭遇环境压力时自发分泌的一种化合物，初步研究显示它确实能激活去乙酰化酶，而且也能帮助酵母、线虫和果蝇抗衰老。

这个消息一经公布立刻引起了媒体的关注，因为白藜芦醇是红葡萄酒中的一种主要成分。葡萄酒商如获至宝，马上在广告文案中把这个故事写了进去。很多来自欧洲的人瑞们也声称，自己之所以长寿就是因为平时爱喝红酒。

但是，和上一个故事一样，当有人试图在小鼠中重复这个实验时，却失败了。白藜芦醇并不能增加小鼠的寿命，也不能帮助小鼠抵抗衰老。后来又有人发现，白藜芦醇本身并不能激活去乙酰化酶，这很可能是一个实验误差。最终给白藜芦醇致命一击的是美国康涅狄格大学的印度裔教授迪帕克·达斯（Dipak Das）。此人专门研究白藜芦醇，一共发表了 150 篇关于这种神奇物质的论文，但后人发现其中大部分论文都存在伪造数据的嫌疑，最终全被撤稿了。

和上一个故事一样，如今国内仍然有不少人宣称白藜芦醇是长寿药。这些人要么是红酒经销商，要么是保健品生产厂家，存在严重的利益冲突，但他们搬出来为自己站台的名人都是像辛克莱尔和达斯这样的名牌大学教授，所以仍然有很多人信以为真。

白藜芦醇的神话虽然破灭了，但"可抛弃体细胞"理论并没有被抛弃。2009年，又有一个据说能够调节新陈代谢效率的小分子化合物被发现了，其发现过程甚至比白藜芦醇还要神奇。

这个故事要从1964年开始讲起。那一年有一群加拿大科学家乘船来到位于南太平洋正中间的复活节岛，采集了一大批土壤样本带回去研究，从中发现了一种能够抑制真菌生长的全新抗生素。复活节岛土语将其称为 Rapa Nui，因此科学家们将这种新型抗生素命名为 rapamycin，中文译名雷帕霉素。这种新型抗生素不但能杀真菌，还能抑制免疫系统的活性，因此一直被用于刚刚接受了器官移植的病人，以减少他们体内的免疫排斥反应。

1993年，雷帕霉素的靶点被找到了。这是一种蛋白激酶，具体功能不详，因此被简单地命名为"雷帕霉素的靶子"（Target of Rapamycin，简称 TOR）。当 TOR 蛋白遇到雷帕霉素后，其活性便被抑制住了。

2001年，朗格教授在做酵母实验时忘记添加营养品了，度假归来后他发现饥饿的酵母菌反而活得更长了，这个意外事件促使他开始研究饥饿疗法的生化机制，最终他惊讶地发现关键之处就是这个 TOR 蛋白，它的作用相当于营养探测器，负责感知周围环境里的营养物质是否丰富，然后根据探得的信息指导酵母细胞做出相应的反应。

具体来说，当环境营养丰富时，酵母菌的 TOR 基因便被打开，随即触发了一系列生化反应，让酵母菌准备进行细胞分裂，繁殖后代。当环境营养不足时，TOR 基因便被关闭，促使酵母菌进入"长寿"状态，即停止分裂，韬光养晦，静待环境好转。

朗格用雷帕霉素处理酵母菌，果然发现酵母菌即使在营养丰富的情况下也会进入长寿状态。这个结果让朗格兴奋不已，他相信自己找到了一种小分子化合物，能够特异性地抑制 TOR 基因，模拟饥饿疗法所产生的效果。此后进行的小鼠实验更加让人激动，雷帕霉素真的延长了小鼠的寿命，而且让小鼠变得更健康了。这是人类发现的第一种能够延长哺乳动物寿命的小分子化合物。相关论文在 2009 年出版的《自然》杂志上发表后立刻引发了媒体的狂欢，大家相信长寿药就快要被发明出来了。

不过，一些清醒人士指出，雷帕霉素的副作用会严重妨碍它的普及，比如它能降低免疫系统的活性，还能让某些雄性小鼠睾丸缩小，这两种副作用对于器官移植病人或者癌症患者来说不算什么大问题，但对于一个只是想要长寿的健康人来说恐怕就没那么容易接受了。

于是，很多实验室又开始寻找更好的饥饿疗法替代品，希望能减少甚至避免雷帕霉素带来的副作用。比如科恩院长自己的实验室就找到了两个潜在的化合物，一个可以模拟饥饿疗法的功效，另一个可以模拟体育锻炼的好处。这些化合物的作用机理全都是类似的，都是希望通过模拟身体中已有的小分子化合物，"欺骗"身体相信自己是在挨饿或者正在锻炼，以此来达到抗衰老的目的。

这个"模拟大自然"的思路甚至还扩展到了其他领域。比如，有几家实验室正在寻找模拟女性激素的化合物，因为他们相信女人之所以比男人活得长，是因为女性体内的某种性激素导致了这一结果，只要设法找到真正起作用的那个性激素，再想办法消除它的副作用，就有可能变成一种专门为男性顾客服务的抗衰老药。

上述实验室的思路都离不开"模拟"二字，他们希望通过模拟已经被证明有效的长寿法（比如饥饿疗法或者女性性别）来达到抗衰老的目的。与此同时，也有人另辟蹊径，试图寻找全新的抗衰老机理。

衰老细胞理论

2011 年出版的《自然》杂志刊登了一篇重磅论文，主要作者是美国著名的私立医院梅奥诊所（Mayo Clinic）的伊安·范德森（Jan van Deursen）教授，他在文章中提出了一个全新的理论，认为"衰老细胞"（senescent cells）是导致多细胞生物衰老的罪魁祸首。

这里所说的"衰老细胞"指的是一种失去了分裂能力，却没有死的细胞。人体内几乎所有的组织都有这样的细胞，科学家也早就知道了它们的存在，却一直不明白它们到底有何危害。范德森教授通过基因工程的方法培育出了一种转基因小鼠，其体内的细胞被转入了一种自杀基因。一旦健康细胞变为衰老细胞，这个基因就会被打开，但这个自杀过程并不会立刻开始，必须接触某种药物后才会启动。这个巧妙的设计相当于为衰老实验找到了一个对照组，研究人员可以轻松地控制衰老细胞的数量，通过对比发现它们的危害。

研究结果显示，凡是吃了这种药物（因此杀死了所有的衰老细胞）的转基因小鼠，其衰老过程全都被显著地延缓了，这些小鼠不再患有白内障，伴随着老龄化而出现的肌肉萎缩现象也得到了很大的缓解。更有趣的是，这些小鼠的皮下脂肪层也不会因为上了年纪而变薄，这就减少了皱纹，使得它们看起来更加年轻了。

这篇论文发表后引起了轰动，因为这是一个不属于新陈代谢范畴的衰老新理论。全世界很多研究机构立即跟进，其中就包括巴克研究所的茱蒂丝·坎皮西博士。"我们实验室把研究重点放在癌症上，因为我们发现衰老细胞和癌症有着非常密切的关系。"坎皮西博士在接受我的专访时说，"这种衰老细胞本身是大自然进化出来防止癌症的，但它的存在反过来又能增加癌变的风险。"

这个看似矛盾的结论和衰老细胞的产生机理有关，坎皮西博士为我详细解释了其中的原因。众所周知，细胞内的 DNA 每时每刻都在发生基因突变，大部分突变都是中性的，不好不坏。但如果发生了坏的突变，导致这个细胞无法完成本职工作，它就会停止分裂，变成"衰老细胞"，防止这个坏突变进一步扩散开来。这些坏突变当中有很多都是致癌突变，所以"衰老细胞"机制最初被进化出来的一个主要目的就是防癌。

正常情况下，进入"衰老"状态的细胞都会被执行"安乐死"，即通过一种名为"细胞凋亡"（apoptosis，也有人翻译成"细胞自杀"）的程序自动分解，转化为其他健康细胞的养料。但是，随着年龄的增长，越来越多的细胞由于各种原因没有自杀成，而是继续活了下去，导致体内衰老细胞的数量越来越多，问题就来了。

衰老细胞如果只是待在那里啥事不干，顶多浪费点粮食，危害倒也不大。但是，衰老细胞有一个本能，那就是它会不断向周围环境释放化学信号，告诉大家自己出了问题，马上就要启动自杀程序了，请求组织上赶紧派人来接它的班。周围的健康细胞收到这个信号后立刻就会加速分裂，生产出新的细胞去接班。正常情况下，衰老细胞很快就会自杀，新的细胞顺利地来接班，不会有问题，但如果衰老细胞没有自杀，而是越积越多，它们释放的求救信号就会越来越强烈，导致周围健康细胞加速分裂，直至失去控制，变成癌细胞，这就是老年人更容易得癌症的原因之一。

除此之外，这些求救信号还会把免疫细胞召集过来进行清理，这个过程导致了炎症反应。科学家们很早就发现衰老的一个重要特征就是体内的炎症反应增多，这个现象被称为"炎症衰老"（inflamaging）。此前大家一直不知道这是怎么回事，这下终于明白这个现象是怎么来的了。

从以上这段简介可以看出，简单地阻止细胞衰老的形成是不行的，因为这个过程是有机体为了防止癌细胞扩散而进化出来的，非常有用，所以唯一有效的办法就是等到健康细胞转化成衰老细胞后再将其清除掉。

那么，有没有办法减少衰老细胞的累积呢？坎皮西实验室在这方面做了很多工作，得出了一个有意思的结论。"我们实验室培养了一群遗传背景完全相同的克隆小鼠，它们的生活环境也完全一样，然后我们统计了这些小鼠体内的衰老细胞数量，发现个体之间差异极大，而且毫无规律可言，似乎完全是随机的。"坎皮西博士对我说，"这个结果说明衰老细胞的产生和累积很可能是随机发生的，就像很多癌症一样，纯属运气不好，因此也就很难预防。"

既然没有办法防止衰老细胞的累积，那就只能想办法将它们清除掉，英文称之为"灭衰"（senolytic，来自衰老 senescence 和杀灭-lytic 这两个英文单词的组合词）。前文所述的范德森教授的那个清除实验是用转基因小鼠来完成的，人类做不到，只能另想办法。目前这个领域相当火爆，有多家实验室在激烈竞争，看谁先找到能够杀死衰老细胞的小分子化合物。坎皮西博士的实验室已经找到了几个候选者，她和一家名为"统一生科"（Unity Biotechnology）的抗衰老公司合作进行临床试验，预计几年内就会有结果了。

"对于消费者来说，灭衰药有个很大的优点，那就是一个人只要从中年开始每隔几年吃一次，把体内积累起来的衰老细胞杀死就行了，不必经常吃。"坎皮西博士对我说，"但是这一点对于制药公司来说可不是什么好消息，因为这种药的销量肯定会大受影响。"

不过，这还不是灭衰药所面临的最大困难。目前这种药只能以抗癌药的名义去 FDA 申请，不能以抗衰老药物为卖点进入药品市场，因为美国 FDA 并不认为衰老是一种需要治疗的疾病，因此根本就没有这个选项。

196

衰老到底是不是一种病？

那么，衰老到底是不是一种病呢？我此次采访了十几位该领域的专家学者，没有一个人认为衰老是一种病。大家普遍相信衰老是生命的自然过程，每个人都得经历，没人逃得掉，不像疾病，有"生病"和"健康"这两个选项。

虽然衰老不是病，却不等于衰老就不应该治疗。巴克研究所所长威尔丁博士用一个比喻解释了这个问题："我不认为衰老是一种疾病，就好像我也不认为高胆固醇本身是一种疾病一样。但是高胆固醇会极大地增加患心脏病的风险，所以我们必须找到减少胆固醇的办法。同理，我们也应该去寻找抗击衰老的办法，因为衰老是所有老年病的最大致病因素。"

威尔丁博士认为抗击衰老有两种不同的思路：一种是减缓衰老的速度，延长健康寿命；另一种是逆转衰老的过程，让一部分衰老得过快的器官或者组织返老还童。他认为一个人的衰老过程从 20 岁以后就开始了，20—30 岁的人之所以很难看出衰老的迹象，是因为这一阶段的身体修复机能仍然维持在很高的水平上，衰老的速度特别缓慢。如果一个人的衰老速度始终维持在 20—30 岁的水平，那么这个人可以很轻松地活到 1000 岁，所以只要想办法提高身体的修复机能，就能延缓衰老的速度，增加健康寿命。可惜的是，衰老的速度似乎很难延缓，这一思路在执行的过程中遇到了很多困难，至今也没有获得任何实质性的进展。

至于第二种思路，我们已经有了解决办法，这就是器官移植。但是，因为健康器官的来源问题始终难以解决，所以这个方法显然不适用于所有人。还有一个解决办法就是人造器官，但截至目前，除了人造髋关节和假牙之外，还没有哪个器官可以被大批量地制造出来。未来有可能造出人工心脏，因为这是个纯机械问题，但人体器官绝大部分都是化学问题，很难在工厂里制造出可靠的替代品。

近几年极为火爆的干细胞技术给人造器官领域注入了一针强心剂。其实用干细胞来制造替代器官的想法很早就有了，但干细胞却不是那么容易得到的。此前科学家们认为真正的全能干细胞只能从胚胎中获取，这就是为什么有一阵子流行保存新生儿的胎盘。但自从日本科学家山中伸弥发明了人工诱导干细胞的方法后，任何体细胞理论上都可以用这个方法诱导成全能干细胞了，这就为干细胞的应用扫清了最大的障碍。目前这项技术还未发挥出最大的潜力，原因是从干细胞到特定器官的发育过程尚未完全搞清楚。如果这项技术成熟的话，

抗击衰老

一般性的衰老将不再是个问题，人类的寿命将会大幅度提高。

　　但是，有一个困难很难克服，这就是神经系统的衰老。根据目前的研究结果，大脑神经细胞从生下来开始就基本固定了，不大会再更新。任何不会分裂的细胞寿命都不可能是无限的，所以一个人只要活得足够长，就一定会得阿尔兹海默症。这个病本质上就是神经细胞数量减少造成的，但人工补充神经细胞的做法却不可行，因为一个人一辈子积累下来的所有记忆，学习到的所有知识，以及培养成的独特人格，全都保存在这些神经细胞以及它们独特的连接方式当中，很难被替代。

　　也就是说，一个人的身体有可能长生不老，但精神世界很难永生。未来也许可以借助电脑技术把一个人的精神世界拷贝下来，并以这种方式实现永生，不过这就是另外一个话题了，不在本文的讨论范围之内。

结　语

　　2015 年，美国 FDA 批准了阿尔伯特·爱因斯坦医学院（Albert Einstein College of Medicine）的尼尔·巴齐莱（Nir Barzilai）教授提出的临床试验申请，这个试验的英文名称叫作 TAME（Targeting Aging with Metformin），即二甲双胍的抗衰老功能。这是世界上第一个被批准的抗衰老药物临床试验，只不过正式文件上并没有写得这么直白，而是绕了一个圈子，相当于曲线救国。

　　正如前文所述，FDA 不认为衰老是一种病，因此也就没有治疗的必要。但巴齐莱教授耍了个心眼，他争辩说，既然衰老的定义就是患病概率的增加，那么他只要看一看二甲双胍能否降低老年病的发病率就可以了。于是他找来一群已经患上其中一种老年病的病人，比如糖尿病或者高血压患者，让他们服用二甲双胍，5—7 年后再来检查，看看他们在此期间患上第二种老年病的概率到底有多大，是否会比对照组有所减少。也就是说，这项试验的最终目的不是长寿，而是延长健康寿命。

巴齐莱教授为什么选择二甲双胍呢？这里面有两个原因。首先，这是一种治疗Ⅱ型糖尿病的药物，能够提高患者对胰岛素的敏感度。巴齐莱教授以前的研究课题是犹太人为什么长寿，他发现犹太人瑞的一个共同特点就是很少得糖尿病，因为他们对胰岛素更加敏感，身体利用葡萄糖的效率比普通人高很多。二甲双胍的作用和人瑞们的新陈代谢特征非常相似，也可以看作是饥饿疗法的一种药物模拟。

其次，二甲双胍是一种已经上市很久的药物，无须再做临床试验就可以用于人体了。如果这是一种全新的小分子化合物的话，光是前期的药理实验和安全性实验就要花费大笔经费，巴齐莱是出不起的。事实上，因为二甲双胍的应用范围非常广泛，世界卫生组织（WHO）很早就将其列入了基本药物名录，任何人都可以用极低的价格买到它。

和二甲双胍类似的还有阿司匹林、布洛芬（ibuprofen）和阿卡波糖（acarbose）等，它们都被认为有减缓衰老的功效。也就是说，你很可能早就在吃长寿药了。

抗击衰老

测量衰老

任何一种自然现象，如果你无法测量它，那你就无法去研究它，衰老自然也不例外。事实上，测量衰老本身就是最好的研究方式，只有先搞清楚如何测量衰老，才能弄清衰老的本质。

测不出的年龄

假如你是一名边境警察，有一天你抓到了一个非法移民。按照你国法律，如果他年龄不满18岁的话可以申请避难，否则就要递解出境，可他身上没有搜出任何能够证明年龄的文件，你会怎么办呢？

你很可能会去求助科学家。如今科学技术这么发达，我们已经能够从一个人的血液和DNA判断出他的民族成分、身体状况、饮食习惯甚至工作性质等很多细节，像年龄这样的基本问题应该很容易解决吧？

可惜你错了，年龄还真的不好猜。目前有一部分国家的移民局采用的是智齿法，即通过X光扫描判断智齿的发育情况，以此来推断年龄。但是，新的研究表明，智齿的发育速度并不均衡，速度快的15岁便发育完成了，速度慢的则可能拖到25岁，依靠这个方法来判断年龄非常不可靠。

还有一部分国家是依靠骨龄来判断年龄的，但研究发现这个方法同样存在误差，一个15岁的儿童很可能已经具备了成年人的骨骼形态，但也有人直到25岁后骨骼才发育完成，如果仅仅依靠骨龄法来判断一个人是否年满18岁的话，最多有三分之一的可能性会判断失误。

还有什么更准确的办法吗？很遗憾地告诉你，没有了。

你可能会感到迷惑，为什么年龄这么简单的事情居然这么难测呢？这个问题也许应该反过来问，为什么年龄会给人以一种很容易测的感觉呢？答案很可能和树的年轮有关。这是个几乎所有人都知道的测年法，估计每个小学自然课的老师都教过。与此类似的还有贝壳测年法，只要数一数贝壳上的花纹就能准确地判断出它的年龄了。

这两个例子有两个共同特征：一是这两种生物的生长速度都和季节更替有很强的相关性，换句话说就是靠天吃饭，只有这样才会在身体上留下关于岁月的印迹；二是这两种生物的身体都是坚硬的固体，这才能够把生长速度的变化永久地保留下来。这两个特征在人类身上是不存在的：一来人类是高等动物，我们的生活状态早就和季节没有太大关系了，完全取决于自身，这是人类进步的标志；二来人类的身体是活的，每时每刻都在更新，任何印迹都很难永久地保留下来，所以说人的年龄是很难测量的，这件事一点也不奇怪。

这里所说的年龄指的是时间年龄（chronological age），也可称之为绝对年龄，真正的科学家其实并不关心绝对年龄，毕竟大部分人都有身份证。他们关心的是生物年龄（biological age），可以近似地将其理解为衰老的程度。如果生物年龄能被及时准确地测出来，那么长寿和衰老的问题也就迎刃而解了。

先说长寿。长寿药为什么研究不出来？最大的原因就是科研人员等不起。你想，如果你的目标是开发长寿药，那么按照现有的新药审批制度，你必须找到很多志愿者，起码从中年开始就让他们吃你的药，然后一直等到他们去世为止，只有这样才能知道这种药和对照组相比到底有没有效。这种临床试验没人做得起，起码在目前的新药研发架构中是不可能成为现实的。

再说衰老。抗衰老药物研发同样存在因终点不明确导致时间过长的问题，像上一篇文章提到的那个二甲双胍的抗衰老功能实验就至少需要等 5 年才能看到结果，而且还是一个间接结果。要知道，目前绝大部分新药的临床试验都是在 3 个月内完成的，像这种需要持续 5 年以上的临床试验几乎是不可能的。

想象一下，如果有人发明出一种可以随时测量、准确度又相当高的生物年龄测量法，以上问题就迎刃而解了。你想开发一种抗衰老药吗？只要找人来试吃一下，3个月后再测一下生物年龄，和对照组一比，就能知道这个药管不管用了。

各位读者千万别小看这些方法论上的细节，很多看上去没那么难的问题，最终都是因为找不到合适的实验方法而成为难解之谜。事实上，美国FDA之所以始终不认为衰老是一种病，个中原因与其说是科学层面的不认同，不如说是技术层面的不现实。你想，如果始终找不到测量衰老的有效方法，那就不可能按照现有的新药审批原则和标准来批准任何抗衰老药物。也就是说，除非FDA修改现有的新药审批框架，否则没有任何一种抗衰老药能够通过审批。美国FDA不傻，不可能去做这样一件注定吃力不讨好的事情。于是，抗衰老研究领域有不少研究者的主攻方向就是如何测量衰老。从某种意义上说，这才是问题的关键所在。

目前医院里已经有一套测量老年人衰老程度的方法，主要内容包括测量步频、握力和起立速度等。这套方法测的只是运动系统的虚弱程度，但人的衰老是多方面的，绝不仅仅是"虚弱"这两个字就可以概括的，再加上这几项指标的精确度都不高，只能作为参考，无法用于临床试验。

还有一些准确度较高的生化指标也可以用来测量衰老程度，比如血压、血糖、静态耗氧量和胆固醇水平等，但这些指标也仅仅反映了循环系统和新陈代谢机能的衰老程度，仍然很不全面。

于是，很多人想到了DNA，似乎只有DNA这个生命的总指挥官才有可能准确地反映出一个人的真实年龄。

看似完美的端粒理论

接下来的这个故事，要从法国医生艾里克西斯·卡莱尔（Alexis Carrel）讲起。他发明了血管缝合术，使得器官移植成为可能。因为这项伟大的发明，他获得了 1912 年的诺贝尔医学和生理学奖。

获奖之后，卡莱尔的兴趣转移到了体外细胞培养上来。他很想知道在试管里培养的脊椎动物体细胞到底能活多久，于是他从 1912 年开始培养小鸡的成纤维细胞，不但定时更换营养液，而且还要按时移除多余的细胞。这个实验一直做到 1944 年他去世为止，此后他的助手又接着做了两年，直到 1946 年才停止，时间跨度早已超过了一只鸡的正常寿命。在这 34 年的时间里，这群细胞一直在不停地分裂繁殖，似乎永远不会停歇。于是后人得出结论说，每一个脊椎动物的体细胞单独拿出来都是可以永生的，衰老是发生在更高层面的事情。

这期间也有很多人试图重复这个实验，但都失败了。不过他们本能地怀疑自己的实验操作技术不好，或者营养液配方有问题，毕竟卡莱尔是诺贝尔奖获得者，不太可能出错。

20 世纪 60 年代初期，一个名叫伦纳德·海佛烈克（Leonard Hayflick）的美国细胞生物学家遇到了同样的难题。他在实验室里培养的人体细胞过一段时间就会停止分裂，无论怎么处理都不行。和其他人不同的是，海佛烈克没有迷信权威，而是亲自设计了一系列精巧的实验，证明卡莱尔的实验结果有可能是误差导致的（比如营养液里混入了新鲜细胞），甚至干脆就是造假，他的那套细胞永生理论是不正确的，正常的脊椎动物体细胞存在分裂上限，后人将这个上限命名为海佛烈克极限（Hayflick limit）。

后续实验证明，不同脊椎动物的海佛烈克极限都不一样，人体细胞的上限大约为 40—60 代，再也多不了了。这个计数是从受精卵开始算起的，也就是说，如果从年轻人身上取出来的细胞，在培养皿里活的时间就会更长一些。相反，从老年人身体里取出来的细胞就会死得更早，仿佛细胞内部有一个生命时钟，从一生下来就开始不停地走，直到大限将至。

这个发现让研究衰老的学者们大吃一惊，他们意识到此前的假设完全错了，衰老并不是高级层面的事情，而是从细胞本身就开始了。于是大家迅速掉转了方向，把研究重点放在了细胞上，一场发现生命时钟的竞赛开始了。

最终取得胜利的是一个名叫伊丽莎白·布莱克本（Elizabeth Blackburn）的澳大利亚生物学家，她发现海佛烈克极限存在的原因是染色体上的一个叫作端粒（telomere）的东西。原来，DNA分子的复制需要用到DNA合成酶，这种酶有个致命的缺点，使得染色体无法百分百地被复制到下一代，而是每次都会剩下那么一小段复制不了。这样一来，每一次细胞分裂都会丢失一部分信息，长此以往肯定是不行的，于是大自然进化出了这个名叫端粒的东西，解决了这个难题。

虽然名字里有个粒字，其实这玩意儿就是位于染色体末端的一小段DNA而已。但这段DNA基本上就是一大堆重复序列，不携带任何信息，它唯一的功能就是成为DNA合成酶的"抓手"，每次复制时丢掉的那一小段DNA都是从端粒里丢出去的，这样就不会影响有用信息的传递了。

经常有人将染色体比作鞋带，将端粒比作鞋带一端的那个坚硬的带扣，这个比喻虽然不是很准确，但大体意思是对的。带扣存在的目的就是保护鞋带，一旦带扣松了，鞋带也就散了。同理，端粒的价值就是保护染色体，一旦端粒没了，染色体也就散架了。两者的不同之处在于，带扣只要小心使用一般是不会坏的，但端粒的损伤却无法避免。染色体每复制一次，端粒的长度一定会缩短一点点，直到用完为止。此时细胞就达到了海佛烈克极限，再也无法继续分裂了，因为下一次分裂一定会丢失一部分有用信息，导致细胞死亡。

读到这里也许有人会问，那干细胞是如何无限制地分裂下去的呢？这个问题同样是被布莱克本博士解决的，她发现了端粒酶（telomerase），能够把缺失的端粒补齐。负责编码这种酶的基因是人类基因组的一部分，任何一个细胞里都有一份拷贝，但是正常情况下人类体细胞中的端粒基因不会被表达，因此也就不会有端粒酶。只有受精卵和干细胞的端粒酶基因才是活跃的，因此也只有这两类细胞的端粒能够被及时地修复，保证它们可以一直分裂下去。

端粒和端粒酶的发现再一次震惊了衰老研究领域，大家都被这个简单而又逻辑严密的理论体系迷住了，一致认为衰老的秘密即将大白于天下。很快，一大批研究结果出来了，端粒和衰老之间的联系变得越来越清晰。比如，细胞的寿命和端粒长度几乎成正比，如果通过转基因方式培育出端粒较短的小鼠，那么它的寿命也会很短。再比如，端粒的缩短会诱发癌症、心血管系统疾病、骨关节炎和骨质疏松症等很多老年病，一个人年轻时受到的心灵创伤、易怒的性格以及过高的工作和生活压力等都会导致端粒长度缩短，从而缩短此人的寿命。还有，适当的体育锻炼会增加端粒的长度，从而延长寿命……

这一系列发现让人激动不已，端粒迅速成为长寿研究领域的关键词，吸引了大批科学家的关注。大家相信端粒长度可以成为测量衰老程度的绝佳指标，从此一个人的真实年龄就可以很容易地测出来了。2009 年的诺贝尔医学和生理学奖如期颁给了呼声最高的布莱克本和另外两位对端粒研究做出过贡献的科学家，从此广大老百姓也终于知道了这个大秘密。大家都期盼着科学家们能够发明出激活端粒酶的办法，似乎只要这件事能成功，人类就可以长生不老了。

可惜的是，大家都高兴得太早了。激活端粒酶确实可以让细胞长生不老，却会诱发癌症，得不偿失。事实上，正常细胞之所以会发生癌变，就是因为这些细胞发生了基因变异，激活了原本一直沉睡着的端粒酶，从而让自己具备了无限分裂的能力。

另外，随着研究的进一步深入，端粒长度和年龄之间的关系也变得模糊起来，反面的案例越来越多。比如小鼠最多只能活 3 年，但小鼠细胞的端粒远比人类的要长。再比如，父亲年纪越大，生下来的孩子端粒就越长。这两件事很难用端粒理论加以解释，说明这个理论肯定有哪里不对。

这次我采访了十几位衰老领域的研究者，没有一个人还在研究端粒，甚至没有一个人主动提到端粒这个词。端粒研究由盛转衰的速度是如此之快，

测量衰老

就连他们自己也感到非常惊讶。在我的追问下，大家一致认为端粒理论虽然听上去简单优美，但毛病恰恰就出在简单二字上。衰老是一个非常复杂的过程，每个组织或者器官的衰老程序都不一样，不能期望用一个简单的端粒理论来解释一切。

最终的答案，似乎还得从 DNA 分子携带的信息中去寻找。

大数据抗衰老

我从洛杉矶出发一路向南，两个小时后就来到了圣地亚哥。这是美国西部的第三大城市，和旧金山、波士顿、华盛顿特区一起并称为美国四大生物技术基地。我的这次"人类长寿探秘之旅"的第三站就设在这里，我要访问的是一家名为"人类长寿"（Human Longevity Inc.）的公司，我很想知道这家公司到底有何本事，竟然敢取这么大胆的名字。

这家公司成立于 2014 年，创始人兼首席执行官就是大名鼎鼎的克雷格·温特（Creig Venter）。他当年单枪匹马挑战全世界，最终和美国政府主导

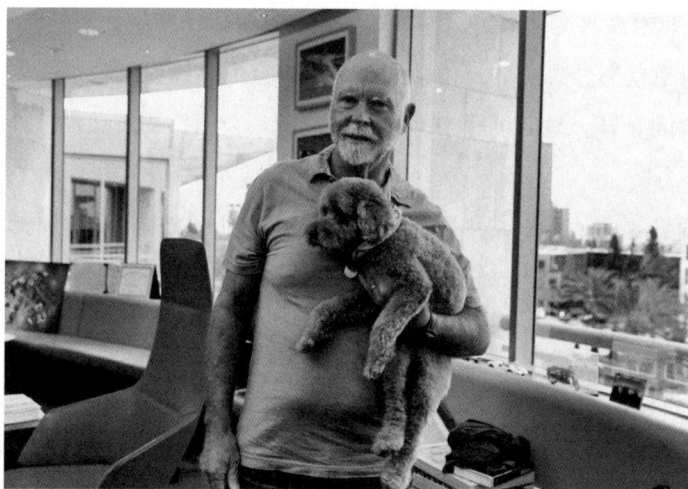

"生物狂人"克雷格·温特博士，曾经担任"人类长寿"公司的首席执行官

的"人类基因组计划"战成平手，双方在同一时间共同颁布了第一个人类全基因组序列。之所以会有这个结果，就是因为当年只有温特坚信"散弹枪测序法"（Shotgun Sequencing）要比当时流行的传统基因测序法更加优秀。其实这个散弹枪测序法需要计算机技术的强力支持，当年的电脑发展水平尚不具备这个能力。但温特很有远见，他预见到了电脑技术日后的飞速发展，等到美国政府意识到这一点时已经太迟了。如今的基因组测序用的全都是散弹枪测序法，传统测序法已经被淘汰了，所以那场战斗其实是温特赢了。这件事很能说明温特的性格特征，那就是胆大、自信和果断。

一战成名之后，温特又做了一件轰动世界的事。他用人工方法合成了一条DNA长链，将其导入去除了基因的细菌内，把后者变成了一个全新的生命。这个实验虽然必须依靠现成的细菌作为受体才能完成，但温特坚称这就是人造生命，因为他相信生命最本质的特征是信息，而信息全部是由DNA分子所携带的，因此只要DNA是人造的，那么整个生命也就相当于是人造的。

完成这个壮举之后，他成立了这家"人类长寿"公司，试图把他在DNA测序方面积累的经验应用于人类健康领域。或者套用一句俗语，他打算"知识变现"。我联系了很长时间，终于获得了这次宝贵的采访机会。

这家公司的总部位于圣地亚哥的高新技术开发区，周围清一色玻璃大楼，里面驻扎着一大堆各式各样的高新技术公司，干什么的都有。采访被安排在午饭时间，地点就在温特的办公室，因为他实在是太忙了。

"你来这里之前采访过其他什么人吗？是否已经和奥布雷·德格雷和雷·库兹韦尔见过面？"这是温特见到我后所说的第一句话。

"我采访过巴克研究所和南加州大学老年学院，但没采访过你说的这两个人。"我如实回答。

"哦，那就好。"温特面无表情地回答，"这个行业里有很多疯子，说过很多漂亮话，但那些话都是骗人的，不要信。"

温特所说的德格雷是一位长寿狂人，他认为能够活到 1000 岁的人已经出生了。而这个库兹韦尔是《奇点临近》一书的作者，他认为脑机接口技术即将实现，人类将以这个方式获得永生。

"将来永远不会出现一种神奇的药能让人永生，所有这样宣传的人都是为了骗钱。如果你想永生，唯一的办法就是从现在开始做点有意义的事情。"温特接着说道，"死亡是这个世界上唯一不可避免的事，但衰老不是，所以我们想做的事情就是延缓衰老，增加人类的健康寿命。"

我这次采访到的所有科学家都是这么说的，但实现这个目标的方法各不相同，因为大家对于导致衰老的原因有不同的看法。温特相信衰老是因为 DNA 复制差错越积越多，以及修复差错的能力越来越低，这两个因素缺一不可。

"人体细胞里的 DNA 每时每刻都在复制，出错是难免的，再加上很多环境因素也会导致 DNA 发生突变，比如一个人只要去海滩上晒会儿太阳，皮肤细胞就会发生 4 万个基因突变。"温特说，"正常情况下，我们的 DNA 复制系统会修正一部分基因突变，我们的免疫系统也会清除剩下的突变细胞，问题不大，可一旦修复的速度赶不上突变的速度，衰老就出现了。"

目前市面上有很多基因检测公司可以帮助用户检测自己的基因突变，但他们用的大都是芯片法，测的是已知的若干个常见突变位点。而且芯片法本身有技术缺陷，会出现很多假阳性和假阴性结果，不是很可靠。作为基因测序领域当之无愧的老大，温特决定干脆测全基因组序列，他认为只有这样才能获得准确的数据。

"用我们的方法，平均每个人可以找出 8000 个独特的基因突变。"温特一边嚼着三明治一边对我介绍说，"然后我们会把基因数据和这个人的生理数据进行对比，从中寻找规律，发现问题。"

温特所说的生理数据可以简单地理解为体检。但是，作为一个凡事都要做到极致的人，温特所说的体检可不是简单的测测血压、量量血糖那么简单，而是包括了上百种生理指标的测量，以及全身核磁共振成像扫描（MRI）这样高精尖的技术。后者相当昂贵，一般普通门诊是不会提供的，想做的话只有到温特这里来，当然价格也会很高。

"目前我们已经有了5万个客户，这就相当于收集了5万个病例，已经可以从中得出一些有意思的结论了。"温特说，"当然这还很不够，我的目标是积累100万个病例，这样分析起来才会更准确。"

温特的思路其实和市面上其他几家高端健康咨询公司差不多，那就是通过基因测序找出每个人独有的基因特征，再通过体检了解这个人的身体状况，最后把这两套数据合在一起进行对比，从中找出规律。

这是一个非常经典的相关性（而非因果性）研究，大数据分析是这类研究的命脉。数据量越大，得出的结论就越可靠。"我们已经可以通过收集到的这5万个数据判断出一个人的年龄了，误差在10%以内。"温特说，"如此大规模的研究以前都是要有政府资金支持才能完成的，我们现在全凭向顾客收费就能做到这一点。"

这也是目前绝大多数基因检测公司的生存之道，那就是一边提供健康咨询服务一边收集顾客的基因数据，然后通过分析这些数据来寻找规律，以便进一步提高服务水平。这是个典型的正反馈模式，前途是很光明的，但这个模式要想运转起来，前期一定要想办法获得客户的信任。温特选择的是一种高投入高回报的模式，服务对象也定位于高收入群体，对于前期的要求就更高了，这种模式也只有像温特这样在行业里有良好口碑的人才能玩得起。

"别看我们公司的名字里有长寿这个词，但我们不是一家专门研究衰老的公司。我们是一家实用性很强的公司，我们的目标就是治病，并通过治病来延长寿命。"温特对我说，"如今50—74岁的美国男性当中，有40%的人活不到74岁。女性的这个比例是20%，但也太高了。这些人不是死于衰老，而是死于各种疾病。我们的目标就是通过DNA测序和体检，判断出一个人所面临的最大危险来自哪里，然后给出建议，帮助他预防可能出现的疾病。要知道，如今50岁以上的人当中有2.5%的人体内已经有了足以致死的癌细胞，如果我

测量衰老

们能预先发现它们的踪迹，将其扼杀在摇篮里，就能挽救这些人的生命。"

温特想通过自己的努力，彻底改变医学的面貌。在他看来，传统的医学本质上就是数据辅助下的临床科学，但他相信未来的医学将是临床辅助下的数据科学。他要通过大数据来预防疾病，抗击衰老，让人活得更加健康。

甲基化生物钟

温特没有详细解释这家公司是如何通过基因分析来判断年龄的，但从他的描述可以大致猜出他们的思路，那就是把每个人的基因突变模式和这个人的实际年龄输入电脑，借助计算机的力量寻找两者之间可能存在的联系，然后总结成规律。这是个非常典型的大数据应用场景，全世界几乎所有的生物统计学研究者都是这么做的，这其中就包括加州大学洛杉矶分校遗传系教授史蒂夫·霍瓦茨（Steve Horvath）。因为发现了 DNA 甲基化生物钟，他成为近期衰老研究领域炙手可热的人物。我专程去洛杉矶采访了他。

霍瓦茨出生于德国法兰克福，上中学的时候他就对长寿问题很感兴趣，于是他在拿到了数学博士学位之后又去哈佛大学拿了个生物统计学博士学位，然后凭借这个学位在加州大学洛杉矶分校的遗传学系找到了一份工作，研究方向

美国加州大学洛杉矶分校遗传学教授史蒂夫·霍瓦茨，他的主攻方向是 DNA 甲基化生物钟

是疾病的遗传标记物。这项研究其实和温特所做的事情是类似的，都是试图从海量的基因突变中寻找和某种疾病有关联的标记，然后就可以反过来用基因突变预测疾病了。他尝试过癌症、心血管疾病、自闭症和阿尔兹海默症等几乎所有的常见病，但是并没有取得什么特别显著的成就。

2006 年他决定放弃单个疾病的研究，专攻衰老。"我越来越相信单个疾病并不能准确地反映衰老的程度，比如糖尿病确实是一种老年病，但很多其他因素也能导致糖尿病，所以糖尿病只是衰老的一种表象而已。"霍瓦茨对我说，"我相信每个细胞内的 DNA 分子上都会有一个普适的衰老时钟，控制着这个细胞的衰老过程，这才是衰老的本质所在。"

霍瓦茨和他手下的一名研究生一起把收集到的大量基因突变和年龄数据输入电脑，从中寻找蛛丝马迹，结果却一无所获，甚至差点让这位学生毕不了业。经过这番挫折，霍瓦茨得出结论说，即使年龄和基因突变有关联，肯定也是非常微弱的关联，很容易被淹没在海量的基因数据之中。

2011 年，霍瓦茨决定试试 DNA 甲基化（methylation）。众所周知，DNA 是由 ATCG 这四种核苷酸首尾相连组成的长链，这四个字母的排列顺序决定了不同基因之间的差别。但后人发现 DNA 分子上会有一些核苷酸被连上了一个甲基，这就是甲基化。通常情况下这个甲基会出现在 CG 位点上，即一个字母 C 后面紧跟着一个字母 G 的那个位置。人类基因组中大约有 2800 万个这样的位点，它们都是潜在的甲基化位点。常用的甲基化测量法只能测出其中的几万到几十万个位点，但这也已经大大超出了普通人的研究能力。

经过一番考量，霍瓦茨决定只选取其中的几个和年龄关系似乎比较密切的位点，测出它们甲基化的比例，然后再看这个比例和年龄到底有何关系。比如他从某个组织或器官上取出 100 个细胞，先测 A 位点，有 35 个被甲基化了，65 个没有，那就把 A 位点记为 0.35，然后再测 B 位点，得出一个比例数值，依次类推。然后他把这些比例数值合在一起，再和年龄相比较，看看能否找出两者的关联。

这里面的年龄数值可以用受试者采样时的实际年龄，但这个显然是有误差的，因为一个人的实际年龄很可能和他的生理年龄不符。幸好加州大学洛杉矶分校在 20 世纪 90 年代时曾经做过一个大型的跟踪式健康调查，抽取了很多志愿者的血样，并一直保留在冷库里。霍瓦茨想办法拿到了这批血样，测出了这些人当年的甲基化比例，然后再和这些人今天的健康状态相对比，以此来校正他们当年的生理年龄。

最终霍瓦茨推导出了一个公式，只要把测出的甲基化比例代入这个公式，就可以算出这个人的实际年龄，两者的相关性高达 96% 以上。"其实这个公式很容易推导，因为两者的相关性实在是太强了。"霍瓦茨对我说，"我花了10 多年的时间研究过各种疾病的基因标记，每一个研究起来都非常困难。衰老这件事本身看似极为复杂，但它的基因信号却是最强的，因为衰老是普世的，任何人都会经历这一步。"

霍瓦茨将这个研究结果写成论文，兴冲冲地投给了《基因组生物学》（*Genome Biology*）杂志，没想到却被编辑退稿了，理由是这个数据实在是太完美了，肯定哪里不对！

平心而论，这位编辑的怀疑不无道理。要知道，此前关于基因和年龄的相关性研究已经有很多了，得出的结论远不如霍瓦茨的漂亮。比如当年端粒研究还很热，可最终算下来端粒长度和年龄之间的相关性还不到 50%，霍瓦茨的这个 96% 实在是太刺眼了。

不过，这封退稿信却把霍瓦茨惹怒了。他一口气灌了三瓶啤酒，然后借着酒劲给编辑写了一封质问信，并毫不犹豫地点了发送键。没想到这封信居然起了作用，这篇论文终于发表在 2013 年 10 月的《基因组生物学》上。霍瓦茨在论文中公布了他推导出来的算法，于是很多实验室纷纷用自己的数据对这套算法进行了验证，结果好得出奇，其中一家来自荷兰的实验室得出的相关性竟然高达 99.7%！

从此霍瓦茨就出名了，他发明的这个甲基化生物钟也名声大噪。理论上这个算法所使用的甲基化位点越多，最终结果应该就越准确，但成本也会相应提高。平衡的结果是霍瓦茨决定采用 353 个位点，测一次的成本大致为 300 美元，以此推测出的年龄和实际年龄的差别能够控制在两年以内，某些情况下甚至更高。不过霍瓦茨认为这个精度还是不够高，尚不能用于临床试验。

来自全世界的科学家们已经用这个方法测量了很多次，得出的结论大都和已知的衰老研究相吻合。比如肥胖的人测出来的年龄往往要比实际年龄大，正在尝试饥饿疗法的人测出来的年龄往往要比实际年龄小。

"这个方法还有一个好处就是可以估算不同组织和器官的衰老程度，比如我们发现小脑的衰老速度往往比较慢，说明这个部位非常重要。"霍瓦茨对我说，"女性的乳腺组织则往往要比身体的其他组织老那么几岁，很可能这就是女性乳腺癌发病率那么高的原因。"

说到癌细胞，实际情况比较复杂。有些癌细胞比正常组织老很多，比如有的白血病病人的血液测出来的年龄可以高达 200 多岁。但也有一些癌细胞却会显得更年轻，目前还不知道造成这一差别的原因是什么。

"有一点很有趣，那就是所有干细胞测出来的年龄几乎都是零，这说明人工诱导干细胞就相当于生命的重启。"霍瓦茨说，"这个结果很好理解，因为决定一个细胞状态的不是基因组本身，而是基因的甲基化。"

不知大家想过没有，我们身体内的细胞有千千万万，每个细胞的基因组序列都是一样的，为什么细胞会分化成好多种不同的类型呢？答案就是每个基因的活跃程度有差异。这个差异是由 DNA 的甲基化控制的，或者更准确地说，是由 DNA 分子的不同修饰方式控制的。研究 DNA 修饰方式的学问叫作表观遗传学（epigenetics），这是最近这 20 多年来遗传学研究的热点之一，霍瓦茨的甲基化生物钟就是这门新学问所结出的无数个丰硕成果中的一个。

"我按照我的这个公式反过来推算了一下，发现 120 岁并不是一个多么特殊的年岁。起码从理论上说，我认为人类完全可以活过 120 岁。"霍瓦茨对我说，"当然了，我相信即使一个人非常严格地控制自己的饮食起居，什么事情都做得绝对完美，也不可能永远活下去，但我相信未来的人类能够通过药物干涉或者其他方法活到 200 岁。这方面我是比较乐观的，因为山中伸弥发现的人工诱导干细胞方法证明，理论上我们可以让已分化细胞返回到干细胞状态，因此人类是可以重返青春的。只不过山中伸弥的方法太极端了，也许将来我们可以找到一个较为温和的方法来实现这个目标。"

甲基化和基因突变有一个最大的不同，那就是甲基化理论上是可以逆转的。基因突变是 DNA 分子本身的变化，修正起来极为困难，这就是基因疗法如此困难的原因。但甲基化只是 DNA 分子的外部修饰，可以通过酶反应将其逆转。目前这个领域尚处于研究阶段，但这个思路听上去很有前途，让我们拭目以待吧。

尾　声

采访结束前，霍瓦茨主动说起了他自己的一个小心得："我的计算表明，衰老过程不是从 40 岁才开始的，而是从人刚一生下来就开始了。事实上我认为衰老和发育是同一个过程，两者受同一个甲基化程序所控制。"

霍瓦茨的这个想法让我立刻想起了衰老的测量方式。其实测量衰老是人类的本能，我们看到一个陌生人，都会本能地去猜他的年龄。在他 20 岁之前，我们其实是通过他的发育程度来猜年龄的，但当他 30 岁以后，我们的依据就变成了衰老。从这个意义上说，发育和衰老还真的可以统一起来。

"照你这么说，衰老就是基因控制的了？因为发育肯定是基因控制的生理过程。"我问。

"从某种意义上说是的，发育和衰老都是依靠甲基化来完成的，而整个甲基化过程都是在基因控制下才能实现的。"霍瓦茨回答，"不过我不敢肯定衰老是基因故意这么做的，因为大自然没有理由进化出衰老这个功能，所以我倾向于认为衰老是发育的一个副产品。任何人都需要发育，否则你就没法长大成人，没法繁殖后代了。但当你结婚生子，完成了繁殖任务后，这个过程仍然在继续，但结果正相反，从发育变成了衰老。这就好比一架飞机的引擎，起飞的时候当然需要它，但如果一直转个不停，最终飞机一定会失去控制而撞到山上。"

最后这个比喻听起来很有道理，但我再一想，难道飞行员看到前面的山后不会转向吗？

测量衰老

人为什么一定要死？

让我们从生物进化的角度，考察一下衰老和死亡究竟是怎么一回事。

死亡的 N 种方式

美国著名科学家兼政治家本杰明·富兰克林（Benjamin Franklin）曾经说过一句名言："在这个世界上，只有死亡和税是逃不掉的。"虽然富兰克林说了两件无法避免的事情，其实他的本意是想告诉美国人民：你们别想逃税。因为死亡是肯定逃不掉的，无须解释，放在同一个句子里只是为了增加幽默感而已。

确实，死亡从来都被认为是所有生命的必然归宿，是一种无法逃避的宿命。达尔文写了那么多书，探讨了生命科学的方方面面，却没有在死亡这个问题上浪费一滴墨水，似乎这个问题根本不值得讨论。

但是，随着人类积累的自然常识越来越多，这个问题变得越来越不确定了。比如，细菌似乎是不会死的，只要条件允许，它们会永远分裂下去。而且细菌的分裂是平均地一分为二，让人很难分清谁是父母谁是儿女，因此也就很难定义细菌的寿命。如果周围环境恶劣，细菌就会变成孢子，暂停一切生命活动，耐心等待重生。这个循环可以一直延续下去，没有尽头。

高等动植物的细胞也有可能永远不死，比如科学家做实验用的人类细胞系就具备永生的能力，可以在培养皿里永远繁殖下去。这些细胞系大都取自

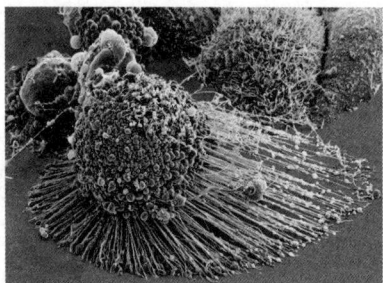

正在经历细胞凋亡的海拉细胞
——————————————————————■
刚刚完成细胞分裂的海拉细胞

病人的恶性肿瘤组织，比如著名的海拉细胞系（Hela cell line）就取自一位名叫海瑞塔·拉克斯（Henrietta Lacks）的美国黑人妇女，她已于1951年10月4日死于宫颈癌，但她的癌细胞至今仍然活着，而且遍布全世界。从某种意义上说，她也因此而获得了永生。

　　不过，传统意义上的永生在讨论多细胞高等生物时显得有点不合时宜，因为严酷的大自然总会想出各种办法杀了它们，比如饥饿、干旱、火灾、地震、暴风雨和传染病等。这些死法不在本文的讨论范围内，各位读者也不会感兴趣。

　　大家最关心的肯定是自然死亡，即如果一切外部条件都满足的话，某种高等生物到底能活多久，最终的结局会是怎样的。目前地球上还活着的寿命最长的植物大概是美国加州的一棵松树，据说已经活了4850年。寿命最长的动物存在争议，因为大部分动物没有类似树木年轮的东西，很难估算其真实年龄。不过有证据表明，某些种类的乌龟、鲨鱼、石斑鱼和蛤蜊能活到200岁以上，而像海绵和珊瑚这类低等海洋动物甚至可以活成千上万年，几乎相当于永生了。

但是，上述这些数字就是它们的绝对寿命了吗？肯定不是，因为样本量太小了。我们为什么有足够的自信说人类的绝对寿命不会超过120岁？就是因为地球上已经生活过几十亿人，样本量足够大。同理，我们很可能并不知道果蝇或者小鼠的绝对寿命到底是多少，我们也不敢肯定以它们为样本的那些长寿实验延长的到底是它们的绝对寿命还是相对寿命，因为样本量不够。

　　再拿人类做个类比：假设一个外星人想研究一下人类到底能活多久，他从地球上随便抓走100个人，关在笼子里养着，每天好吃好喝，你觉得他会得出怎样的结论呢？

　　因此，我们也许应该换个角度，考察一下各种生物的衰老速度，只有这样才能更准确地反映出不同物种的命运。

　　前文详细解释过衰老速度的测量，但当我们把视线转向整个生物圈时，衰老速度的测量方式就要变一变了。我们不可能去测每种生物的甲基化生物钟，就连它们的新陈代谢速率测起来也是很困难的。于是科学家们换了个方式，把死亡率视为衰老的衡量标准。换句话说，一种生物在自然界的死亡率越高，它的衰老程度也就越高。

　　拿人类做个类比：年轻时，我们的身体各项机能都处于鼎盛时期，死亡率很低；人到中年时，我们的肌肉和骨骼都会变弱，无论是捕猎能力还是对疾病的抵抗力都会变差，死亡率肯定就上去了。根据美国政府部门在2010年时所做的统计，20岁美国男性的死亡率是0.1%，30岁时的死亡率是0.2%，60岁时的死亡率一下子提高到了1%，80岁时死亡率更是上升到了6%，而100岁的美国男性的死亡率则是36%，换句话说，100岁的美国男性当中有超过三分之一的人活不到101岁。

　　用这个方法来观察世间万物，我们会发现各个物种之间的差异巨大，不可能总结出一个普适的规律。比如大部分哺乳动物和鸟类都像人类一样，从中年开始持续衰老直到死亡。但像某些海鸟、三文鱼、章鱼、蜉蝣、三色堇和蝉等生物则是在一生的大部分时间内均看不出任何衰老的迹象，直到某个节点，比如成功地繁殖了后代之后，便会迅速衰老并死亡，速度之快令人咋舌。另有一部分生物则不但不会衰老，反而会逆生长，即随着年龄的增加，死亡率变得越来越低。具备这种能力的生物包括海龟、鲨鱼、蛤蜊和龙虾等，它们的体积会随着年龄增长而变得越来越大，身体也会变得越来越强壮，因此也就越来越不容易死，直到某一天死于一场意外事故为止。

其中，北美龙虾的遭遇很具有代表性。美国东海岸曾经盛产龙虾，早期北美殖民者捕捞到的龙虾个头都非常大，有记录的最大龙虾重达 20 公斤！不过当时的美国人并不喜欢吃龙虾，甚至发生过监狱犯人因为每天都吃龙虾抱怨伙食不好的事情。后来龙虾摇身一变，成为美食的象征，个头也就随之锐减，变成了大家熟悉的样子。

上面这个故事来自一本名叫《破解衰老密码》（*Cracking the Aging Code*）的书，作者是美国生物学家约什·米特尔多夫（Josh Mitteldorf）和科普作家多利安·萨根（Dorion Sagan）。两人在书中收集了大量类似的案例，最后得出结论说，地球上的生命进化出了各式各样的生活方式，衰老和死亡并不是所有生物的必然命运。

换句话说，两人认为衰老和死亡并不像大多数人想象的那样受某种自然规律的支配，而是被基因所控制的一种主动行为。

漏洞百出的衰老理论

要想证明自己提出的新理论是正确的，首先必须指出旧理论的错误之处。米特尔多夫和萨根在《破解衰老密码》一书中用了好几章的篇幅对旧的衰老理论一一进行了驳斥，听上去似乎很有道理。

首先，最早由物理学家们提出来的那两个衰老理论已经被证明是错误的，前文已经介绍过，不再赘述。之后由生物学家们提出来的三个衰老假说都曾经受到过追捧，至今仍有各自的拥趸。但米特尔多夫和萨根认为它们全都存在重大漏洞，并不能很好地解释衰老的原因。

生物学研究离不开进化论，著名的俄裔美籍遗传学家西奥多西斯·杜布赞斯基曾经说过一句名言："如果不从进化的角度去思考，生物学的一切都将变得无法理解。"衰老理论自然也不例外，所以这三个关于衰老的假说都和达尔文提出的自然选择学说有很大关系。

第一个假说名叫"突变累积"，这一派相信衰老只存在于动物园，自然界是不存在衰老这回事的，大部分动物早就在衰老之前就死于天灾人祸了。如果我们把自然选择的主人称为"老天爷"的话，所有那些导致衰老的坏基因都没有机会见到这位老爷子，因此也就根本没有机会被挑选，于是这些基因就被暂时保留了下来。如今人类登上了食物链的顶端，我们不必再担心被吃掉或者饿死了，这就给了那些坏基因一个表现自己的机会，这就是人类衰老的原因。

米特尔多夫和萨根反驳说，自然界是有衰老这回事的，活过中年的动物还是可以找得到的，只是数量没那么多而已。也就是说，坏基因其实是有机会被老天爷看到的，即使双方见面的次数不多，也已有足够的时间被剔除。另外，新的研究发现，很多衰老基因属于保守的基因家族，在线虫、果蝇和小鼠中都能找到，这说明衰老基因不可能是侥幸逃过老天爷眼光的漏网之鱼，反而是被他老人家选中的幸运儿。

第二个假说名叫"拮抗基因多效性"，这一派相信有一类基因具备多种功能，年轻时是好基因，年老时就是坏基因。老天爷最关心的是繁殖，所以优先挑选那些能够在年轻时提高生殖效率的基因，至于它们老了之后是否会变坏，老天爷就不在乎了，这就是衰老的原因。

米特尔多夫和萨根反驳说，该假说问世时基因研究尚在襁褓之中，科学家们并不知道基因功能是很容易调节的，比如前文提到的甲基化就是其中的一种调节方式。如果一个基因在年老时变坏了，只要简单地将其关掉就行了，并不是一件多么困难的事情。但真实情况是，衰老基因的活性往往会在年老时被有意放大，这说明生物到了一定年龄后其实是在主动地选择自杀。

另外，很多实验发现，越是长寿的品种，繁殖力反而越强。比如前文提到过的麦克·罗斯博士所做的那个果蝇长寿实验，最终筛选出来的果蝇不但寿命变长了，而且繁殖力也提高了。要知道，"拮抗基因多效性"假说最初就是罗斯博士提出来的，这个实验结果让他感到非常困惑。按照他的理论，世界上是不应该出现既长寿又繁殖力强的品种的，两者应该永远是一对矛盾才对。于是他只能解释说这是因为实验设计有问题，实验员在筛选长寿果蝇的同时也无意中筛选了生殖力强的品种。但这个解释实在是太勉强了，很难服众。

第三个假说名叫"可抛弃体细胞"，这一派相信任何生物的可支配能量都是有限的，为了留下后代，生殖系统的健康肯定是要优先保证的，所以体细胞便被牺牲掉了。

米特尔多夫和萨根反驳说，该理论听上去似乎很有道理，却和几乎所有的事实不符。比如，按照该理论，女性应该比男性寿命短，因为女性为繁殖后代付出的代价远高于男性，可惜事实正相反；再比如，该理论预言孩子少的女性一定比孩子多的女性活得长，可惜事实证明两者没有差别；最明显的例子是，该理论预言吃的多的人一定活得长，可惜事实正好相反，饥饿疗法反而是唯一被证明有效的长寿法。

这个理论在解释一些动物行为时似乎很有效，比如三文鱼费尽千辛万苦逆流而上，产卵之后便迅速死亡，看上去似乎是死于心力衰竭。但研究发现，三文鱼其实是自杀的，它们在产卵后体内的肾上腺会分泌一种激素，触发一系列连锁反应，不但将自己的血管堵住，而且还会破坏自身的免疫系统，把自己的身体变成微生物们的食堂。如果用手术割除三文鱼的肾上腺，那么这条鱼就不会死了，说明它的能量并没有耗尽。

类似的案例还有很多，比如三色堇在开花后会很快死亡，但如果把花掐掉，三色堇就会在原来位置再开出一朵新的花，这个过程可以一直继续下去，说明它还是有潜力的。这些案例进一步证明，衰老和死亡都是由基因所控制的自杀行为。

英国分子生物学家罗宾·霍勒迪（Robin Holliday）在他撰写的那本经典科普著作《衰老：生命的悖论》（*Aging: The Paradox of Life*）中还举过一个例子，间接证明人类的衰老似乎也是由基因控制的一种主动行为。霍勒迪发现，人类的身体由各种不同的组织构成，它们的新陈代谢模式各异，细胞分裂的形式更是多种多样，却都遵循着几乎相同的衰老时间表，在几乎相同的时间段内一起老去，这说明衰老是在一个"总负责人"的管理下按部就班地进行的生理过程，因为只有这样才能最大限度地节约能量。

具体来说，人脑是由一大群不会分裂的神经细胞组成的，神经元总数从一生下来就固定了，此后只减不增。心脏也是由一大群不会分裂的心肌细胞组成的，它们要不停地工作一辈子，直到死亡。按理说，任何不会分裂的细胞的寿命都是有限的，不可能永远活下去，所以一个人只要年纪足够大，一定会得阿尔兹海默症，因为这种病的本质就是神经细胞的丢失。同理，一个人只要活得足够长，最终一定会心力衰竭，因为心脏也是不可能永远跳下去的。

与此类似的还有眼睛的晶状体，其主要成分晶状体球蛋白也是不会再更新了，于是白内障就成为老年人最常见的疾病，甚至可以说是一个人衰老的标志。如今这种病可以通过现代医学手段加以纠正，但在遥远的古代，这种病几乎可以宣判一个人的死刑了。

与此相反，皮肤则是由一大群极为活跃的皮肤细胞组成的，几乎每时每刻都在更新，每隔一个月就全部换一遍。但皮肤到了一定年纪就会衰老，事实上，很多人就是根据皮肤的状况来判断陌生人的年龄的。同理，人体的其他组织和器官，甚至包括骨骼，都是可以随时更新的，但它们也都在相同的时间段内开始衰老，极少例外。

更为极端的案例是人的牙齿，这是由矿物质组成的，几乎不能算是活物。牙齿的寿命完全遵从物理规则，人类所能控制的只有牙齿的厚度。巧的是，人类的牙齿厚度刚刚可以满足一个人正常地活过中年，再活下去的话牙齿也会一一脱落，没有例外。

类似的情况在任何其他哺乳动物中都是一样的，只是时间表有所不同而已。如果你去检查一条 12 岁的狗，它的身体状况肯定和一个 60 岁的老人差不多。换句话说，狗的神经细胞、心肌细胞、皮肤细胞和牙齿等都是按照狗的时间表在工作的，大家仍然一起衰老，只不过衰老的速度是人类的 5 倍。

如果你再去检查一只 2 岁的小鼠，它的身体状况肯定和 12 岁的狗是一样的，依次类推。这些例子证明，控制衰老的不是时间，而是基因。一个物种的衰老速度和死亡时间全都是由基因统一控制的。

为什么会这样呢？一个小故事可以帮助大家理解其中的原因。传说美国汽车大王亨利·福特（Henry Ford）经常会去自家的修理厂巡视，目的就是看看旧福特车上哪个部件还没有坏，然后他就不再从那个部件的生产商进货，而是转去寻找更便宜的厂家为自己供货，因为他认为如果一个部件在整车都开坏了的时候还是好的，那就意味着这个部件当初买贵了，白花了冤枉钱。

米特尔多夫和萨根相信，我们每个人的身体里都住着一个"福特"，这就是为什么当我们进入老年时，身体的所有机能都同时垮掉了。要想减缓衰老，就必须先找到这个"福特"，然后逼着他改变主意。

进化论的四重境界

虽然听上去很有道理，但米特尔多夫和萨根提出的这个衰老理论并没有流行开来，这是为什么呢？事实上，我这次采访到的所有科学家都不认为衰老是大自然设计出来的，大家都倾向于认为衰老只是进化的副产品，是一个被动的过程。双方的差别，仍然必须从进化论中去寻找。

达尔文在《物种起源》一书中只字未提衰老的问题，似乎他觉得这件事不需要讨论。事实上，如果当年的达尔文真的用心思考一下衰老问题的话，他很可能会对进化论产生怀疑，因为衰老和死亡太不符合进化论的预期了。

试想，如果一种生物进化出了抵抗衰老的能力，它肯定会比其他同伴留下更多的后代，长此以往，地球上应该充斥着长生不老的生物才对。关于此事的一个最可能的解释就是，达尔文认为衰老属于物理学范畴，长生不老是违反物理定律的，所以不值得讨论。但前文已经说过，长生不老并不违反物理定律，单细胞生物有很多都是长生不老的。后来科学家们又在多细胞复杂生物中发现了长生不老的例子，这就是水螅（hydra）。这是一种非常简单的腔肠动物，具有极强大的修复能力，只要环境适宜，水螅便可以一直活下去，永不衰老。

事实上，不仅是衰老，第一版达尔文进化论不能解释的事情还有很多，比如动物中普遍存在的利他主义行为，以及前文提到过的细胞凋亡（apoptosis）。后者其实就是细胞自杀，早在19世纪40年代就被德国科学家首先发现了。不知道达尔文当年是否听说过这件事，如果答案是肯定的话，很可能进化论又要难产了，因为达尔文肯定无法解释为什么有的细胞会选择自杀，这不等于自己把自己排除在生存竞争之外了吗？这样的细胞怎么可能在严酷的自然选择中胜出呢？

不过这事不能怪达尔文，当年的他并不知道基因的存在，不明白遗传到底是怎么一回事，所以第一版进化论的基本单位是个体，自然选择的对象也是个体，这是进化论的第一重境界。

基因被发现之后，进化论很快上升到了第二重境界，个体的位置被基因取代，成了自然选择的直接作用对象。英国生物统计学家罗纳德·费舍尔（Ronald Fisher）和英国（后入印度籍）遗传学家约翰·霍尔丹（J. B. S. Haldane）是这套基因理论的鼻祖，但英国生物学家理查德·道金斯（Richard Dawkins）则被公认为该理论最好的诠释者，他撰写的《自私的基因》（The Selfish Gene）一书更是把这一理论变成了一个家喻户晓的流行语。

自私基因理论很好地解释了遍及动物界的利他主义行为。比如，工蜂之所以甘愿牺牲自己成全蜂王，是因为蜂王可以更好地传递自己的一部分基

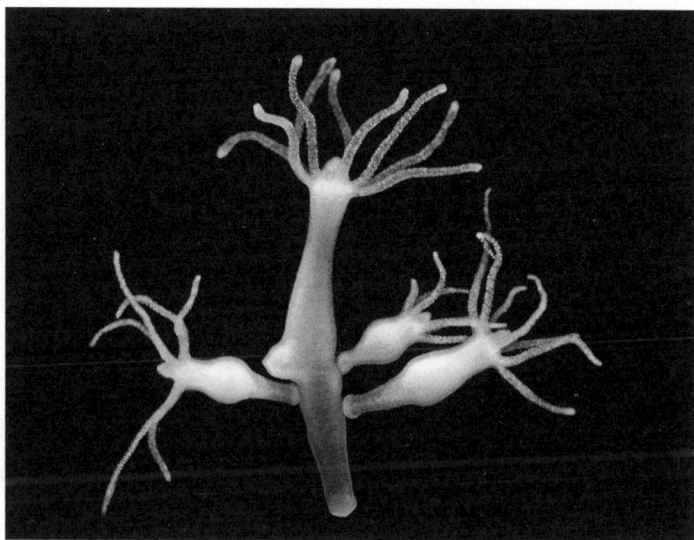

具备永生能力的
多细胞生物水螅

因；再比如，第一个发现敌情的猴子之所以甘愿冒着生命危险向同伴发出警告，是因为同伴们也携带有自己的一部分基因……

细胞凋亡现象也很容易用基因理论加以解释。目前主流科学界认为，细胞凋亡源于细菌时代，当时整个地球可以被看成一锅细菌浓汤，里面除了各种细菌外，还有数量更多的噬菌体（bacteriophage）。这东西其实就是细菌的病毒，本身不具备繁殖能力，必须侵入到细菌体内，利用细菌自身的 DNA 复制系统进行繁殖，然后将宿主杀死，自己破壁而出，再去入侵新的细菌。当年的细菌们进化出了很多办法对付噬菌体，可都不怎么成功，最终一种细菌进化出了自杀这个办法，即在病毒侵入自身后立即自杀，不给噬菌体繁殖的机会，从而保住了周围的那些和自己具有相同基因的同伴们。也就是说，自杀的细菌牺牲了自己的身体，保住了自己的基因。

当然了，利他主义也是有个度的，这在很大程度上取决于对方到底有多少你的基因。比如，为什么大多数人对待自己的儿子比对待自己的侄子更好？这是因为儿子有一半的基因和自己都是相同的，而侄子只有四分之一基因和自己的一样。这种基于基因理论的计算方式虽然看上去非常冷血，却是进化生物学的基石。事实上，自从自私基因理论问世后，进化生物学这才终于成为一门能够和物理、化学平起平坐的"严肃"的学问，因为科学家们普遍相信科学的基础是数学，如果一门学问仅仅建立在观察和推理的基础上，是很难上升到理论层次的。

但是，基因理论的出现却把进化生物学分成了两大派别，彼此争论不休。一个是数学派，每天的工作就是计算各种行为模式的基因概率。另一个是田野派，依然把大量时间花在野外观察上。虽然也有不少人对于两种研究方法都不排斥，但总的说来这两派的差异相当明显，谁也不服谁。不过，由于数学毕竟代表着至高无上的科学真理，所以目前"数学派"占了上风，主流进化生物学的话语权基本上是被数学家们把持的。

这两派在不少问题上持有不同意见，其中最大的分歧就是对于"群体选择"（group selection）的态度。以英国著名进化生物学家约翰·梅纳德·史密斯（John Maynard Smith）为代表的"数学派"相信自然选择在绝大多数情况下都只会作用于个体，群体选择不太可能成为进化动力。但"田野派"却不同意这个观点，他们在野外观察到很多案例，说明个体经常会为了群体的利益而做出牺牲，比如很多动物会主动调节自己的生育力，避免种群数量超标，因此群体同样有可能是进化的主体。

"群体选择"可以看作进化论的第三重境界，"如何解释衰老"就是这一境界最好的试金石。"田野派"大都是群体选择学说的拥趸，他们坚信衰老就是为了照顾群体的利益而被进化出来的，因为衰老的受益者只能是群体，这是显而易见的事实，有无数野外观察到的案例为证。大多数"数学派"虽然也同意衰老的受益者是群体，但他们认为衰老是不可能被进化出来的，因为数学计算结果不支持这个想法。这个计算所用到的数学工具相当复杂，这里仅举一个很可能是过于简单的例子帮助大家理解：假如一个由"衰老者"组成的正常群体中出了个不会衰老的"作弊者"，其后代的数量肯定要比"衰老者"更多，"衰老者"就会慢慢变少，直到消失。

但是，衰老毕竟是无法否认的现实，于是"数学派"想出了很多基于自私基因理论的假说来解释衰老的原因。前文提到的那三个衰老理论都是这一派的成果。不过，最近也有一批"数学派"的科学家声称自己找到了证据，证明群体选择理论有可能是正确的。但迄今为止这两派谁也没有完全说服对方，因此群体选择理论尚不能作为公理被写入教科书。

米特尔多夫和萨根显然是支持群体选择理论的，但两人又更进了一步，认为目前的群体选择理论只是把自然选择的对象从个体变成了群体，本质上仍然是鼓吹你死我活的生存哲学。两人相信自然选择的对象应该是整个生态系统，进化绝不仅仅是个体之间、基因之间或者群体之间的优胜劣汰，而是整个生态系统的协同演进，这就是进化的第四重境界，只有按照这个思路来思考衰老问题，才能明白为什么大自然会进化出衰老这件事。

事实上，按照这个想法，死亡才是大自然的最终目的，衰老只是让你不得不接受命运安排的一项措施而已。如果这个想法是对的，那就意味着衰老是一种自杀行为，如果人类想要延缓衰老，就不能再"顺应自然"了，因为大自然的本意就是让你死。

两人之所以会有这个奇怪的想法，是有深刻的历史原因的。《物种起源》出版之后的头几年，进化论曾经遭到过宗教教徒们的疯狂抵制，但达尔文的思想很快就赢得了更多人的支持，原因是当时有很多社会学家把进化论理解成了血淋淋的优胜劣汰。这个解释非常符合刚刚兴起的欧洲资产阶级的生存哲学，有着非常广泛的群众基础，所以才会流传得如此广泛。后来出现的基因理论更是为种族歧视提供了理论基础，费舍尔本人就是"优生学"的坚定支持者。

这种状况直到20世纪60年代才出现了转机。当时有一批科学家综合了最新的研究成果，认为此前以费舍尔等人为代表的所谓"新达尔文主义"（Neo-Darwinism）并不能真正体现出进化的复杂性，他们相信不同物种间的分工协作同样是生物进化的基本原则，甚至更有可能是进化的主要方式。这一派的代表人物就是萨根的生母，美国马萨诸塞大学的遗传学家琳·马古利斯（Lynn Margulis）。她认为真核细胞的线粒体不是慢慢进化出来的，而是被一种微生物吞进去的细菌的后代。双方各取所需，相互合作，最终形成了一种共生的关系。这个假说在当时可以说是惊世骇俗，很少有人相信，但如今越来越多的证据表明她是对的。

马古利斯之所以敢大胆地挑战旧观念，与20世纪60年代风起云涌的嬉皮士运动有很大关系。这场运动把矛头对准了资本主义制度，后者的思想基础之一就是建立在自由竞争基础上的新达尔文主义。作为马古利斯的儿子，多利安·萨根同样反对自由市场经济。在他看来，不受制约的资本主义制度就好像是失去控制的蝗灾，总有一天会把有限的自然资源攫取干净，然后大家一起完蛋。于是，米特尔多夫和萨根提出了这个新假说，认为衰老和死亡就是大自然进化出来维持生态平衡的武器，如果没有死亡，生态系统注定将会崩溃。

应该说两人的愿望是很好的，但他俩的推理过程跳跃得太厉害了，存在不少漏洞，迄今为止尚未得到数学家们的支持，所以这套理论并没有被主流科学界接受，仅仅是一个假说而已。话虽如此，两人在《破解衰老密码》一书中提出的很多问题确实值得我们思考，因为现有的衰老理论实在是没法让人满意。

追根溯源

那么，有没有不需要借助美好的理想，仅仅基于现有的知识体系就能解释清楚的衰老理论呢？答案是肯定的，比如英国伦敦大学学院的生化学家尼克·莱恩（Nick Lane）在2015年出版的《至关重要的问题：为什么生命会如此？》（*The Vital Questions: Why Is Life The Way It Is?*）一书中就做过一个大胆的尝试。这本书简直可以说是一本波澜壮阔的生命史诗，莱恩从生命的

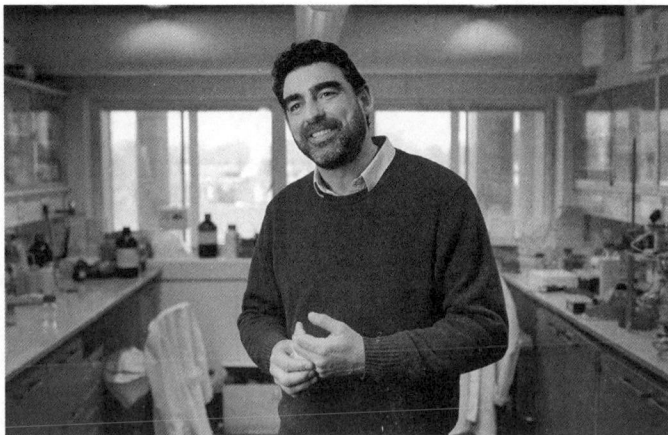

起源开始讲起,用严密的逻辑推导出生命的诸多奇特性质到底是如何产生的,其中就包括性和衰老。莱恩证明有性生殖和衰老死亡其实是一枚硬币的正反两面,两者是共同出现并一同进化的。

　　这本书开始于一个旷世天问:为什么细胞的形态是如此单调呢?这个问题听上去似乎有点奇怪,却是进化生物学领域的一个千古之谜。众所周知,生命的基本单元是细胞,所有的生物都可以按照细胞的不同分成原核和真核这两大类,其中真核生物(eukaryote)包括原生生物(阿米巴虫)、真菌、植物和动物这四界,虽然旗下物种形态各异,但细胞内部的构造却出奇地相像,其生化反应类型也极其单一,几乎可以肯定是源自同一个祖先,而且之后就再也没有发生过大的改变了。原核生物(prokaryote)曾经被认为只有细菌这一类,但后来发现还有一类古细菌(archaea),其 DNA 复制机理和蛋白质合成机制均与细菌有很大的不同,反而更像真核细胞,所以应该单独算一类。

　　换句话说,地球上的所有生命虽然看上去千奇百怪,但在细胞层面上仅有细菌、古细菌和真核生物这三大类,这是很不寻常的事情。要知道,生物进化的一个最大特征就是复杂多样,很多我们能够想到的功能都不止一次地被进化出来过。比如多细胞生物至少独立地进化出了 5 次，飞行能力至少独立地进化出了 6 次，眼睛更是独立地进化出了几十次，为什么细胞本身反而只是独立地进化出了 3 次呢？

莱恩认为，这个问题和基因关系不大，必须从细胞的能量利用方式中去寻找答案。在他看来，近年来 DNA 的关注度太高了，让大家忘记了能量对于生命而言有多么重要。细胞种类之所以如此之少，原因就是能量利用方式很难改变，这一点限制了细胞的想象力。具体来说，目前已知的所有细胞的能量全都来自跨膜质子梯度，即细胞膜两侧的质子浓度差异。这个差异导致了细胞膜两侧产生了电压差，驱使质子从浓度高的一侧向浓度低的一侧转移，能量就是在这个过程中产生的。这个过程的学名叫作化学渗透偶联（chemiosmotic coupling），其本质就是前文提到过的氧化还原反应，只不过中间加了个膜而已。最早发现此机理的是英国生化学家皮特·米切尔（Peter Mitchell），他因为这项发现而获得了 1978 年的诺贝尔化学奖。莱恩将米切尔称为"继达尔文之后最伟大的生物学家"，因为这个发现是继进化论、相对论和量子理论之后最为反直觉的科学理论。该理论刚被提出来时很多人都不敢相信，生命竟然采用了这样一种既复杂烦琐又极不可靠的能量利用方式。莱恩认为，此事的原因就在于最早的生命采用的就是这种方式，而能量对于生命而言实在是太重要了，此后的所有生命形式只能继续沿用这一方式，没有任何试错的余地。

顺着这个思路，莱恩提出了一个大胆的猜想。他认为地球上的生命很可能起源于海底的碱性热液喷口（alkaline hydrothermal vent），从喷口喷出的含有氢气的碱性热液遇到海水后形成了一个天然的质子梯度，为含碳无机物转化成有机物提供了能量。与此同时，海底岩石内部状如海绵的细小缝隙为有机物提供了一个个小小的避风港，这就是原始细胞的雏形。

但是，这种能量利用方式有个致命的缺点，那就是细胞膜表面积是有上限的。我们可以把细胞膜想象成太阳能电池板，板的总面积限制了总发电量的大小。根据简单的数学原则，单位体积的细胞所能分配到的细胞膜表面积

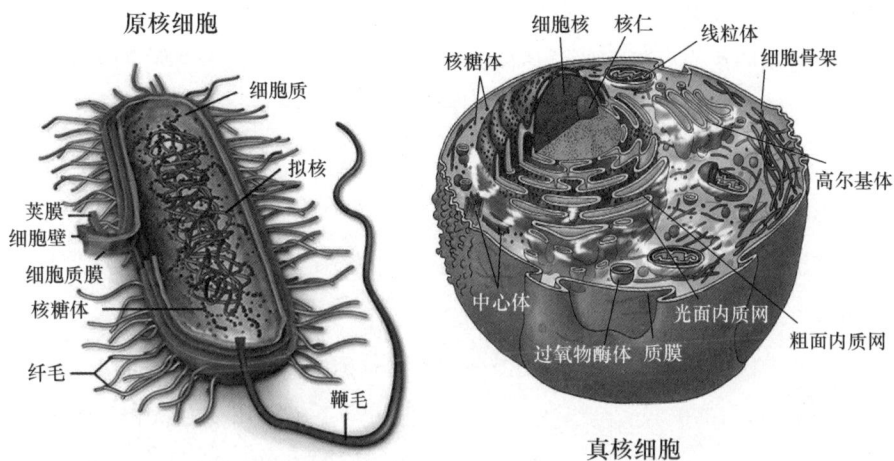

原核细胞

细胞质
拟核
荚膜
细胞壁
细胞质膜
核糖体
纤毛
鞭毛

核糖体　细胞核　核仁　线粒体
细胞骨架
高尔基体
中心体
过氧物酶体　质膜　光面内质网
粗面内质网

真核细胞

原核细胞和真核细胞示意图

和细胞直径成反比，也就是说，细胞的体积越大，细胞内部每个细胞器所能分到的能量就越少，这就限制了原始细胞在进化上的想象力。根据最新的研究，细菌早在 40 亿年前就诞生了，但直到今天细菌仍然是一种极为简单的单细胞微生物，无论是细胞体积还是基因组都非常小。已知最大的细菌基因组只有 1200 万个核苷酸（ATCG），这么小的基因组是很难支撑起任何复杂的生命形态的。

转机出现在大约 20 亿年前，地球上首次出现了真核细胞，突破了细胞膜带来的能量限制，从此地球生命发生了翻天覆地的变化，不但很快就进化出了多细胞生物，而且还首次出现了有性生殖方式。最重要的是，衰老终于登上了历史舞台，成为只有真核生物才有的新性状。所以说，要想理解衰老到底是怎么回事，首先必须搞清楚从原核细胞到真核细胞的转变是如何发生的，以及这个转变究竟意味着什么。

莱恩认为，原核向真核的转变关键在于线粒体，这是专门为真核细胞提供能量的微型发动机，食物中的能量分子在线粒体中被氧化，产生的能量以

人为什么一定要死？

三磷酸腺苷（ATP）的形式被释放出来供细胞使用。这个过程仍然需要用到化学渗透偶联反应，因此线粒体所产生的能量同样是和线粒体膜的表面积成正比的，但因为每个细胞内都含有成百上千个线粒体，这就大大增加了膜的总面积，所产生的能量要比仅靠细胞膜产生能量的原核生物多得多。据统计，人体所有细胞内的线粒体膜表面积加起来约有 1.4 万平方米，大致相当于四个足球场那么大，一个人的所有能量需求就是靠这 1.4 万平方米线粒体膜的内外压力差来产生的。

关于线粒体的来源曾经有过很多理论，目前是马古利斯提倡的内共生学说占了上风。1998 年，美国生物学家威廉·马丁（William Martin）在此基础上又提出了一个更加具体的方案，被称为氢气假说（hydrogen hypothesis）。该假说认为第一个真核细胞是由一个古细菌吞噬了一个细菌而产生的，这个古细菌是依靠氢气生活的，而它吞进去的细菌能够生产氢气，正好为宿主提供了最需要的东西。

一个细胞吞噬另一个细胞并不是什么新鲜事，但被吞进去的细胞居然没有死，还被宿主"招安"，成为宿主生命的一部分，则是极为罕见的事情。事实上，莱恩相信这样的事情在地球生命的前 20 亿年历史中只发生过一次，属于极小概率事件。但这个偶然事件却产生了一个极具震撼力的后果，那就是真核细胞的诞生。如今地球上的真核细胞之所以如此相似，就是因为它们全都来自 20 亿年前发生的那个极小概率事件。

如果莱恩的猜测是正确的，那就说明即使宇宙中的某个星球上真的出现了生命，也极有可能一直停留在单细胞细菌阶段，无法进一步进化出复杂的多细胞生物，更不用说高级智慧生物了。换句话说，人类的出现是真正意义上的小概率事件，我们很可能是茫茫宇宙中的一群孤独的智者。

关于宇宙生命的讨论暂时告一段落。必须承认，这一节内容太多，逻辑相当跳跃，可能不太容易理解。不过读者不必理会，只需知道生命最重要的特征并不是遗传，而是能量的使用，发生在 20 亿年前的一次极小概率事件造就了第一个真核细胞，从此细胞的能量限制被打破，一系列震惊世界的大事件从此拉开序幕。

没有线粒体就没有性生活

让我们再把目光转向 20 亿年前，看看那个刚刚吞噬了另一个活细菌的古细菌究竟会如何行事。首先，被吞进去的那个细菌进入了一个非常安全的环境，迅速地繁殖起来。作为宿主的古细菌是乐见其成的，因为它需要细菌产生的氢气为自己提供能量。渐渐地，这个细菌进化成了原始线粒体，继续为宿主提供能量。但这样一来，宿主细胞内便同时有了两套基因组，一套负责细胞本身，一套负责线粒体，这就相当于一个国家内部有了两套领导班子，早晚要出事。

果然，处于劣势的原始线粒体基因组首先投降了，线粒体内部的基因片段不断地跑出来，并被一一整合进了宿主的基因组内，这就相当于线粒体把自身的控制权交给了宿主，看似对线粒体不利，但其实这是一件对双方都有利的转换。这样一来，线粒体在自我复制的时候就不必每次都复制一大堆基因了，加快了自身的繁殖效率，同时宿主也在这一转换中节约了能量，减少了线粒体的维护成本。

但是，随着越来越多的线粒体基因被整合进宿主的基因组，一些细菌病毒也跟了进去，并最终进化成了内含子（intron）。内含子的概念解释起来比较复杂，大家不必理会，只需知道它们是残存的病毒片段就行了。内含子的出现逼得宿主细胞进化出了一层新的保护膜，把自己的基因组保护了起来，这就是细胞核的由来。从此，真核细胞诞生了。

因为有线粒体提供充足的能量，所以真核细胞终于可以养得起一个庞大的基因组了，于是真核细胞的基因组便越来越大了。比如人类基因组包含30 亿个核苷酸，是细菌基因组的数百倍。不过人类基因组还算小的，已知最大的真核细胞基因组含有 1000 亿个核苷酸，这在原核生物中是不敢想象的。另外，由于线粒体是在细胞内部活动的，这就打破了细胞膜总面积对能量生成的限制，于是真核细胞的体积也迅速膨胀起来。如今真核细胞的平均体积已经达到了原核细胞平均体积的 1.5 万倍！这是个巨大的变化，再像细菌细胞那样"无组织无纪律"就不行了，于是真核细胞进化出了很多不同类型的细胞器，比如内质网、高尔基体、溶酶体和中心体等，它们就像是细胞内部的微器官，大大提高了真核细胞的组织性和纪律性，工作效率也大大提高了。

换句话说，线粒体的诞生导致细胞发生了一系列连锁反应，为复杂生命的出现做好了准备。这一过程很像是人类社会发明了农业，食物来源有了保障，这才出现了复杂的社会分工和组织结构，出现了现代意义上的国家，人类文明终于迈上了一个新的台阶。

随着国家的扩张，管理权不可能全都集中到中央政府手里，地方政府和机构也要保留一定的自治权。同理，线粒体也并没有把全部基因都转移到细胞核内，自己仍然保留了一部分 DNA，这是因为化学渗透偶联是一个极其精细的化学反应，对蛋白酶的三维结构的精确度要求特别高，这就要求线粒体基因组内专门负责编码这几个酶的基因尽可能地靠近线粒体膜，以便能随时针对外部环境的变化而迅速地做出反应。举例来说，人类的线粒体基因组包含大约 1.6 万个核苷酸，不到原来那个细菌基因组的 1%，却包括 13 个重要基因，负责编码能量生产过程所需的那几个最重要的蛋白酶。

也就是说，经过这么多年的进化，如今的真核细胞内仍然包含有两套各自独立的基因组，其中核基因组负责编码组成线粒体的绝大部分蛋白质，线粒体基因组则负责编码线粒体中最重要的那几个蛋白质，两者必须结合在一起才能组装成一个完整的线粒体。但是，这两套基因组毕竟是各自独立的，于是它俩之间的相互配合便成了一个问题。

在讨论这个问题之前，让我们先来看看这两个基因组各自都是如何保持健康的。

　　先来看核基因组。众所周知，基因突变无法避免，这是生命进化的原动力，没有基因突变就没有我们的今天。但是，绝大多数基因突变都是负面的，生物体必须通过自然选择将其淘汰。细菌很容易解决这个问题，因为细菌的基因组都非常小，而且细菌之间经常交换基因，术语称之为"基因水平转移"（horizontal gene transfer），这就保证了细菌基因组的流动性，便于老天爷看到单个基因的表现，然后从中筛选。但是，真核生物的基因组都非常大，即使分成了一个个染色体也都嫌太大了，再加上细胞核的保护，真核生物便没法通过基因水平转移来交换基因了，于是基因的流动性就不存在了。如果真核细胞再像原核细胞那样采取一分为二（即有丝分裂）的方式进行繁殖，问题就来了。

　　假设有一条染色体，上面有个非常重要的基因，哪怕变一点都不行，这个基因后面跟着一个次要的基因，虽有好坏之分却没那么重要，于是这个次要基因就相当于攀了门高亲，它再怎么差都不会被淘汰了。长此以往，染色体上的那些次要基因就会变得越来越差，这显然是不行的。真核细胞如何解决这个难题呢？答案是有性生殖。当年达尔文在《物种起源》一书中极少谈性，这当然不是因为他有什么道德禁忌，而是因为达尔文本人很难理解为什么大自然会进化出有性生殖这件事，这样不就把优秀的个体特征稀释掉了吗？想象一下，假如有一头长颈鹿进化出了长脖子，能够吃到树顶上的叶子，这是很有优势的个体特征。但当它和另一头不那么高的长颈鹿交配后，生下的孩子应该介于两者之间，这不就等于丢掉了这个优势吗？还有，从繁殖效率的角度来看，无性生殖显然效率更高，有性生殖不但效率低下，甚至还要冒着找不到配偶的风险，这是何苦来呢？

　　这个谜团直到基因被发现后才被逐步解开。原来，有性生殖过程当中最重要的一步就是基因重组，也就是来自父母双方的染色体两两配对，然后相互交换基因片段，这就相当于打破了基因之间固有的绑定关系，让基因"流动"了起来，只有这样才能让老天爷看到单个基因的表现，从而把表现差的基因清除出去。

换句话说，有性生殖虽然降低了繁殖的效率，却大大提高了核基因组的质量，所以当真核细胞出现之后，很快就进化出了有性生殖。目前地球上所有的真核生物都会在生命的某个阶段采取有性生殖的方式繁殖后代，没有例外。

线粒体基因组的情况比较复杂。这是个很小的基因组，所以它肯定只能跟在核基因组后面走，逼着自己学会适应有性生殖方式，没有其他选择。照理说，当两个性细胞彼此融合之后，线粒体肯定也会混杂在一起，如果一方带来了不好的线粒体，就会被稀释，从而躲过老天爷的筛选，于是包括人类在内的绝大部分真核生物采取了一种极端的方式，即受精卵内的线粒体全部由卵子提供，精子只负责提供核染色体，一个线粒体也不贡献，这就避免了彼此遮掩的情况，便于大自然淘汰坏的线粒体。

但是，这是个过于简单的解释。事实上有很多生物采取了不同于人类的策略，即精子和卵子全都为受精卵提供线粒体，这是为什么呢？莱恩认为，这是与线粒体的数量及突变率有关的。线粒体数量越多，突变率越大，就越会采取人类的方式。不过这里面的计算过于复杂，和衰老关系不大，在此不再赘述。

总之，莱恩证明线粒体的出现使得真核细胞的基因组变得非常大，于是真核生物进化出了有性生殖，保证了基因的质量不会下降。接下来，莱恩又用一套严密的逻辑论证了线粒体的出现为什么会导致衰老，整个论述过程极为精彩。

衰老是怎么回事？

在莱恩看来，衰老的核心就是核基因组和线粒体基因组的不匹配，这就是为什么只有真核生物才有衰老，原核生物都是永生的。

让我们先来考察一下真核生物中的异类，也就是前文提到过的那个几乎永不衰老的海绵（sponge）。这是世界上结构最简单的多细胞动物，其体细胞的分化程度非常低。海绵平时不需要行动，所以海绵细胞内的线粒体数量很少，工作效率也不高，因此海绵线粒体的突变率很低，不太容易出现坏的突变。

海绵的生殖分无性和有性两种。无性生殖时，海绵身体的任何一个部位都能单独发育成一个新的个体。有性生殖时也类似，其身体的大部分体细胞均能转化成生殖细胞，然后两两交配，生成受精卵。因此，即使海绵身体的某个部分出了问题，其他健康部位立刻再生出一个新的就行了，这个过程可以一直持续下去，不会影响下一代的健康，因为坏基因都在这一过程中被淘汰掉了。

如果真核生物都是像海绵这样的简单生物，那么衰老也许就不会出现了，但是，因为蓝藻细菌的贡献，地球大气在 24 亿年前首次出现了氧气这一成分。这是一种非常活跃的气体，它的存在极大地提高了生命的能量利用效率，具备行走能力的高等动物终于出现了，并且很快就获得了进化优势。此时再来考察一下线粒体的情况，就会发现高等动物是不能按照海绵的方式进行繁殖的，因为高等动物的身体结构太过复杂，对线粒体的质量提出了更高的要求。

就拿人类来做个例子。人体细胞是高度分化的，各个器官分工协作，少一个都不行。如果某个器官的线粒体出了问题，导致这个器官出了毛病，那么整个人就活不成了。为了防止出现这种情况，人类的受精卵变得越来越大，里面含有的线粒体数量达到了惊人的 10 万个左右，这是因为受精卵在分裂时，线粒体是随机被分配到两个子细胞当中去的。如果受精卵内的线粒体数量太少，那么其中混有的坏线粒体就有可能在胚胎发育过程中被集中到某个后代细胞中去，导致某个组织或器官出现问题。只有当受精卵的线粒体数量足够大时，才有可能避免出现这种情况。

换句话说，高等动物高度分化的身体结构对胚胎的早期发育提出了很高的要求，胚胎中的任何一个细胞都不能掉链子，否则就会影响整个器官，然后波及全身。于是高等动物进化出了超大体积的卵子，里面含有超多的线粒体，这就解决了胚胎发育的线粒体质量控制问题。

另外，像人类这样的陆地动物是需要满地乱跑的，这种生活方式需要大量的能量，于是人类线粒体的工作效率非常高，繁殖速度非常快，突变率也随之大大提升。已知人类线粒体基因组的突变率达到了核基因组的10—50倍，远高于海绵，于是人类体细胞中的线粒体出现坏变异的可能性变得非常大，不可能再像海绵那样随便从身上割下一块肉就可以再生出一个新人了。为了保证后代的线粒体的健康，人类进化出了专门的生殖细胞系，在出生后不久便将它们冻结起来，不再参与任何生理活动，尽可能地降低基因突变的可能性。比如人类的卵母细胞在女性胚胎发育的早期就被保护起来了，成年后每次排出的卵都是从这几个被保护起来的卵母细胞分裂出来的，其中的线粒体质量有保证。

莱恩把这个现象总结成了一句话，叫作"不死的生殖细胞，短命的身体细胞"（immortal germline，mortal body）。大意是说，生命就像一条河，流过的水分子每时每刻都不一样，但河流的名字却永远不变。细心的读者一定会发现，这句话和前文提到过的"可抛弃体细胞"理论非常相似。没错，两者本质上说的是一回事，只是细节不同而已。

总之，莱恩认为高等动物活跃的生活方式对能量提出了很高的要求，使得保护线粒体质量成为一项重要任务，于是高等动物进化出了相对独立的生殖细胞系，它们完全不参与任何其他生命活动，专心负责繁殖。生殖细胞的存在解放了体细胞，让后者可以尽情发育成身体所需要的样子，比如肌肉细胞、神经细胞和免疫细胞等。这些高度分化的体细胞不必考虑自身的繁殖问题，它们唯一的工作就是帮助生殖细胞完成繁殖任务，之后就可以被抛弃了，这就是为什么所有动物的寿命都和发育期成正比，只要发育完成了，可以繁殖后代了，身体就没用了。

那么，这些体细胞是如何被抛弃的呢？答案就是细胞凋亡。研究发现，所有真核生物的细胞凋亡全都遵循同一个模式，其核心就是线粒体。当线粒体工作效率下降时，自由基便会泄漏出去，这是一个信号，会触发一系列生化反应，导致呼吸作用停止，跨膜电压消失，细胞彻底失去了能量来源，很快就被饿死了。

细胞凋亡机理刚被发现时，科学家们都不明白为什么线粒体会让细胞自杀。莱恩则相信，这套细胞凋亡系统本质上和细菌为了对抗噬菌体而进化出来的细胞凋亡系统是一样的。当20亿年前那个古细菌吞噬了细菌之后，这套系统便被带入了宿主体内，并承担起了监控线粒体质量的任务。

前文提到，真核细胞内存在两套基因组，它们共同为线粒体编码，这就相当于同一个线粒体却有两张设计图纸，彼此之间必须配合得严丝合缝才能组装成一个高质量的线粒体。如果双方由于某种原因不再匹配了，生命体就必须将这个细胞除去，免得连累其他细胞，这就是为什么自由基泄漏会启动细胞自杀程序，因为这是线粒体质量下降的信号。

当真核生物进化到多细胞阶段时，急需一套惩罚机制来管理那些不服从大局的细胞，于是这套细胞凋亡机制又被征用了，并在很多其他场合发挥了重要作用。比如我们的手在胚胎发育早期就是一团均匀的肉球，然后肉球表面的四个细胞团开启了自杀模式，其余部分则继续生长，这才长出了五根手指。如果这个过程没控制好，开启自杀模式的细胞团多了一个，最终就会生出来一个六指儿。

成年后的多细胞生物也经常需要依靠细胞凋亡功能来清除掉不合格的细胞，大部分癌细胞就是这样被清除出去的。据统计，一个成年人每天都有600亿个细胞是通过细胞凋亡被清除掉的，约占人体细胞总数的1‰。

从这个例子就可以看出线粒体有多么重要。莱恩认为，生命就是不断地抵抗熵增的过程，这个过程每时每刻都需要消耗大量能量，一旦能量供应跟不上能量需求，其结果就是衰老和死亡。作为真核细胞所需能量的唯一供应商，线粒体掌管了真核生物的生杀大权，线粒体的健康极限就是真核生物的寿命极限。

既然如此，动物们只要进化出高质量的线粒体不就可以长寿了吗？答案并不像大家想象的那么简单。前文说过，线粒体的遗传模式和核基因组不一样，双方必须相互配合才行。高等动物受精卵中的线粒体全都来自卵子，但核基因组却有一半来自精子，因此卵子的每一次受精都是撞大运，碰上合适的精子皆大欢喜，碰上不合适的就会倒霉一辈子，所以大多数高等动物都学会了对受精卵进行预筛，即把不合格的胚胎剔除出去，这样就不会浪费资源了。对于人类来说，这就是流产。据统计，人类有大约 40% 的妊娠是以流产告终的，很多流产就连母亲都觉察不出来。莱恩认为，其中很多流产的原因就是线粒体基因组和核基因组不匹配，导致线粒体质量出了问题。

但是，基因组之间的匹配没有最好只有更好，线粒体的质量究竟要达到什么样的标准才能不被筛除呢？答案必须依照动物的生活方式来决定。比如，飞行需要耗费大量的能量，因此所有会飞的动物对线粒体质量的要求都非常高，这就是为什么绝大多数鸟类对于配偶都极为挑剔。很多进化生物学家都对雄鸟为什么会进化出如此艳丽的羽毛感到不解。达尔文曾经说过，他每次一想到孔雀的羽毛就"感到恶心"，因为这件事太不符合进化论的预期了。但在莱恩的理论体系里，这件事变得很容易解释。雄鸟羽毛上的色素是很难合成的，需要高质量的线粒体提供能量，所以莱恩认为雄鸟羽毛其实就是展示自己线粒体质量的一个广告牌。

还有一点也很重要，那就是雄鸟的性染色体是 ZZ，雌鸟是 ZW，和人类正相反。很多和线粒体有关的基因都在 Z 染色体上，所以雌鸟的线粒体基因大都来自父亲，这就是为什么鸟妈妈在择偶时必须十分挑剔，否则她的女儿就会遭殃。不过，挑剔的结果就是鸟类的生殖能力相对较低，一只雌鸟一年往往只能生一窝。

再来看看小鼠的情况。小鼠的生活范围很小，也不用飞，不需要特别优质的线粒体就能活得很好，因此母鼠对于胚胎质量的要求要比鸟妈妈低得多，其结果就是小鼠的体力虽然不如鸟类，但繁殖力却比鸟类强很多。

总之，真核生物的生命就是一场体力（fitness）和繁殖力（fertility）之间的较量，两者天生矛盾，鱼和熊掌永远不可能兼得。这场竞争最终一定会达成某种平衡，平衡点的位置取决于该生物的生存策略。

莱恩的这套理论很好地解释了为什么鸽子和小鼠的体重差不多，休息时的新陈代谢速率也相近，但绝对寿命却相差 10 倍，原因就在于鸟类的线粒体质量高，其自由基泄漏速度是同等体重的哺乳动物的十分之一。有趣的是，唯一会飞的哺乳动物蝙蝠的线粒体质量和鸟类更相似，寿命也相应地比同样体重的小鼠长很多。

这套理论还解释了为什么饥饿疗法、锻炼身体和低碳水化合物饮食会延缓衰老，原因都是自由基。研究结果证明，人在饥饿、运动和低碳饮食时，其线粒体的工作效率会更高，自由基就更不容易泄漏。

总之，莱恩认为衰老的原因就是线粒体基因组和核基因组之间的不匹配所导致的线粒体质量下降，自由基随之泄漏，损伤了细胞，触发了细胞凋亡。之后，如果自杀的细胞被新细胞替换，皆大欢喜，这就是年轻时的状态；如果来不及替换，活细胞的数量就会越来越少，这是老年时的状态；如果细胞凋亡过程出了问题，导致这个细胞没有死透，只是失去了分裂能力，它就会变成前文提到过的衰老细胞，导致一系列问题。

线粒体有没有可能永远保持健康？答案是否定的。因为基因总是会发生变异，两套基因组不配合的情况一定会发生。不过人体是不在乎这个的，因为生殖细胞早就被保护起来了。当繁殖任务完成后，身体再怎么衰老也无所谓了。

再拿人类的文明发展做个类比。狩猎采集阶段人类都是以小团体的方式生活的，团体规模很长时间都没有变化，这就相当于"原核生物"。当人类发明出农业后，食物来源有了保障，于是就出现了大型部落，进而出现了国家，这就相当于"真核生物"和高等动物。国家内部复杂的机制早晚会出乱子，于是再强大的国家也有被灭的时候，这就是身体的死亡。但人类文明并不会因此而中断，因为人还活着，只是换了个国号而已，这就是生殖细胞的永生。

读到这里也许有人会问，大自然为什么没有进化出另一套能量生产方式，杜绝两套基因组之间的不匹配现象呢？莱恩认为，这个结果恰好说明进化是没有远见的，缺乏顶层设计，走一步看一步，出现一个问题就解决一个问题，然后再去迎接新的问题，最终的结果就是我们今天看到的一团乱麻。生命就是这样一步一步走到了今天，今后也将会按照这个方式继续一步一步地走下去。未来的世界将会怎样？谁也无法预测，这就是生命最有魅力的地方。

结　语

说到长寿，人类其实是最没有资格抱怨的灵长类动物。我们的寿命几乎是黑猩猩的两倍，其他灵长类动物更不是我们的对手，人类可以说已经达到了灵长类的极限，这是为什么呢？答案可以从人类的生活方式中去寻找。

现代智人诞生于非洲大草原，祖先们的绝对速度不如猎豹，绝对力量不如狮子，虽然学会了使用工具，但原始工具的作用有限，他们凭什么称霸非洲？答案就是长跑。我们的祖先是非洲草原上长跑成绩最好的选手，这项技能对线粒体的质量提出了很高的要求。事实上，人类的线粒体质量是灵长类动物中最好的，这就是人类长寿的奥秘。

人类的长寿带来了诸多好处。比如，人类婴儿的大脑可以有充足的时间发育，少年可以有充足的时间学习知识，成年人可以有充足的时间发明创造出新的技能。我们甚至可以说，正是因为长寿，我们的祖先才有了充足的时间，慢慢进化出了超高的智商，最终成为了地球的主人。

参考资料：

Nick Lane: *The Vital Question: Why Is Life The Way It Is?* Profile Books, 2001.

Nick Lane: *Life Ascending: The Ten Great Inventions of Evolution,* W. W. Norton & Company, 2010.

Josh Mitteldorf & Dorion Sagan, *Cracking the Aging Code,* Flatiron Books, 2016.

Robin Holliday, *Aging: The Paradox of Life,* Springer, 2007.

J. Craig Venter, *A Life Decoded: My Genome: My Life,* Penguin Books, 2008.

Trygve O. Tollefsbol, *Epigenetics of Aging,* Springer, 2009.

人为什么一定要死？

第 三 章

人类的创造力是从哪里来的?

创造力是人类区别于动物的最关键的特质,

只要搞清楚创造力来自哪里,

就能够明白我们为什么变成了今天的样子。

引言：创造力来自哪里？

关于创造力的讨论一定不能只限于科技，而把人文艺术拒之门外，因为创造力涉及几乎所有的领域，体现在日常生活的方方面面之中。

2018 年 7 月 29 日下午，深圳湾体育中心"春蚕"体育馆内人声鼎沸，RoboMaster 2018 机甲大师总决赛即将在这里上演。这个比赛看上去很像是实体版的"王者荣耀"，只不过把原本只在虚拟世界里发生的枪战场面换成了真实的机器人对射。总决赛由上届冠军华南理工大学队对阵东北大学队，双方队员在各自的操作间里通过机器人视角操纵本方机器人，在一个近似篮球场大小的战场上闪转腾挪，互相攻击对方大本营。比赛现场的灯光设计极为炫酷，体育馆内充斥着橡皮子弹击中装甲后发出的乒乓之声，看得人心潮澎湃，其刺激程度一点也不亚于一场职业的篮球比赛。

机甲大师赛的前身是 2013 年举办的机器人夏令营，主办方是总部位于深圳的 DJI 大疆创新公司。这家公司是全球无人机行业的领军者，其创始人汪滔最早就是从亚太大学生机器人大赛（Robocon）上脱颖而出，并开始创业的。2013 年初，大疆推出了首款针对普通消费者的航拍无人机"精灵 1"（Phantom 1），迅速风靡全球。刚刚挣到人生第一桶金的汪滔迅速决定出资举办机器人夏令营，由此可见他对机器人有多么着迷。两年后，汪滔又将这个夏令营升级为面向全球大学生的机甲大师赛，迄今为止已经连续举办了四届，总投资接近 3 亿元人民币。

虽然大疆真的很有钱，但如此大的投资力度已经不能完全用"兴趣"来

2018 年机甲大师赛参赛选手正在调试机器人 ························· ▪

解释了。有人认为大疆试图将其办成一项商业赛事，就像职业篮球赛一样。但从现场观众的人数和构成来看，这项赛事距离盈利的目标尚有一段距离。还有人认为大疆试图从参赛选手中挑选未来的雇员，这个说法当然不能说毫无根据，毕竟大疆已经从历届参赛选手中招进了几十位工程师，但如果我们把机甲大师赛仅仅看成一场高价招聘会的话，那也未免太小瞧这家公司了。

"机甲大师赛的主要目的不是为大疆招聘工程师，而是希望能在大学生中间培养出一种工程师文化，以此来激励更多的年轻人选择工程师作为职业。"大疆公司总裁罗镇华对我说，"只有这样才能为这个创新型社会培养出更多具有创新精神的人才，大疆肯定也会从中受益。"

大疆非常重视创新，甚至把这两个字写进了公司的名称之中。大疆所在的深圳市也自诩为"创新之城"，一直试图把经济增长从投资驱动转为创新驱动。事实上，创新已经成为全体中国人耳熟能详的关键词，越来越多的人意识到只有创新才能让中国富强起来。

目标虽然一致,路径却各有不同。类似大疆这样以工程师为骨干的高科技企业全世界有很多,大部分采用了定向培养的方式吸纳人才,具体做法就是从好大学里挑选出优秀学生,为他们提供奖学金,希望他们学成后为自己服务。还有一些企业也想通过办比赛的方式发现人才,但比赛规则却和机甲大师赛有着非常大的不同。目前流行的几个国际大型机器人赛事大都是某个特定的专项技术的比拼,比如看谁制造的机器人上台阶最快,或者谁设计的无人机飞得最稳,等等。比赛方式也大都是私密的,更像是一场考试。大疆则反其道而行之,把比赛做成了一场公开表演的游戏,而且是最吸引眼球的战斗类游戏,不但提高了参赛者的兴趣,也把观众的热情抬了起来。

如果用美国职业篮球联赛(NBA)全明星周末做个比喻的话,其他那些比赛相当于周六举办的扣篮大赛和三分远投大赛,机甲大师赛则相当于周日举办的全明星正赛。熟悉的人都知道,周六比的是篮球专项技能,参赛队员真用力,比赛含金量高。周日的比赛则相当于表演赛,能上场就是最大的褒奖,比赛内容往往乏善可陈。

机器人比赛也是这样。其他那些专项赛事的技术含金量往往比较高,获奖者甚至可以出篇论文。机甲大师赛则重在参与,里面涉及的技术都相当基础,但是因为比赛过程好看,再加上大疆花重金打造,使得机甲大师赛在大学里的知名度很高,所有被选中参赛的学生都会被视为英雄,获胜者更是有可能成为校内明星,受到全校师生的追捧。

除了宣传和后勤服务之外,大疆只负责制定每年的游戏规则并给出某些指标上限,然后任由参赛选手自由发挥。比如,机器人赛车只规定了电池的最高功率,移动方式和速度均不设限,于是有团队设计了一套电容供电装置,大大提高了行车速度。再比如,大疆只负责在每台机器人身上安装靶子,躲子弹的方式不限,于是有位学生设计了一个巧妙的装置,让车身旋转起来,但炮台不动,这样一来机器人战车就可以一边高速自旋以躲避子弹,一边继续瞄准射击,几乎可以立于不败之地。

总之，大疆为学生们提供了一个高仿真的虚拟工作机会，所有参赛队员都会在比赛的过程中把将来工作中可能会遇到的所有问题解决一遍，并在这种近乎真刀真枪的演练过程中发现自己的长处和短处，找出未来的努力方向。至于说每个人的长处和短处究竟是什么，努力的方向到底在哪里，大疆就不管了。

　　两种方法的最终目的都是培养创新型人才，究竟哪一种方法最有效呢？答案取决于一个终极问题，那就是人类的创造力究竟是从哪里来的？如果我们相信创造力来自天才，天才又是可以从小鉴定的，那么前一种方法更可靠。但如果我们相信天才来自民间，没有规律可循，无法提前培养，那么大疆的做法就是正确的。

　　到底哪种方式最有效？这就是本专题试图回答的问题。

　　2018年的机甲大师赛最终以华南理工大学卫冕成功而宣告结束。我走出体育馆，发现场外有好多人在等退票，我刚想惊叹这个赛事居然已经如此轰动了，却立刻被告知他们等的是隔壁体育场的退票，某当红歌星那天晚上要在那里开演唱会。

　　一句话把我拉回了现实。

　　一提到创新，学者们首先想到的肯定是科学和技术，认为这哥俩带来了生产力的巨大飞跃，代表着人类和动物之间的本质区别。放眼望去，无论是深圳市中心高耸入云的摩天大楼还是周围人手一台无所不能的智能手机，似乎都在证明此话不假。但其实大多数老百姓更关心艺术，一个富有创造力的歌手往往要比一名优秀的工程师更能打动人心，即使前者需要借助很多后者发明的高科技手段才能完成一场大型露天演唱会。

　　事实上，大疆目前的无人机产品虽然也可以用来提高生产力，但大部分普通消费者对它的印象还停留在航拍上。航拍满足的是人类对于艺术创新的渴望和情感交流的需求，远比提高生产力更吸引人。因此，我们这个关于创造力的讨论一定不能只限于科技，而把人文艺术拒之门外，因为创造力涉及几乎所有的领域，体现在日常生活的方方面面之中。

就拿前文提到的那个终极问题来说，中国篮协主席姚明已经给出了答案。他破天荒地组建了两支国家队，让他们相互竞争。他还决定从草根球员中选拔队员去参加亚运会新增设的 3 对 3 篮球赛，而不是像往常那样派专业运动员代表中国出战。最终结果证明姚主席的新政是成功的，中国篮球队包揽了本届亚运会所有四项篮球比赛的冠军。

姚主席在赛后接受采访时对记者说："最优秀的选手不是培养出来的，是被发现的。"创新型人才是否也是如此呢？我们的创造力究竟来自哪里？让我们从艺术创新开始讲起吧。

251
—

创造力的五个阶段

徐冰被认为是中国最具创造力的现代艺术家，从他的故事里我们可以一窥创造的真谛。

《天书》是如何写成的

位于北京 798 艺术区内的尤伦斯当代艺术中心是中国顶尖的艺术机构之一。2018 年夏天，尤伦斯腾出所有的空间为徐冰举办了一场为期 3 个月的，极具规模和影响力的个人作品回顾展。成千上万名艺术爱好者涌入尤伦斯，争相目睹这位被誉为"中国最有创意的当代艺术家"的艺术作品。

进入展厅，首先映入眼帘的就是三幅横贯整个天花板的文字长卷，上面密密麻麻写满了中文字，但如果你走近一点仔细看，就会发现这些字你一个都不认识。展厅中间的地板上整齐地摆放着几百本摊开的线装书，从装帧到排版再到印刷都和一般的古书无异，甚至连章回目录都一应俱全，但上面印着的字同样不可辨识。最妙的是，这些字的构造和设计理念却又和我们熟悉的汉字别无二致，任何一个懂中文的人都会不自觉地试图去辨认它们，希望能从中找出一个认识的字，从而参透其中的奥妙。然而，他们的努力注定是徒劳的，因为这些字都是徐冰自己设计出来的假字，没有任何意义。

我至今还记得很多年前第一次看到这件名为《天书》的作品时的激动之情，我被它的创意迷住了，它在我头脑中引发了一连串相互矛盾的情感，这种感觉让我十分着迷，但我想不出这是为什么。当我得知徐冰即将在尤伦斯

徐冰（徐冰工作室提供）

举办个展时，便立即联系他请求采访，希望能解开埋藏在心中的诸多谜团：这个徐冰到底是一个怎样的人？他为什么要做这样一件作品？《天书》的背后到底有何深意？是否在影射人类文化的虚无？还是在暗示天意的不可知？最重要的是，我想知道他当初是怎么想出这个绝妙的创意的。

"《天书》这个作品源于 20 世纪 80 年代中期的文化热，那场运动对我影响很大，最终催生出了这个作品。"徐冰开门见山地说，"我当时跟着热点走，听了很多热门讲座，硬着头皮读了很多西方当代哲学的书，越读越觉得自己的思维反而更加混乱了，最后甚至开始自我怀疑，不明白我为什么不能进入这样一个时髦的文化氛围当中去。"

采访是在徐冰的工作室进行的，徐冰先嘱咐助理出门去买两杯咖啡，然后拿出手机，找到一段朋友刚刚发给他的文字念给我听："断裂这种事件，即我在文章开始隐射的那种裂变恐怕也许会在结构之结构性不得不开始被思考，也就是说被重复的那个时刻发生，而这也正是我何以说这种裂变就是重复的理由，我是在重复这个词的所有意义上使用它的。此后必须开始思考的是在

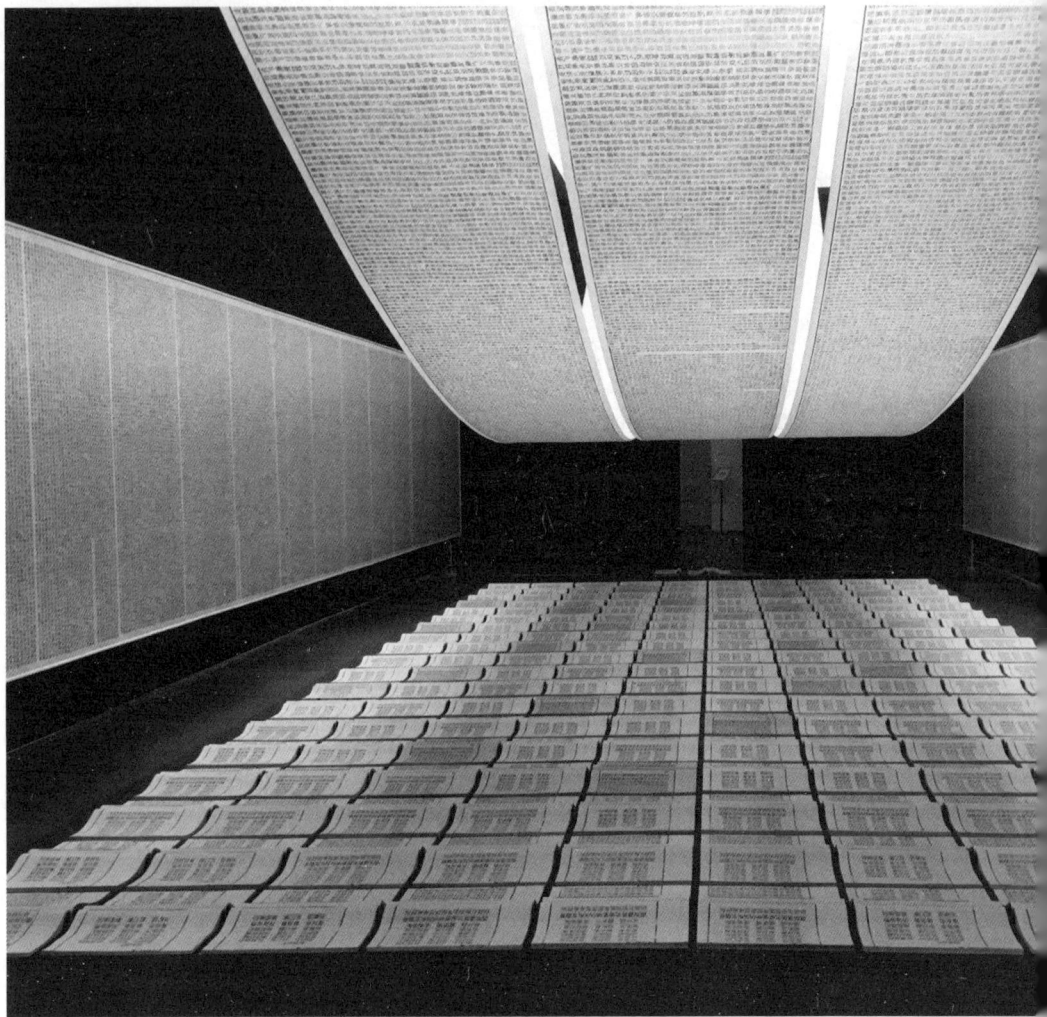

《天书》，徐冰

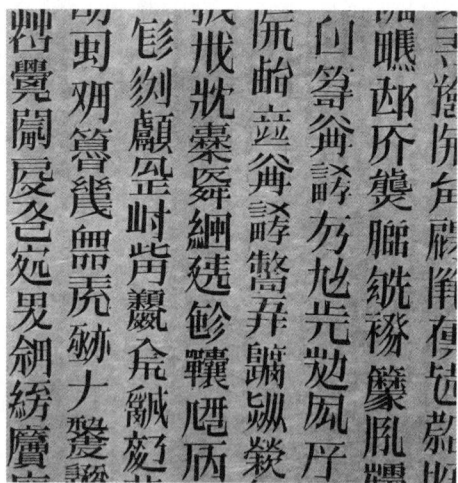

《天书》上不可辨识的文字

结构构成中主宰着某种中心欲求的那种法则及将其变动与替换与这种中心在场法则相配合的那个意谓过程；不过这是个从来就不是它自身，而且总是已经从其自身流放到其替代物中去了的中心在场。"

这段文字选自法国当代哲学家和思想家雅克·德里达（Jacques Derrida）撰写的一篇题为《人文科学话语中的结构、符号与游戏》的论文，国内一家著名出版社将其翻译后出版成书。虽然这篇论文是在20世纪90年代写成的，但这种晦涩的翻译体文风和徐冰在80年代中期读到的那些引进版的西方学术著作如出一辙，勾起了他关于那段往事的回忆。

"现在想来，我对当年那种文化氛围的失望来自于自己对它的期待，因为我们这代人年轻的时候没受过什么文化教育，'文革'以后国门开放，外国文化一股脑儿地进来，受到我们这些文艺青年如饥似渴地追捧，但没想到我们最终得到的却是这种东西。"徐冰说，"我读了很多这类书籍，却感觉自己以前清楚

法国当代哲学家和思想家
雅克·德里达

的东西反而不清楚了，甚至生出了一种错位感，这就是我当时的感觉。"

很容易把这种感觉和《天书》联系到一起，但当年有类似想法的人应该不止徐冰一个，为什么只有他创作出了《天书》这件作品呢？这就要从他的身世说起了。徐冰出生于1955年，从小喜欢画画。他母亲在北大图书馆学系工作，所以他小时候经常待在图书馆学系的书库里，对各种书的样子非常熟悉。书库里有很多关于中外图书史、图书设计和装饰的图书，他完全看不懂，却对外文字体很感兴趣，觉得那些字母设计得特别漂亮。

中学毕业后徐冰去塞北农村插队，体验到了中国农民的日常生活。最初他相信越是深入底层就越能接近生活的本质，但他渐渐发现实际上他和现实生活越来越远了，因为当代中国的核心已经变了，这个想法促使他决定尝试一些和国际接轨的新的艺术形式。1977年他考入中央美术学院，被分配到了版画系。正是在学习版画的过程中，徐冰首次体会到了"复数性"的力量。这种力量可以简单地理解成印刷或者打印这种拷贝（copy）行为，正是这种行为使得个性化的艺术品慢慢消失，代之以可被大量复制的标准化产品，非常适合用于传播某种思想，比如革命年代的那些宣传版画就是如此。

1981年本科毕业后徐冰留校任教，过了一段安静的日子。几年后新文艺运动进入中国，中央美院自然冲在前列。"当年我和几个朋友成立了一个'侃

256

协'，每天聚在一起聊当代艺术。"徐冰回忆道，"回想起来，我们当年讨论的问题都非常前沿，但我们中央美院有个特点，那就是只产生思想，不勤于动手，不像其他美术院校，大家都在做作品。我自己虽然花了很多时间和大家侃艺术，但内心里还是非常希望能通过自己的作品参与到当时的文艺热潮中去的。"

1986年的某一天，徐冰在想一件别的事情的时候脑子里突然冒出个念头，要造几个别人不懂的汉字出来。这个突如其来的想法让他非常激动。第二天早上醒来后，他想到这个主意仍然会很激动，接下来几天都是如此。"我这人有个习惯，那就是喜欢把事情推到极致。每出现一个好想法，我的思维都会异常活跃，快速地填充细节，直到把想象的空间全部填满。"徐冰说，"比如这个造假字的想法，我很快意识到这绝不能仅仅只是几个假字而已，我要造出一整篇文章，这还不够，应该是一本书，一本书也不够，必须是一套书，我要追求一种'源源不断地强迫你接受'的那种浩瀚的效果。"

当时徐冰还在读研，同时还要给本科生上课，于是他把这个想法埋在心里，只和几个最要好的朋友聊过，比如后来担任了中央美术学院人文学院院长的尹吉男。就这样，这个想法在徐冰的脑子里酝酿了小半年，等到学期一结束，徐冰立刻开始行动了。为了模仿古书的样式，徐冰利用母亲的关系进入了北大图书馆的善本库，仔细研究了一番之后，他决定采用略微偏扁的宋体字，版式也参照宋版书的样式，字大而密，看上去非常饱满，却不带有任何个人风格，能够最大限度地实现他想要的那种"抽空"的效果。

方案定好后，徐冰把自己关在宿舍里，花了一年多的时间设计并刻出了2000多个假汉字。"那段日子虽然辛苦，但我自己其实是非常享受的，我感觉参与那些文化讨论浪费时间，还不如把自己封闭起来，踏踏实实做点事情，顺便把脑子清空，感觉内心特别舒服，特别实在。"徐冰回忆说，"不过，有的时候我心里还是有点怀疑，我费这么大力气全情投入，不就是做了几个假字吗？到底值不值得呢？后来我才认识到，有些想法由于没有人做过，从而没有被证实过，所以才时有怀疑。有些想法之所以既有价值又有力量，就是因为它简单，简单到只比正常思维错位了那么一点点。比如，我们仔细看一个熟悉的汉字，经常越看越不对劲，我只不过把这个感觉再往前推进了一小步而已。"

徐冰后来写了篇回忆录，详细描述了当年刻字的过程。徐冰打算刻活字，但他在实践中发现，虽然是中国人发明了活字印刷术，但其实活字并不适合中文书的印刷，因为工匠很难把每个木块的六面都锯成绝对的90度，拼起来很难平整。虽然存在诸多困难，但徐冰依靠顽强的毅力和耐心，硬是刻出了2000多个假字木块。具体的造字和刻字过程也都困难重重，好在徐冰本来就是学版画的，对这套工序并不陌生。

他原本打算刻4000个假字，但1988年10月中国美术馆办展览，给了徐冰一个档期，他决定先试印一版看看效果，于是就用这2000多个假的活字印了三幅长卷送去展览，起名叫作《析世鉴——世纪末卷》。

"那会儿不是正好快到世纪末了嘛，所以起了这么个名字。"徐冰解释说，"这是那个时代年轻人的通病，总喜欢讨论宏大深刻的问题。"

事实证明，并不只是年轻人喜欢讨论宏大深刻的问题，当时的氛围就是如此。作品展出后迅速引发了艺术圈大讨论，一些老先生认为徐冰误入歧途，浪费了自己的才华，还有一些年轻艺术家却认为这件作品制作太讲究了，不够前卫。不过支持徐冰的人显然更多，他们给这件作品起了个更加贴切的名字：《天书》。

面对争议，徐冰却失语了。实在躲不开时，他就用"惊天地，泣鬼神"来搪塞："传说仓颉造字之后，老天爷受到惊吓，担心人类舞文弄墨误了农耕，为警示人类下了粟米，这就是'惊天地'。鬼神则彻夜啼哭，担心人类把它们的罪恶记录在案，将来遭到报应，这就是'泣鬼神'。"徐冰解释道，"所以我真心觉得自己没什么可说的，古人早就把我们与文化的关系说清楚了。"

这个展览对徐冰来说是一次对想法的测验和对焦。他清楚了最终成书的样子，于是决定再刻制一套更适合的字体，便又躲进宿舍，重新刻了2000多个假字。然后他在北京郊区找到一家专门印古籍的民营印刷厂，印了 120 套《天书》，每套 4 册，一共 604 页。如今这些书分散在全球多家美术馆或者博物馆内，被公认为现代艺术史上不可多得的经典之作。

有意思的是，很多文艺评论家都拿德里达的理论来解释《天书》，似乎在那个文化人言必称德里达的时代，套用解构理论来解构《天书》太合适了，既时髦又深刻。

"多年之后回过头来看这件作品，我有一种陌生感，好像这事和我没什么关系似的，更像是一种天助。"徐冰对我说，"所以我在那篇回忆录的结尾写道：一个人，花了四年的时间，做了一件什么都没说的事情。"

这当然是徐冰的自谦。从尤伦斯观众的反应来看，这件创作于 30 年前的艺术作品仍然有着旺盛的生命力，这就是好创意的价值。

创造力的五个阶段

如果徐冰早生 20 年的话，一定会让美国心理学家米哈里·希斯赞特米哈伊（Mihaly Csikszentmihalyi）激动不已的。这位芝加哥大学心理学系前系主任被公认为创造力研究领域的鼻祖之一。他于 1976 年撰写了一本名为《创意洞见》（*The Creative Vision*）的书，提出了著名的"创造力

美国著名的创造力研究者，心理学家米哈里·希斯赞特米哈伊

五阶段说"。《天书》的创造过程和这套理论的契合度非常高，简直可以作为该理论的一个最佳解释范本。

根据这套理论，创造过程的第一阶段是准备期，即通过知识积累和技能储备，为创造力的爆发做好准备。这一条很好理解，因为现代社会是一个高度专业化的社会，每一个领域都已经历过长时间的知识积累，任何人想要在任何领域做出创造性贡献，首先必须把前人积累的基本知识和核心技能都尽数掌握，否则是不可能取得成功的。徐冰早年间学习美术的经历，尤其是他在版画方面的知识积累，是《天书》创作的先决条件。另一个重要因素就是徐冰当时的职位，因为在版画创作方面小有成就，他在《天书》出来之前就已经在中国艺术圈有些名气了，这让他获得了在美术馆举办展览的机会，《天书》正是借助这个机会首次公之于众的。千万不要小看这一点，一般人即使想出了这个创意，也很难获得大众的认可，这就是当今社会的现实。

从这个理论可以得出一个推论，那就是儿童是不具备创造力的。很多人对此有误解，以为孩子们的大脑像一张白纸，最有可能画出全新的图画，但实际上真正的创造力都是以知识为基础的，儿童在任何领域都缺乏最基本的知识储备，偶尔冒出的小火花只能被视为一种有趣的小想法，不能称之为创造。

第二阶段是酝酿期，各种想法在创造者的潜意识里翻腾，但好的创意尚未出现在主观意识当中。希斯赞特米哈伊相信，所谓创新就是一种此前未曾出现过的神经连接方式，正是因为它不同寻常，所以这样的连接非常罕见，不会出现在一般人的大脑中，即使出现了也会被大多数人的主观意识拒绝。所以这个酝酿期非常重要，只有在一片混乱之中，不寻常的连接才有可能被建立起来。

徐冰在中央美院教书期间听过的很多艺术讲座，读过的各种先锋艺术书籍，甚至他和朋友们组织的"侃协"，都可以被视为《天书》的酝酿期。这段经历让他开始思考艺术的本质，年轻的他找不到答案，这让他感到困惑甚至痛苦，但正是这样的潜心思考，为《天书》的出现做好了铺垫。

徐冰的另一件重要作品《背后的故事》同样体现了酝酿期的重要性。从正面看，这件作品似乎只是一幅镶嵌在橱窗里的中国山水画，所有细节栩栩如生，几可乱真。但如果观众绕到橱窗的背面，就会发现这幅画其实是用一堆碎纸、麻丝和小木棍等杂物粘贴而成的，当背光打到这些杂物上去时，就会在正面的毛玻璃上形成一幅明暗相间的影像，这就相当于用光绘制了一幅中国山水画的复印版。

如此美妙的创意究竟是怎么来的呢？徐冰对此也很好奇："我自己也很想搞清楚灵感的来源，于是我开始记笔记，记录下我在产生某个想法的时候处于什么样的状态，周围环境是怎样的，得到这个想法之后我的思维又是怎样发展的，等等。记了一段时间后我发现，灵感的出现取决于脑子里对于某个问题的关注度到底有多强。如果我在一段时间里一直在琢磨某件事情，灵感往往就会出现。如果没有这种思维的紧张感，以及思考问题的紧迫度，灵感就不会来。"

《背后的故事》系列作品是 2004 年徐冰受柏林美国研究院的邀请，在柏林做为期两个月的在驻艺术家期间完成的。此行的最终目的是要在德国国家东亚博物馆完成一个个人作品展，徐冰前往该馆考察，发现博物馆展厅四周有很多现成的大玻璃展柜，徐冰决定利用这个特殊的空间做点什么。为了寻找灵感，徐冰花了大量时间研究柏林的历史，发现这家博物馆在"二战"期间丢失了九成左右的藏品，大部分被转移到了苏联。"二战"结束后博物馆跟苏联有关方面交涉，试图要回这些藏品，却遭到了后者的拒绝。

在介绍完这些藏品的历史后，博物馆副馆长对徐冰说，这只是这些藏品在"二战"期间的遭遇，在那之前它们肯定还有更多的故事不为人知。这句话给徐冰留下了很深的印象。正巧他第二天要坐飞机去另一座城市，转机时他走过机场的办公区，无意间看到一株盆栽植物在毛玻璃上留下的影像，看上去很像中国画的晕染。就是在那一刹那，徐冰的脑子里出现了博物馆的那些巨大的玻璃柜，以及那些丢失的东亚绘画，他立刻想到可以用毛玻璃投影的办法复原那些丢失的东亚绘画，灵感就是这么来的。

此事另一个有趣的地方在于，这个做法只适用于东方绘画，因为西洋画是有固定焦点的，而东方绘画是散点透视的，只有这样才能在一大块平板毛玻璃上通过光影加以复原。这个案例再次说明了准备期的重要性，一个只熟悉西洋画的西方艺术家是很难想出这个点子的。

"灵感很多时候看起来是偶然的。如果博物馆的空间不是那样的，我就不会有这个想法。如果没有柏林的那段历史，我看到机场的毛玻璃也不会有那种反应。"徐冰对我说，"但是，正因为我当时一直高度专注地沉浸在这件事当中，再加上我对中国画非常熟悉，于是当我在机场看到那片毛玻璃时，我脑子里所有和这个想法相关的知识储备才会在一瞬间被调动起来，最终产生了那个灵感。这就是我为什么一直说，艺术一定是诚实的，一个艺术家的整体质量和个人修养肯定会不折不扣地反映到他的创作当中去。"

在这个故事里，徐冰在机场的灵光一现就是创造力的第三阶段，希斯赞特米哈伊称之为"洞悉"（insight）。也有人喜欢称之为"啊哈时刻"（aha moment）或者"尤里卡时刻"（eureka moment），后者显然是指阿基米德在澡盆里想到称王冠的方法后光着身子冲出家门，一边跑一边高喊"Eureka！Eureka！"（希腊语的意思是"我找到了"。）在很多人的心目中，这个时刻代表了创造力的某种神秘特质，仿佛有如神助一般，可遇而不可求。但徐冰的例子告诉我们，其实这个洞悉时刻并不神秘，自有其内在规律可循。

大多数关于创造力的讨论都停止于洞悉时刻，但希斯赞特米哈伊认为事情还远未结束，创造的过程还需要两个阶段才能完结，这就是评价期和精心制作期。从某种意义上说，这两个阶段才是创造力的关键所在。

顾名思义，评价期就是对某个创意的好坏做出判断。希斯赞特米哈伊认为，任何人在任何时刻都可能想出一个新奇的点子，但在大多数时候，这些想法都是毫无价值的，甚至是错误的，一个富有创意的人和普通人最大的区别就在于他能迅速地对某个新奇的想法做出评价，判断出自己到底是应该继续探究下去，还是赶紧忘记它，另起炉灶。

这个能力对于科学家来说尤其重要，因为科学研究耗时耗资，判断准了方向经常意味着成功了一半。比如，曾经获得过诺贝尔奖的德国化学家曼弗里德·艾根（Manfred Eigen）声称，他与缺乏创造力的同事之间的区别就在于他能分辨出一个问题是否可解，同事们不能，这就为他节省了大量时间，避免了许多错误的尝试。

除了创造者的自我评价之外，他人的评价也很重要，毕竟创造力的核心定义就是这个创意是否有价值，这一点肯定不光是由创造者说了算的。科学方面的创意好办一些，毕竟科学标准相对客观。举例来说，有很多数学家和理论物理学家年少成名，一个重要原因就在于这两门学科的评判标准是所有科学领域当中最客观的，几乎没有模糊地带，年轻人不太会受到学术权威的打压。相比之下，心理学家就很难年少成名，因为心理学是一门高度弥散的学科，评价标准带有较强的模糊性，绝大多数心理学家都需要笔耕不辍很多年，熬成该领域的权威后，他的创新理论才会被学界接受。

对于艺术家来说，公众评价就更重要了，因为艺术的评判标准远比任何一门科学都要模糊得多，很难用一套标准算法计算出来。比如，曾经有位名叫哈罗德·科恩（Harold Cohen）的英国画家设计了一套电脑作画程序ARRON，由它创作的电脑画在泰特美术馆等多家艺术场馆展出过。很多不明真相的人把ARRON视为人工智能的杰出代表，但实际上ARRON并没有自我评价的能力，它作画的每一个步骤都要由科恩来做出取舍，最终送展的作品也是由科恩挑的，这不是真正意义上的人工智能。同理，很多人曾经试图开发基于人工智能的写作程序，最后发现电脑最擅长写诗，却写不了散文，原因就在于人类习惯于阅读语义模糊的诗歌，对于诗歌作品的评判标准要宽松得多，散文就不行了，所以至今没有任何一种写作软件能够写出漂亮的散文。

对于人类艺术家来说，如果从事的是针对普罗大众的商业艺术还好办，

英国画家哈罗德·科恩设计的电脑作画程序 ARRON 正在画画

只要看票房或者销量就行了，而像现代艺术这种相对小众的艺术形式就需要一点运气了。希斯赞特米哈伊曾经采访过一位现代艺术家，发现他之所以突然变得很有名，完全是因为他在一次酒会上结识了一个有钱人，后者出大价钱买了一件他的作品，艺术市场立刻跟进，大幅度提高了他作品的售价，他就这样成功了。

徐冰没有这样的好运气，但他身上有三点特质非常醒目。第一，徐冰比较注重个人形象的塑造，比如他常年戴一副圆眼镜，这已成为他的个人商标，甚至他的工作室门外的铭牌上都不写文字，只用一个圆眼镜图标代替，这就让公众更容易记住他。第二，他对媒体的态度非常友好，尤伦斯个展期间有无数记者申请采访他，他尽可能地接受，慎重地选择谢绝，这一点非常难得。第三，他很善于为自己的作品做总结，接受采访时经常会爆出金句，方便记者写出有深度的稿子。这三个特质使得徐冰在媒体圈的口碑极佳，这就让他的创意更容易被大众所接受。

最后，好的创意往往还需要经过精心制作才能完整地呈现出来，任何一位写作者对这一点恐怕都不会陌生。徐冰自然也不例外，他的《天书》花了将近4年的时间才大功告成。正因为如此，这件作品的制作工艺堪称完美，为这个创意的成功提供了很大帮助。类似的案例还有很多，最著名的大概要算是《物种起源》了。达尔文很早就有了自然选择的想法，但他并没有立刻写篇论文发表出去，而是花了20年的时间不断完善这个创意，这才成就了《物种起源》的精彩。此书出版后遭到了很多宗教界人士的攻击，但反对者从书里挑不出明显的硬伤，这一点是达尔文的进化论之所以获得成功的关键之一。

当然了，并不是每个人的每次创意都要经过这五个阶段。有些创意一旦想出来就等于成功了，不需要经过最后这个精心制作的阶段。还有一些创意没有经历过酝酿期就直接迎来了"尤里卡时刻"，或者说创作者的准备期和酝酿期连在了一起。因此后来有人将这一理论简化成了三个阶段，即知识储备、洞悉时刻和价值评估。

希斯赞特米哈伊本人则在"五阶段说"的基础上又提出了一个新的概念，名为"创造力三要素"。在他看来，创造力是一个系统的特征，不是某个个体的性质。一个配得上"具有创造力"这个形容词的想法或者产品一定是来自许多个创造力源头的协同效应，而不只是出自某个人的灵光一现。因此，创造力一定是来自构成系统的三要素之间的互动，即包含符号规则的文化、给某个领域带来创新的人，以及该领域中被认可、能证实创新的专家。大部分普通人只对第二个要素感兴趣，比如媒体常常把徐冰描绘成一个百年不遇的绝世天才，因为这么做能够满足人类对于英雄故事的远古偏好。但对于研究者来说，必须把这三个要素放在一起加以考量，否则是无法理解创造力的来源问题的。比如在徐冰的故事里，如果没有20世纪80年代中国的那种文化氛围，以及现代艺术的独特运作方式，像徐冰这样的艺术家是很难出现的，更不用说取得今天的成功了。

创商与智商

希斯赞特米哈伊对于创造力研究所做的贡献绝不仅仅是提出了一个理论那么简单，而是在方法论上做出了革新。他首创了通过具体案例来研究创造力的新范式；"五阶段说"就是在他采访了一大批富有创造力的文艺界和科学界精英人士后总结出的一套理论。

在他之前，西方心理学界先后被研究狗的巴甫洛夫和研究鸽子的斯金纳（B. F. Skinner）所把持。这一派学者相信只有在动物身上做实验才是心理学研究最可靠的方法，但这个思路显然无法用于研究创造力，因为这个能力普遍被认为是人类特有的，动物并不具备。在美国心理学家基斯·索耶（Keith Sawyer）看来，这个困境和创造力的定义有关，因为创造力是一个经常变化的概念，不同的时代以及不同的文化对什么是创造力有着完全不同的理解。

曾在美国北卡罗来纳大学（UNC）任教多年的索耶教授写过一本名为《解释创造》（*Explaining Creativity*）的教科书，为心理学专业的大学生们详细梳理了创造力研究的历史。简单来说，在宗教信仰占主导地位的年代，人们总是习惯于把创造力归于上帝，认为所有的灵光一现都是神启。比如《圣经·传道书》中就曾经假借所罗门王之口说出了"太阳底下无新事"这句名言，意思是说，世间万物都是造物主早就设计好了的，人类玩不出什么新花样。这个想法不但极大地限制了科学的发展，对艺术的影响甚至更大。要知道，文艺复兴之前的欧洲是没有艺术家这个职业的，他们统统被视为手艺人。评价他们作品的标准不是所谓的"艺术性"或者"原创性"，而是画得像不像实物。

更能说明问题的是，早年间的欧洲画家是按工时来付费的，和木匠、屠夫等没什么两样。中国的艺术家也是如此，齐白石当年的作品就是以平尺来估价的，和照相馆按照洗印张数算钱是一个道理。

这个观念直到文艺复兴运动之后才发生了变化，艺术家们的地位得到了显著提升。但欧洲艺术界真正的变革发生在 17 世纪开始的启蒙运动之后，那场运动把上帝拉下了神坛，创造不再是上帝的专利了，而是人性的一种高级表现形式。艺术家被认为是表现人性的专家，和匠人们拉开了距离。18 世纪开始的浪漫主义运动使得创造力的核心定义再一次发生了改变，人们终于意识到创造很可能是一个非理性的过程，能够做出伟大创造的艺术家是一群天才，普通人再怎么努力也做不到。

但是，这个改变反而影响了针对创造力的研究，因为心理学家们认为灵感是一种很神秘的东西，不想用"冷冰冰的理性"来解释感性的创造过程。但到了 20 世纪初，西方社会又开始了对浪漫主义的反思，现代主义诞生了。这场运动经过多次反复，已经发展到了后现代主义阶段，对理性的崇拜上升到了一个新的高度。今天的普罗大众之所以不喜欢后现代主义的艺术作品，很大程度上是因为大家的审美品位还停留在浪漫主义时代，仍然相信基于灵感的创造才是艺术的真谛。

由于创造力的定义一直在变，科学界一直没有把创造力当作一门正经的学问来研究，这种状况直到"二战"期间才发生了根本的改变，其动因竟然来自美国空军的需要。由于当年的战斗机性能不像现在这么先进，飞行员们必须独自面对各种意想不到的困难，压力非常大，于是美国空军组建了一个心理学研究部门，由一位名叫吉尔福德（J. P. Guilford）的心理学家负责，其任务就是设计出一种方法，帮助空军选出最适合担任战斗机飞行员的特殊人才。

经过一番研究后，吉尔福德发现每个飞行员在遇到紧急情况时的反应各不相同，有的人能够很快想出教科书上没有的，或者和教科书不一样的解决办法。他把这种能力称为"发散性思维"（divergent thinking），并设计了一套测试题，试图将这种思维能力进行量化。

此前也有人想到过这一点，但他们都误以为这种能力就是智力，只要测一下智商（Intelligence Quotient，简称 IQ）就可以了。吉尔福德是最早意识

创造力的五个阶段

"一战"期间，一男子在接受
入伍智力测试

到这种能力和智商关系不大的心理学家，他认为智商测的是"聚敛性思维"
（convergent thinking），即寻找某个问题的唯一解（正确答案）的能力，和"发
散性思维"不是一回事。后者虽然也和智商有关，但一个人只要 IQ 值超过
120 分，即达到普通人的正常水平就足够了，再高的话就和创造力没关系了。

虽然"智商"这个概念如今遭到了越来越多的质疑，但当年的心理学界
非常迷信智商，因为它把人类的思维能力数字化了，满足了科学研究的需要。
吉尔福德模仿智商的测量方式，发明了一个测量创造力的新测验，测出来的
值叫作"创商"（Creativity Quotient，简称 CQ）。他设想让所有的飞行员都来
测一遍 CQ，然后空军就可以根据分数的高低选拔战斗机飞行员了。

具体来说，吉尔福德设计了一组调查问卷，包含一系列测试发散性思维
能力的问题。比如事先给出一组基本图形，让受试者将其组合起来，最终的
组合种类越多，类型越丰富，CQ 值就越高。又或者事先给定一种颜色（比如
绿色），让受试者列出所有与此颜色有关的概念，如果受试者除了草地之外还
能联想到钞票，那就说明他的 CQ 值比一般人要高。

这套方法是否有效，美国空军的公开资料里并无记载。我们只知道"二
战"结束后吉尔福德从美军退伍，转去南加州大学教育系任教，并于 1950 年
被选为美国心理学会的主席。他在就职仪式上做了一个关于创造力的主题演

268

讲，呼吁美国同行们重视创造力的研究，并将其上升到了"冷战"的高度。原来，作为"二战"最大的赢家，美国人几乎躺着就把钱挣了，这导致整个国家在"二战"结束后不思进取，变成了一个封闭守旧的僵化社会。20世纪50年代的美国人普遍安于现状，只知道吃老本，美国企业的工作效率虽然不低，但缺乏活力，后续竞争力令人担忧。与之相反，同期的社会主义苏联却咄咄逼人，从政府到民众都大力提倡创新，把革命口号挂在嘴边，这让美国的一部分有识之士感到了压力。

最先做出反应的是美国军方，中央情报局（CIA）的前身美国战略情报部（OSS）秘密雇用了一批心理学家，开始研究如何提升人的创造力。南加州大学和芝加哥大学则率先成立了创造力研究所，上文提到的吉尔福德和希斯赞特米哈伊就是这两家学术机构的代表人物。美国政府还于1950年成立了自然科学基金会（National Science Foundation），其首要任务就是开发出一套筛选系统，争取把钱给那些最有创造力的美国科学家，帮助美国打赢这场"冷战"。

值得一提的是，一位名叫蒂莫西·利里（Timothy Leary）的哈佛教授也对创造力研究产生了兴趣，这个爱好让他发现了LSD——一种超强的精神致幻剂。后来利里成了美国知名的LSD导师，到处巡回演讲，号召年轻人通过服用药物的方式"打开心灵"，去创造一个崭新的世

创造力的五个阶段

美国20世纪60年代嬉皮士运动的精神导师蒂莫西·利里，他在研究创造力的过程中发现了致幻剂LSD

20 世纪 60 年代，嬉皮士们在伦敦的海德公园举行集会

界。利里的呼吁得到了很多美国年轻人的响应，这就是 20 世纪 60 年代末在美国西海岸爆发的嬉皮士运动的起因。从某种意义上说，嬉皮士运动可以看作这场关于创造力的学术研究热潮结出的第一枚硕果。

不过，从科学的角度讲，这项研究应该算是失败了。比如，在专家们的鼓励下，一部分美国中小学采纳了心理学家设计的 CQ 测试，试图通过这种看似非常"科学"的方法尽早筛选出一批具有创造力的天才儿童加以重点培养，可惜后续的跟踪研究发现这个方法并不可靠，选出来的天才儿童长大后并没有做出什么惊人的成绩。一部分人认为这个结果说明这套测试法不可靠，选不出真正具备发散性思维的儿童。但更多的人开始怀疑 CQ 的价值，也许仅仅依靠发散性思维并不能提升一个人的创造力。

希斯赞特米哈伊就是在这种背景下闪亮登场的。他首先改变了创造力的定义，把一般意义上的创造力分成了三个不同的层面：第一层指的是那些日常生活中的健谈者，他们头脑灵活，妙语连珠，总能在对话中让对方感到愉悦；第二层指的是那些喜欢体验新奇事物的人，他们在生活中从不墨守成规，敢于冒险，总能通过自己的人生故事让旁观者体会到新鲜的刺激；第三层则是那些通过创造出全新的知识或者艺术来改变社会的人，达·芬奇、爱因斯坦、爱迪生或者鲍勃·迪伦等人都属于这一类。

虽然这三种创造力都很有意思，也都能让我们的日常生活变得更加美好充实，但希斯赞特米哈伊认为这三种创造力的内涵很不一样。第一种创造力只需要具备发散性思维就可以了，第二种则需要一定程度的个人努力才能实现，第三种创造力要求更高，需要得到第三方的认可才能算数，仅靠发散性思维就不够了。

明确了定义之后，希斯赞特米哈伊决定把研究重点放到第三种创造力上，这才是最高级别的创新，也是公众最感兴趣的部分。这种创造力太复杂了，仅靠在实验室里做几个心理学实验是研究不出来的，于是希斯赞特米哈伊改变了研究思路，决定以人为本，通过采访一个个具有创造力的成功人士来研究创造的奥秘，这才有了"创造力五阶段说"。这个新理论基本上宣判了"创商"理论的死刑，因为大量成功人士的亲身经历证明创造力绝不仅仅是灵光一现那么简单。一个富有创造力的人不仅需要依靠发散性思维去寻找灵感，还需要不懈的努力将其完善成形，后者需要的反而是聚敛性思维，也就是解决特定问题的能力。

换句话说，真正的创造者两种思维方式都需要，他们是那些善于在两种思维之间自由切换的人。如果必须用一个通俗的词语将那些富有创造力的人和普通人区分开来的话，希斯赞特米哈伊会选择"复杂"。他认为，我们每个人身上原本都有复杂的性格，往往因为从小受到严格的教育，只能发展对立性格中的某一端——比如竞争、好胜或者稳重、合作等，而富有创造力的人往往可以根据情境的需要从一个极端走向另一个极端，对外表现就是"性格复杂"，这也就是为什么富有创造力的人经常会被人误以为是个怪人。

创造力的五个阶段

结　语

就在研究创造力期间，希斯赞特米哈伊提出了一个新的概念，这就是"心流"（flow）。他把心流定义为最高级的心理快感，而他相信创造力恰好最能提供这种快感，创造新事物一直是人类最享受的活动之一，也是人类和大猩猩之间最大的区别。

他还把生物进化和人类的心智发展做对比，认为进化过程引发的基因改变在人类文化中的对等物就是创造力。前者帮助生命更好地适应大自然，后者帮助人类更好地应对灾难。这个看法非常深刻，因为它道出了创造的本质，那就是通过尝试新的东西和方法来让自己更好地活下去。从这个意义上说，生命就是宇宙间最伟大的创造。

宇宙间最伟大的创造

生命是宇宙间最伟大的创造，我们可以从生命的诞生和演化过程中去探寻创造力的奥秘。

宇宙的创造

假如一个外星人发现了地球，他会对什么东西最感兴趣？这个问题大部分人肯定会选高楼大厦或者火车飞机这些人造的庞然大物，这当然很有道理。但如果这个外星人早来1000年的话，他就几乎看不到这些东西了。事实上，如果这个外星人1万年前来到地球上，那么他几乎肯定不会对"人造"的东西感兴趣，因为那时的地球上根本就没有多少这种东西，而1万年对于已经45亿岁的地球来说也就是一眨眼的工夫，稍不留神就错过了。

也就是说，如果我们把时间拉长一点来看的话，那么这个造访地球的外星人根本遇不到我们。但他肯定还是会对地球上的一样东西感兴趣，那就是生命，不过这并不是因为生命的外表有多么壮丽，地球上有的是比生命更加宏伟的景色，而是因为生命有一个非常独特的性质，似乎违反了宇宙通行的熵增定律。

熵（entropy）是一个热力学概念，用来衡量一样东西的有序程度，越有秩序熵值就越低。熵增定律的意思是说，宇宙的熵值将会不停地增加，宇宙会变得越来越无序，但生命似乎是个例外。生命可以主动地让自己变得越来越有序，仅此一项就足以把这个外星人惊得目瞪口呆。要知道，熵增定律最终会把整个宇宙变成一团混沌的尘埃，只有生命敢于向这个终极宿命发起挑战。

秩序的本质是信息，生命的本质就是信息传递的工具。宇宙间只有生命才有能力复制自己，如果外部条件合适的话，这个复制过程可以一直进行下去，为这个被熵增定律弄得越来越无趣的世界增加一点色彩。

当然了，一个有能力造访地球的外星人肯定知道生命并没有违反熵增定律，而是通过主动从外部环境吸收能量来降低自己的熵值，这个过程叫作新陈代谢，是生命最基本的特征之一。同样，这个外星人肯定知道生命想要传递的信息就是储存在 DNA 分子之中的基因，生命只不过是基因复制自己的工具而已。

新陈代谢和基因复制，是生命的两个最基本的特征，其中任何一个都堪称奇迹，这就是为什么我们说生命是宇宙间最伟大的创造。这两个特征互为因果，新陈代谢为基因复制提供了能量，基因则为新陈代谢提供了蓝图。不幸的是，宇宙中的能量是有限的，总有用光的那一天，所以生命发起的这场挑战注定会失败。虽然如此，生命的出现还是为这个无序的宇宙增添了一点乐趣，比如创造出了我们这群智人。

智人就是有智慧的人。1 万年前的智人虽然还不知道新陈代谢是怎么回事，但他们已经能够通过新陈代谢的有无来区分生命和非生命了，这就是"活"这个概念的含义。不但如此，1 万年前的智人和今天的我们一样具有旺盛的好奇心和求知欲，他们很想弄明白周围那些活的东西都是从哪里来的，眼前这只小鸟的妈妈的妈妈的妈妈……到底是谁。不过，古人的智慧有限，没有能力解答如此深奥的问题，于是他们想出了一个一劳永逸的办法，把这一切都推给了上帝，认为世间的一切都是由一个无所不能的造物主创造出来的。

换句话说，宗教的出现，很大程度上就是为了缓解人类对于"自身到底是从哪里来的"这个关键问题一无所知甚至可以说是毫无头绪而产生的焦虑感。造物主的设定非常符合早期人类对于宇宙的认知，因为组成生命体的每一个零部件都极为复杂，合起来却又能组合成一个有机的整体，古人仅凭自己从日常生活中积累的经验，根本无法想象这样的东西会自发地产生出来，只能把生命的诞生归功于一位无所不能的设计师。

更让古人难以理解的是，生命的种类异常丰富，随便找个地方放眼望去，就能分辨出成百上千个不同的物种，每个物种都有自己的独门绝技。如此强大的创造力，肯定只有万能的造物主才具备吧。

就这样，神创论流行了几千年，直到 200 多年前才有人对此提出了质疑，达尔文只是其中之一而已。他于 1859 年出版了《物种起源》一书，对物种的产生过程给出了自己的解释。这个解释和《圣经》不一样，当然需要很大的勇气，但这并不是达尔文最值得敬佩的地方，因为早在 18 世纪时就已经有人提出过生物进化的概念，比如提出"用进废退"学说的法国博物学家拉马克就是其中之一。但是，那些理论事后都被证明是错误的，只有达尔文认识到生命是通过自然选择的过程一步一步地进化成今天这个样子的。

简单来说，达尔文认为每个生命都有能力产生大量的后代，其中有些后代出于某种原因而略有不同，这个不同导致了生存概率的差异，大自然遵循优胜劣汰的原则，把那些不适应自然的个体都淘汰掉了，生命就是这样一步一步演化至今，新的物种也是这样一点一点地被创造出来的。

《物种起源》是一本学术著作，达尔文在书中并没有提到上帝，而是花费了大量笔墨试图证明自然选择完全可以导致新物种的诞生。但明眼人立刻从这本书里读出了反宗教的味道，因为教会一直在用生命（尤其是人）的复杂性来证明造物主是必不可少的。达尔文并没有直接反对这个观点，只是举出大量案例证明看似复杂的生命完全可以在自然选择的作用下慢慢地被进化出来，不需要造物主。

更了不起的是，达尔文是在不知道遗传的基本原理的情况下写出《物种起源》这本书的。在他那个时代，生物学还处于描述科学的阶段，距离分析科学还差得很远。但是，他提出的自然选择学说直到今天依然成立，被科学界公认为解释生命创造过程最完美的理论，这一点堪称奇迹。

正是因为自然选择学说太过超前，以至于《物种起源》在出版后的很长一段时间内被广泛误读。有的人简单地将其归纳为"适者生存"，认为这个理论证明了剥削制度的合理性；还有人将这个理论应用到商界，将其视为资本主义市场竞争理论的基石；甚至有人从该理论推导出了"优生学"，认为那些"劣等民族"就应该被淘汰。

这些别有用心之人恐怕都没有认真读完《物种起源》。达尔文在这本书的结尾写道："凝视树木交错的河岸，许多种类的无数植物覆盖其上，群鸟鸣于灌木丛中，各种昆虫飞来飞去，蚯蚓在湿土里爬过，并且默想一下，这些构造精巧的类型，彼此这样相异，并以这样复杂的方式相互依存，而它们都是由于在我们周围发生作用的那个法则而产生出来的，这岂非有趣之事。……这样一种看待生命的方式是极其壮丽的，那就是造物主先是将若干能力注入到少数几种或者单独一个物种的身体里，然后，就在地球按照固定的法则不停地转圈的过程中，生命从最初的那个简单的开始，逐渐进化出无数个美丽而又奇异的新物种，而且这个过程仍在继续。"从这个充满诗意的结尾里，我们至少可以读出三层含义：第一，达尔文认为当今地球上的所有生命全都是从一个或者极少的几个初始物种进化而来的，地球生命就是一个巨大的共生体，我们都是一家人；第二，自然选择的目的并不是只让最强者生存，而是让每种生物各自找到适合自己的小世界，其结果就是我们今天看到的多姿多彩的生物圈，这是生命这个共生体永远生存下去的最佳策略；第三，达尔文不知道最初的那个物种是如何形成的，所以他只能借助上帝之手，让他来给生命之轮提供一个最初的推动力。

随着时代的进步，今天的生物学家们已经掌握了比达尔文多得多的生物学知识，其中一些人试图把上帝这个角色从生命诞生的故事里彻底抹去，他们的努力是从 1953 年开始的。

生命的诞生

　　1953 年是个神奇的年份，沃森和克里克在《自然》杂志上发表了一篇划时代的论文，提出了 DNA 分子的双螺旋模型，彻底解开了生物遗传之谜。

　　这个发现太过重要，以至于很多人都忘记了芝加哥大学的两位年轻科学家在那一年所做的另一件大事。斯坦利·米勒（Stanley Miller）和哈罗德·尤里（Harold Urey）在几只玻璃瓶里注入了甲烷、氨气、氢气和水，然后用电极制造人工闪电，模仿生命出现之前的地球环境。一个星期之后，玻璃瓶里检测出了单糖、脂类和氨基酸等有机化合物，其中一只瓶子里甚至找到了组成蛋白质的所有 20 种氨基酸。

　　这个发现在当年的学术圈里所引发的轰动一点也不亚于 DNA 双螺旋，两位科学家证明有机物可以在地球环境中自发产生，不需要借助上帝之手。

　　当然了，有机物还不等于生命，但地球上的所有生命都是由有机物构成的，米勒—尤里实验从理论上证明了地球环境足以为生命的出现做好了准备。

芝加哥大学的两位科学家斯坦利·米勒（左）和哈罗德·尤里于 1953 年完成了一项著名的实验，在玻璃瓶里模仿地球早期环境，"无中生有"地合成出了有机物

至于第一个生命到底是如达尔文预言的那样诞生在某个温暖的小池塘里，还是像如今大多数科学家预言的那样出现在海底碱性热液喷口，还需要进一步研究才能知晓。

有机物的核心成分是碳原子，所有的有机物都是以碳为核心，配以氢氧氮硫磷等辅助性原子组成的，这就是为什么我们把地球生命归为碳基生命。不少科幻作家曾经设想过硅基生命，认为宇宙间还存在一个以硅为核心的生命世界，但大多数生化学家却认为这是不太可能发生的事情，因为硅原子不具备碳原子的一些关键特征。

从化学角度来分析，不难发现碳原子之所以被大自然选中，原因是碳原子能够和多达四个不同原子相结合，这在元素周期表中是极其罕见的，常见元素中只有硅可以与之相比。这个特性使得碳原子成为所有原子当中最喜欢"交朋友"的原子，有人称其为"超级连接者"。硅原子虽然也可以形成四个化学键，却无法像碳那样形成二价键甚至三价键，这个特性使得碳原子可以两两结合，形成一条以碳原子为骨架的结构稳定的长链，这条链甚至可以首尾相连形成闭环，这就大大增加了碳基分子的多样性。碳原子还有一个优点，那就是碳和其他原子相结合所需要的能量比硅原子要小得多，仅仅依靠闪电所提供的能量就足以形成化学键了，这一点在缺乏催化剂的地球"原始汤"中是一个很关键的优势。

正是由于以上这些原因，大自然最终选择了仅占地壳总质量0.05%的碳原子作为组建生命的原材料，而不是含量比碳多100倍的硅。事实上，如果刨去水分，只算干重的话，绝大部分地球生物体重的五分之一都是碳。

接下来一个很自然的问题就是：生命为什么一定要有水呢？答案同样和水分子的某些特性有关。液态水是个万能溶剂，大部分有机或者无机分子都可以溶于水中，这就相当于为不同分子提供了一个见面的机会。更重要的是，水的冰点很低，沸点又很高，因此水分子能够在很大的温度范围（0℃—100℃）内保持液态，这一点是宇宙间绝大部分物质都无法做到的。事实上，按照地球现在的温度，只有水能够长期保持液体状态，如果换成别的分子，要么全部冻成了固体，要么全部化成了蒸气，海洋就不会存在了。

如果我们把生命看成宇宙的创造，那么仅从有机物的生成过程就可以看出，这个创造过程需要三个必要条件，缺一不可：首先，需要有不同种类的原材料，如果太阳系还像早期宇宙那样只有氢和氦这两种元素，有机物是不可能形成的；其次，需要一个超级连接者，有能力把这些原材料连接到一起，创造出全新的组合，碳原子则很好地扮演了这个角色；再次，需要一个液态环境，既能保证不同的分子之间可以随机碰撞，又能让碰撞产生的新组合保持一定程度的稳定性，否则的话，创新是没有办法保留下来并发扬光大的，这就是为什么气态星球上不太可能有生命存在。

简而言之，生命不需要神来创造，只要提供一个能够让不同的原子自由交流的液态环境，就有很大的概率创造出生命。事实上，创造生命的这三个必要条件在解释人类创造力时也会派上用场，两者在很多地方都是相似的。

读到这里也许有人会问，如果米勒和尤里当初把那个实验继续进行下去，是否能在玻璃瓶里制造出真正的生命呢？答案是否定的，因为甲烷、氨气和氢气之间的碰撞虽然有可能撞出氨基酸，但绝对不可能撞出一朵花来，后者的成分虽然也就是碳、氢、氧、氮、硫、磷等寥寥数种，但其复杂程度比氨基酸大了好几个数量级，不可能一步到位。

为了解释这一现象，美国进化生物学家斯图尔特·考夫曼（Stuart Kauffman）于2002年提出了"相邻可能"（adjacent possible）理论，大意是说，任何复杂的生命都不可能从简单生命直接进化而来，而是只能一点一点地改变，每一次只能进化到和原来相邻的某个地方，比如从氨基酸只能先进化到多肽，然后才能进化出蛋白质。这就好比说有人想进故宫找皇帝，他只能先跨进午门，再跨过太和门，穿过太和殿，找到乾清门……他不可能从天安门广场一步跨进御花园。

对比一下神创论，不难看出两者最大的不同就是宗教信徒们相信造物主事先拿到了整个故宫的地图，然后造了架飞机，直接从天安门广场飞进御花园。考夫曼不认为这张地图是存在的，他相信进化本身是没有目的的，而是一个随机变化的过程，每一步都可能走向东南西北任意方向，所以谁也无法预见未来。

美国历史学家史蒂文·约翰逊（Steven Johnson）在《好主意来自何处》（*Where Good Ideas Come From*）一书中借用了考夫曼的观点，提出人类的创造过程也遵循这一原则，所有伟大的创意都是由无数个简单创意一点一点累积而成的，每一个新的想法都和当时已有的旧想法非常相似，每次只能进步那么一点点，不可能一下子跳跃太多。

在约翰逊看来，"相邻可能"理论最有趣的地方在于，它为人类的创新规定了潜力和边界。一方面，该理论证明创造力不是凭空而来的巨大飞跃，而是受到周围环境的严格限制。在任何一个给定的时刻，可能出现的创新都是有限的。另一方面，该理论证明只要这个过程可以不断地继续下去，我们就可以一步一步地创造出任何伟大的东西，因为我们的每一次探索都会扩大领地的外延，会出现可供探索的新领地。这就好比说一间房子只能开四个门，你从其中任意一个门走出去，又会进入新的房间，发现四个新的门……如此这般延展下去，一间房就慢慢变成了宫殿，继而变成了城市和国家，人类就是这样一步一步扩展自己的边界，最终创造出了今天这个崭新的世界。

物种的进化

上面是从化学的角度对进化过程所做的分析，下面我们再从生物学的角度看一看物种进化到底是如何发生的。

有限的化石证据表明，最早的生命出现在35亿年前，那时地球刚刚过完10亿岁生日，地表环境要比现在恶劣得多，但生命居然迫不及待地早早登场了，这就进一步说明，只要满足上一节提到的三个必要条件，生命的出现就是一个大概率事件。

地球上的生命也许独立地诞生过很多次，但无数证据表明，如今生活在地球上的所有生命都源于同一个祖先，科学家称之为"卢卡"（Last Universal Common Ancestor，简称 LUCA），其余的那些尝试显然都失败了，没有留下任何后代。

卢卡进化出来之后发生了什么，这个问题目前还有不少争论。根据现有的证据，卢卡很快就分成了相对独立的两支，一支是细菌（bacteria），另一支叫作古细菌（archaea）。虽然中文名字里都有"细菌"这两个字，但它们的英文名字是完全不同的，说明两者在很多基本的地方有差别，属于两个不同的界。这两种细菌一直活到了今天，从进化角度来看应该算是地球上最成功的生物物种了。要知道，在这漫长的 35 亿年的时间里，地球环境经历过无数变化，甚至连大气主要成分都变了，这两种细菌是如何应对的呢？答案就是基因的突变和交流。基因是生命的图纸，基因突变就是不断更新图纸，总有一款适应新的环境。但光有基因突变还不够，因为突变的速度太慢了，跟不上环境的变化，所幸细菌又进化出了相互交换基因片段的能力，使得基因图纸产生了成千上万种不同的排列组合，这就进一步增加了细菌的多样性，以及适应新环境的能力。换句话说，细菌是通过不断地更新自己来适应不断变化的环境，这一点恰好就是创造力的核心定义，即通过新的发明创造来使创新者更好地适应新的环境。

但是，在生命诞生后的头 15 亿年里，无论细菌还是古细菌都没有发生太大的变化，仍然属于体积微小的原核生物。如果外星人在这 15 亿年里造访过地球，他们肯定不会对地球留下太多印象。大约在 20 亿年前，地球上发生了一件看似毫不起眼的事件，一个古细菌把一个细菌吞了进去。其实这样的事情每时每刻都在上演，不过每一次都是以被吞噬的细菌被杀死而告终。但这一次这个细菌活了下来，和宿主形成了一种彼此相互依赖的共生关系。大家千万别小看这件事，那个被吞的细菌逐渐演变成了线粒体，专门负责提供能量，没有了后顾之忧的古细菌则越变越大，体积扩大了上万倍，终于变成了大家十分熟悉的真核细胞。

此后又经历了几亿年缺乏变化的日子，第一个多细胞生物出现了，从此生命的体积加速膨胀，外星人终于可以不用借助显微镜就能看到地球生物了。之后才有了约5.5亿年前发生的那次寒武纪物种大爆发，如今地球上绝大部分肉眼可见的生物的原型都是在那次大爆发之后出现在地球上的，其中就包括哺乳动物。

我们不必理会这几次变化的细节，只要从创新的角度审视一下，就不难发现其中的关键所在。原核细胞时代的生命进化源于基因信息的交流，细胞之间仍然是相互为敌的，所以创造力有限，很长时间都没有大的变化；真核细胞的出现源于一次罕见的细胞间合作，结果这次合作开启了一个全新的时代，生命的复杂性陡增；多细胞生物的出现则标志着细胞间的合作成为常态，从此进化的速度呈现指数级增长，生命终于迎来了质的飞跃，我们人类就是这次飞跃的产物。

生命的进化过程说明了一个道理，那就是相互合作才是创新的最佳途径。真正伟大的创新，都是由若干个不相干的领域彼此融合后产生的，光靠一个人单打独斗是不行的。

类似的理念在真核生物界被坚持了下来，性就是这一理念所导致的必然结果。虽然无性生殖的速度要比有性生殖快很多，但自然选择显然更加青睐有性生殖，因为有性生殖把基因交流制度化了，这就保证了创造力得以永远延续下去。

神创论者不相信生物仅仅依靠基因突变和重组就能进化出像翅膀这样复杂而又精妙的器官，因为他们认为半个翅膀是没有用处的，所以翅膀一定是事先设计好的，不可能是从无到有一步一步逐渐进化而来的。但事实证明，鸟类的翅膀真的是由恐龙的前肢一步一步进化而来，某些恐龙的前肢进化出了半月形腕骨（semilunate carpal），这种结构让它们的前肢变得异常灵活，在捕猎时很有优势。此后，其中一些恐龙为了保暖，又进化出了羽毛。覆盖着羽毛的灵活前肢只要再往前走一步就很容易变成翅膀，鸟类就是这样进化出来的。

换句话说，大自然更像是补锅匠，而不是设计师。进化的过程更像是废物的循环利用，而不是新产品的生产，这就很好地解释了为什么人体的很多器官细究起来都不那么完美。

需要特别指出的是，以上所有这些创新手段，本身都是盲目的。生命只需构建一个信息自由交换的平台，以及一个允许在一定范围内试错的机制就可以了，并不需要事先安排一个设计师。首先认识到这一点的正是达尔文，这就是他最伟大的地方。此前人们看到长颈鹿伸着脖子吃树叶，都会想当然地觉得如此奇妙的创造只能来自造物主，或者像拉马克猜测的那样，来自某个神秘的"内在进步动力"。只有达尔文看清了创造力的真相，意识到生物进化就是不断探索"相邻可能"的试错过程，大自然只不过是提供了一个对错误进行适当惩罚的机制而已。

人类的智慧和身体一样，都是大自然的一部分，人类的创造力同样可以用上述法则加以解释。前文提到的简化版的创造力三阶段理论和达尔文提出的自然选择理论本质上是相同的，即先要有很多不同的基因（知识储备），然后这些基因通过突变或者杂交产生出全新的组合（洞悉时刻），最终再由大自然（创造者或者公众）负责筛选，留下好的，淘汰差的。由此看来，希斯赞特米哈伊和达尔文这两个不同时代的智者最终殊途同归。

不过，人类的创造力和生命进化在一些细微的地方还是存在很多差异的，下面我们就来逐个探讨一下人类创造力的诸多细节，看看能否揭示出创造力诞生的奥秘。

结　语

如果说生命是宇宙最伟大的创造，那么银河系里到底有没有其他智慧生物呢？英国萨塞克斯大学（University of Sussex）天体物理学教授约翰·格里宾（John Gribbin）认为不太可能，因为形成生命的条件极为苛刻，智慧生物的产生条件更是苛刻到近乎为零的程度。

首先，生命的诞生需要很多不同元素的参与，距离银河系太远的星系形成时间过早，几乎全部由氢和氦组成，不太可能出现生命。距离银河系中心太近的星系会受到高能粒子的轰炸，同样不太可能孕育生命。所以在银河系这个圆盘当中只有距离中心 2.3 万—3 万光年远的环形带内具备生命形成的条件，这个"生命带"只相当于银河系半径的 7%，内部含有的星系数量只占银河系星系总数的 5%。太阳系距离银河系中心有 2.7 万光年，正好位于"生命带"的中间，相当幸运。

其次，地球在太阳系里的位置也相当重要，太近太远都不会有液态水，因此也就不会有生命。另外一件概率极低的事件是月球的形成，目前的理论表明月球形成于一次撞击事件。此事导致了两个结果：一是地球中心含有大量液态金属，形成了保护地球的磁场；二是月亮的存在稳定了地球轨道，使得地球的气候相对稳定，否则生命也在劫难逃。

再次，虽然生命在地球形成早期就出现了，但在此后的 30 亿年里一直是以单细胞的形式存在的。具备高级智慧的人类只有不到 20 万年的历史，这说明高级智慧的生成是一个极小概率事件。事实上，在 15 万年前和 7 万年前，地球先后经历过两次规模巨大的火山喷发事件，把当时的人类种群数量降到了只有几千人的水平，这个数字放到今天一定会被视为濒危物种的，我们算是侥幸逃过一劫。

换句话说，人类的出现是一件极为幸运的事情，但我们今后不太可能总有这么好的运气，肯定会遇到各种难以预估的极端灾难。人类这个物种到底能否延续下去，就看我们的创造力能否跟得上了，这就是为什么我们必须认真研究人类创造力的产生过程，想尽一切办法将这种天性发挥到极致，帮助我们渡过必将到来的难关。

创造是人类的天性

地球上有脑子的动物还有很多，为什么只有我们人类发展出了无与伦比的创造力，并最终彻底改变了地球的样貌？

人人都有创造力

人类是动物之王，这是毫无疑问的。我们之所以称霸地球，靠的就是我们无与伦比的创造力。放眼望去，我们的周围充斥着人类的创造，我们从无到有地建设了一个专为自己服务的崭新的世界。

人类的创造力来自我们独一无二的大脑，这是毫无疑问的。最近网上流行一句骂人话，叫作"脑子是个好东西，希望你也有一个"。这话骂人可以，但骂其他动物就不一定成立了，因为大脑是一个非常昂贵的器官，需要消耗很多能量，对于某些动物而言并不一定划算。比如有一种海鞘纲动物，一开始是有脑子的。它们在海里四处游荡，一旦找到了寄主便在海底定居下来，永远不再移动。此时它们就会把自己的脑子消化掉，成为无脑动物，因为它们不再需要这个累赘的器官了。

从这个例子可以看出，脑子最初并不是为了思考人生而被进化出来的，而是为了更好地运动。植物不需要运动，所以植物没有进化出脑子。虽然植物同样需要和环境互动，但这种互动大都遵循固定的模式，对反应速度的要求也不高，植物只需按照一套事先规定好的方式去应对就可以了。这套方式完全可以由基因来负责编码，不需要神经系统的帮助。

动物则不然，它们所处的环境始终在变，需要迅速做出相应的反应，于是动物进化出了大脑这样一个独特的器官，专门负责收集、汇总来自感觉器官的环境信号，对其进行运算处理后再向运动器官发出指令，指挥身体做出最适当的应对，比如觅食或者逃避天敌。

因为环境信息千变万化，所以每一次处理过程都相当于一次创新，需要消耗大量能量。为了节约能量，很多动物进化出了一套类似植物的固定反应模式。比如一只蜜蜂需要根据气味和颜色等环境信息在树林中寻找蜜源，找到后还要飞回去招呼同伴，并通过一种独特的 8 字舞来传递蜜源的位置信息。整个过程看似十分复杂，但其实大部分行为都遵循一套固化的程序，不需要创新。从神经生物学的角度来讲，这就相当于神经信号的输入端和输出端直接相连，中间不经过运算，这就大大节省了能量。而神经输入端和输出端的连接方式是由基因决定的，这就是同一种蜜蜂的行为模式都极其相似的原因，它们一生下来就会跳 8 字舞，不需要创造力。

这种模式在高等动物中也有应用，但仅限于一些最最基本的动作，比如婴儿刚生下来就会找妈妈的乳头。除此之外，高等动物的大多数行为都太过复杂，仅靠几套固定的程序是远远不够的，所以高等动物大脑中负责运算处理的部分变得越来越大，整个大脑的体积也跟着越变越大了。这部分大脑相当于计算机的中央处理器（CPU），耗能巨大，动物们必须省着点用，于是它们进化出了一个新的机制，科学术语称之为"重复抑制"（repetition suppression）。

我们每个人肯定都有这样的经历，那就是第一次上班时，路上的每一个细节都记得清清楚楚，但连上一个月班之后，上班途中发生的事情就都不过脑子了，所有动作闭着眼睛就可以完成，这就是典型的"重复抑制"。

为什么会这样呢？答案就是节约能量。高等动物的大脑都是节约能量的好手，只要发现某件事情存在某种规律，或者某种环境因素对自己没有任何影响，大脑立刻就会降低对它的关注度，简化相应的处理程序，甚至将其放到"潜意识"里，不再占用宝贵的注意力。

"重复抑制"是无所不在的，我们只要醒着，每时每刻都在利用这一机制节省能量。比如我们在走路时是不会听到自己的脚步声的，除非脚下突然发出一声异响；我们在看电影时是不会注意到紧急出口处的那盏小红灯的，除非它突然闪了起来；我们平时也不会感觉到自己的心跳，除非心脏出了毛病。

为了最大限度地利用"重复抑制"机制，动物们都变成了找规律的高手。谁最擅长从以往的经验中找到规律，并在此基础上做出最佳预判，谁就能节省最多的能量，成为竞争中的胜利者。这方面人类绝对是所有动物中的佼佼者，我们在寻找规律方面的能力远远超过其他竞争对手，这是人类从哺乳动物群中脱颖而出的重要原因。

但是，如果一种动物太擅长"重复抑制"也不行。想象一下，一只在野外觅食的猫，它发现黑色石头下面藏着老鼠的可能性最高，于是它只去翻动黑色石块，其他颜色的石头从不去碰，这么做将会大大减少做无用功的机会，看上去是一种进化优势。但是，大自然并不总是十分确定的，偶尔也会有老鼠躲在黄色石头下面。假设此时出现了另一只猫，它同样发现黑石头下面老鼠多，但它好奇心特别强，每隔一段时间就会忍不住去翻一下黄色的石块，这个充满创意的想法很可能会给它带来额外的好处，久而久之，这个好奇心基因就会在动物种群中扩散开来。

由于上述原因，绝大部分动物的行为模式都介于"重复抑制"和"偶尔好奇"之间，人类就是如此。我们每个人从生下来开始就受到两套相互对立的指令的影响，一种是保守的指令，要求我们善于寻找规律，学会自我保护，尽可能地节省能量。另一种是扩张的指令，鼓励我们勇于探索新鲜事物，敢于冒险，甚至从危险中得到快感。

相声演员很善于利用这一点，比如刘宝瑞的经典单口《扔靴子》里，那个住在楼上的年轻人为什么一定要在第三个晚上抖包袱？因为第一个晚上是用来提供新信息的（扔两只靴子），第二个晚上是用来形成规律的（每次都扔两只靴子），第三个晚上是用来将这一规律打破的（第二只靴子没有扔），观众正是从打破常规中获得了惊喜和乐趣。

由此可见，人类寻找客观规律的冲动是如此之强，以至于一样新东西只需重复一次就足够了。同样，人类是如此喜欢惊喜，仅仅把一个刚刚重复了一次的规律打破，就足以引来哄堂大笑。这个案例充分说明，守旧和创新同样都是人类的天性，我们每个人都有创造力，只要战胜自己心中守旧的那一面，就能充分地将其展现出来。

接下来一个很自然的问题就是，人类的创造力为什么会冠绝群雄呢？某些宗教信徒把功劳交给了上帝，认为上帝在造完万物之后，按照自己的样子造出了极富创造力的人类。达尔文的拥趸则相信，生物的所有特征都是进化而来，创造力自然也不例外。事实到底是怎样的呢？这就要从我们祖先的生活环境开始讲起。

从树上下来的精灵

人类是哺乳纲灵长目动物中的一员，灵长类动物的一个显著特征就是大部分成员都生活在树上，我们是其中极少数从树上下来的精灵。

在树上生活可以避开大部分凶猛的平原捕食者，是个相对安全的选择。森林为我们的祖先提供了保护，同时也塑造了我们的肉体和精神。比如，为了抓牢树干，祖先们进化出了灵巧的手指，以及一根和其他四指相对应的拇指，这个特殊结构使得人类成为动物界最优秀的工具制造者，这是从猿到人的重要一步。再比如，树林中的环境远比平原上更为复杂，对视力提出了特殊的要求。为了准确地判断树枝的位置和距离，灵长类的双眼转移到了脸的正前方，增加了对细节的分辨力。为了辨别出成熟的果实，灵长类进化出了对色彩的感知能力。为了处理越来越复杂的视觉信号，灵长类的视觉中枢变得越来越大……就这样，视觉逐渐成为灵长类最主要的感觉器官，最终帮助我们人类更加精确地感知客观世界的各种细节，为创造力的出现做好了准备。

随着时间的推移，灵长类的身体变得越来越高大，在树枝上爬行越来越吃力了，于是我们的祖先学会了"臂跃"（brachiation），即依靠双臂的力量从一根树枝荡到另一根树枝。这是一套非常复杂的移动方式，需要事先对后续的一连串动作进行规划，否则大脑是来不及做出反应的，于是祖先进化出了做计划的能力，即根据以往的经验事先计算出每一个动作最可能导致的结果，这就为想象力和抽象思维能力的出现奠定了基础。很多进化生物学家都认为，这是从猿到人的关键一步。

可惜好景不长，气候变化导致非洲森林大面积减退，我们的祖先不得不从树上下来，在草原上开始新的生活。环境的变化迫使祖先做出了许多改变，其中最显著的变化就是直立行走。计算表明，直立行走虽然速度较慢，但其能量使用效率却要比四足行走高很多，更适合长距离跋涉。为了提高长时间行走过程中的散热效率，祖先们逐渐褪去了毛发，好在直立的姿势有助于减少暴露在阳光下的皮肤表面积，只要在头顶保留一丛毛发就可以了，所以人类的另一个别名就是裸猿（naked ape）。

人类祖先选择直立行走的初衷很可能只是为了省力，但这一改变却带来了两个意想不到的结果。第一，扩大了视野，于是大脑从环境中获取的信息量也随之成倍增加，对大脑处理信息的能力提出了更高的要求。第二，直立行走解放了上肢，正好可以腾出手来制造工具，并最终导致我们的祖先和黑猩猩的祖先分道扬镳，各自走上了一条完全不同的进化之路。

在这个变化过程中，一种名为 CMAH 的基因很可能起到了关键作用。2018 年 9 月 11 日出版的《英国皇家学会学报 B 卷》（*Proceedings of the Royal Society B*）刊登了一篇论文，指出人类的 CMAH 基因在距今 300 万—200 万年时发生了断裂，导致人类肌肉中微细血管的数量大大增加，肌肉细胞利用氧气的效率也比黑猩猩提高了很多。这个差异，再加上直立行走，终于把人类变成了非洲大草原上的长跑健将，而黑猩猩直到今天仍然在树林里爬行。

人类和黑猩猩分家的时间是在距今 700 万—500 万年，后者的祖先选择用武力对抗这个世界，逐渐进化出了强壮的肌肉和尖利的獠牙。人类的祖先则另辟蹊径，决定团结起来，以集体的力量和非洲大草原上的野兽们一较高低。考古证据显示，南方古猿时期的群体数量已经达到了 80 人左右，直立人时期增加到了 150 人，早期智人甚至能够组成多达 250 人的大族群，远比其他灵长类动物的群体数量大得多，这就是人类取得成功的关键因素之一。

英国牛津大学的人类学家罗宾·邓巴（Robin Dunbar）认为，一个动物群体要想做到协调一致，其规模不能太大，因为动物们没有足够的脑力去应付太多的同类间交流，自然也就谈不上相互合作。群体规模的大小取决于个体智力的高低，后者与脑容量的大小直接相关。考古证据显示，人类祖先的脑容量从 200 多万年前的 400 毫升增加到了 20 万年前的 1350 毫升，足足增加了 2 倍多，如此快速的增长是动物进化史上绝无仅有的。这其中，负责高

1936 年，喜剧演员玛莎·雷伊在电视节目上对猩猩进行智力测试 ⎯⎯⎯⎯⎯⎯⎯⎯⎯ ■

级思维的新皮层（neocortex）增加得最快，说明人类的智商在这一阶段发生了质的飞跃。

与此同时，人类的体重并没有增加多少，这就导致人类的脑指数（Encephalization Quotient，衡量脑组织的相对大小的一个度量）跃居所有动物之首。前文说过，大脑是个极其耗能的器官，人脑虽然只占体重的2%，却消耗了20%的能量。人类之所以心甘情愿地养着这么个耗能的器官，就是因为这个器官能够带来更多的好处，所以这笔交易还是合算的。

因为大脑的能耗太高，人类祖先不得不增加肉食的比例。研究显示，灵长类动物在饮食方面是个典型的机会主义者，虽然平时以树叶和果实为主，但如果有机会吃到肉也绝不会放过。不过，灵长类的身体构造并不适合捕猎大型动物，即使强壮的黑猩猩也只能偶尔捕捉几只小动物打打牙祭，这部分仅占黑猩猩食物总量的5%而已。对于人类来说，这点肉显然不够，于是祖先们决定团结起来，从猎食者那里抢肉吃，后来又慢慢发展到主动捕猎，终于吃到了足够多的肉食。

具体来说，我们的祖先依靠自己出色的长跑能力，创造出了一种全新的捕猎方式，即通过分工协作和长途追击，把猎物活活累死，即使不死也要将其累瘫，然后再用自制的梭镖或者棍棒一击致命。这种捕猎方式需要高超的智商和密切的团队合作，因此人类迅速成为地球上社会性最高的动物，人类的大脑也在这一过程中获得了所需的营养物质，脑容量进一步增加。

既然脑子对于人类来说绝对是个好东西，为什么我们的脑容量并没有一直增大下去呢？答案和直立行走有点关系。这种行走方式要求骨盆不能太大，否则双腿并不拢，走起路来会重心不稳。但是人类女性的生殖道需要通过骨盆，这就要求女性的骨盆尽可能地大，这就产生了矛盾。最终人类不得不做出妥协，让婴儿提前出生，在子宫外完成最终的发育。

从某种意义上说，今天的人类无一例外都是早产儿，我们的身体和大脑的发育过程有一大半都是在出生后才完成的。即使这样，女性的分娩过程也相当痛苦，婴儿死亡率远比其他灵长类要高。这件事看似是个缺点，没想到最终却成为改变人类命运的关键因素，因为这个做法延长了人类的童年期，极大地提高了大脑的可塑性，促使人类开发出一套适应性极强的后天学习系统，为创造力的出现奠定了基础。

更重要的是，人类母亲在分娩之后的很长一段时间内都要全力照顾婴儿，无力自主觅食，需要有人照顾，于是我们的祖先从早期的一夫多妻制逐渐转变成了一夫一妻的对偶制。千万不要小看这一转变，它让人类社会每个成员之间的地位越来越平等，不再被某个强者所控制了。在这样一个社会里，每个成年人都能够对自己所在的族群做出自己的贡献，人类的创造力就是在这一转变之后开始进步的。

石器时代

上文提到的诸多理论大都是人类学家的推测，因为我们的祖先没有留下任何影像或者文字记录，这些推测在很多细节上存在争议，需要收集更多的证据才能下定论。但因为时间太过久远，除了偶尔发现的人类骨骼或者牙齿化石之外，人类祖先留下的唯一证据就是石器。不过，因为石器制造所涉及的信息辨识、分工协作和智力水平等技能比使用树枝、木棍等简单工具要复杂得多，所以这个证据的价值极大，我们甚至可以认为石器加工是人类大脑和身体发生变化的起点。

最早的人类石器是由著名的古人类学家路易斯·利基于20世纪30年代在坦桑尼亚的奥杜威峡谷发现的，因此被后人命名为"奥杜威石器"（Oldowan）。这是一大类刀片型石器的统称，通常只能用来切肉，没有别的功能。其制作方式也较为简单，只需用一块硬石作为石锤，敲打另一块质地较软的石核（通常是鹅卵石），直到敲出锋利的石片就行了。

迄今为止所发现的最早的奥杜威石器距今已有260万年了，不但非洲出土了很多，在欧洲和亚洲也发现过一些，可见其传播范围相当广泛。有意思的是，这类石器的基本形态一直延续了将近100万年都没什么变化，人类的创造力似乎停滞了，直到170万年前才又出现了一种全新的石器类型，因其最早发现于法国的圣阿舍尔而取名"阿舍利石器"（Acheulean）。这也是一大类石器的总称，其制作难度比奥杜威石器大了一个数量级，需要用不同的石锤对同一件石核做精细的加工，整套工艺包含五六套工序，很多步骤都要预先设计好才行，对制造者的计划能力提出了更高的要求。最终的成品是一柄水滴状的手斧，刃部更加锋利，可切可削可砸可撬，被誉为"石器中的瑞士军刀"。

奥杜威石器对应于能人时代，过去一直被认为是非洲古猿向人类方向进化的开始，因为早年间的古人类学家相信只有人类才会制造工具，动物是不具备这个能力的。但是，这一信念正在被很多事实所动摇，比如迄今为止已经发现了四种灵长类动物会制造石器，包括西非黑猩猩、泰国猕猴、南美卷尾猴和一种生活在巴拿马海岛上的白脸卷尾猴。按照人类学的定义，它们都已进入了石器时代，所以今天的古人类学家已经不敢肯定他们在非洲发现的那些石器到底是谁的作品了。

更让人惊讶的是，有几种鸟居然也学会了制造工具，比如新西兰的啄羊鹦鹉和新喀里多尼亚乌鸦都是这方面的好手，它们不仅会使用树枝钓出树洞里的虫子，还学会了在树枝尾端做一个弯曲的钩子，把不肯就范的虫子钩出来。进一步研究发现，这两种鸟类很善于破解科学家专门为它们设定的人造机关，这些机关都是它们从来没有见过的，说明它们具有很强的创造力。

此事有趣的地方在于，此前科学家们一直坚信鸟类的行为都是凭直觉的，只受遗传控制，因为鸟类的大脑没有新皮层，不应该具备高级智慧。但后续研究发现，鸟类有个大脑皮层（pallium），和人类的新皮层一样具有体积小、密度大的特点，甚至连神经细胞的连接方式也都类似，说明这两个组织虽然发育过程不同，却殊途同归，最终都进化成了高级思维中心。

鸟类当中智力水平最高的当属新西兰啄羊鹦鹉和新喀里多尼亚乌鸦 ——————————————◾

　　和灵长类动物相比，鸟类的视野更加开阔，需要处理的信息非常多，其生活模式也和灵长类有相似之处，两者都属于社会化程度非常高的物种。共同的需求催生出了相似的解决方案，那就是进化出复杂的大脑，依靠创造力来帮助自己摆脱生存困境，这是"趋同进化"（convergent evolution）的经典案例。

　　此事另一个有趣的地方在于，鸟类当中智商最高的新西兰啄羊鹦鹉和新喀里多尼亚乌鸦都生活在海外孤岛上，资源虽然有限，但周围环境中没有哺乳动物和它们竞争，所以它们是在一个生存压力相对宽松的环境中进化出创造力的。此前科学家们大都相信创造力源自压力，生活压力越大，越容易激发创造力。但近几年的研究表明，实际情况很可能正相反，比如动物园饲养的红毛猩猩通常要比野外的红毛猩猩更有创造力。有研究者认为，这是因为尝试新的生活方式是需要冒险的，如果生存条件恶劣，动物们最好的应对方式反而应该是守旧，因为它们没有资本去冒险。人类也是如此，只有对失败的惩罚力度变小了，人类才有闲心和勇气去尝试新的东西。

　　虽然制造工具这件事已经不是人类专属的特长，但迄今为止还没有发现任何一种动物能够制造出阿舍利石器水平的高级工具，这是为什么呢？美国埃默里大学（Emory University）的人类学家迪特里希·斯图特（Dietrich

Stout）决定研究一下这个问题。他的研究方法非常特殊，不是研究别人，而是研究自己。他亲自动手，一边学习制造阿舍利石器，一边通过脑部扫描仪来观察工作中的大脑，看看到底哪个部位被激活了。结果表明，要想打造出一把真正的阿舍利手斧，不但需要高超的手眼协调能力，还需要事先做好周密的计划，这种能力可不是一般动物所能具备的，只有人类才有。事实上，扫描结果证明手斧制造者大脑中的右额叶下回非常活跃，这一区域和高级认知有关，也可能和语言技能的发展有关系，只有人类才有这样精细的脑结构。

更重要的是，斯图特教授发现制造阿舍利石器这件事本身也会反过来刺激大脑的学习中枢，增加大脑的可塑性，让人变得更聪明。换句话说，他认为制造工具和高级思维很可能是相辅相成的，两者是一种协同进化的关系，我们的祖先因为聪明而发明了精巧的石器，又在制造石器的过程中促进了大

美国埃默里大学人类学家迪特里希·斯图特通过学习石器的制造方法来研究古人的智力进化，右边那张图就是著名的阿舍利石器

脑的进化，从而变得更加聪明。

斯图特教授对石器的探索并没有到此结束，他又招募了一群大学生，让他们试着用古人的方法打造石器，结果发现美国大学生平均需要花费 167 个小时才能学会打造阿舍利石器的基本技术，而且这个过程必须得有老师负责教才行，光靠练习或者模仿是很难学会的。因此他得出结论说，阿舍利石器技术一定是代代相传的，而不是某个人通过反复试验就能开发出来的一项技能。

这个例子说明，人类技术发展到阿舍利石器时代就已经变得非常复杂了，任何一个人，无论多么聪明，都不可能凭借一己之力从无到有地开发出来。我们甚至可以得出结论说，从那时起，人类社会的任何一项技术都是从个人传给个人，或者从社区传给社区，如此这般代代相传下来的，所有的创新都是在传承的基础上一点一点加上去的。

正是在制造石器的教学过程中，斯图特教授意识到语言的重要性。如果不用语言来教授，学生们很难学会这门手艺，所以他认为祖先对于石器制造的需求很可能促进了人类语言的进化。

如果我们把语言定义为"通过声音传递信息"的话，那么很多动物都有语言。大部分动物的语言系统都是天生的，只有鲸、海豚、海狮、大象、蝙蝠和某些鸟类等少数动物具有后天学习的能力，它们可以在迁徙的过程中学习新的语言，以帮助它们适应新的环境。比如生活在太平洋里的座头鲸会唱30 多种不同的歌，这些歌随着迁徙的鲸群自西向东传播，甚至可以像人类的流行歌曲排行榜那样每年换一首新歌。

但是，所有的动物语言都没有真正的语法和句法，只有人类语言才有，这两个特征让人类语言的准确性和灵活性大大超过了其他所有动物，能够用来精确地描述复杂抽象的事情，比如教新手如何选择石材并制成石器。圣安德鲁斯大学（University of St. Andrews）的人类学家凯文·拉兰德（Kevin Laland）曾经指出，很多动物都有教学的行为，即把后天获得的思想从一个个体拷贝到另一个个体。拷贝的方式千变万化，但最关键的是拷贝的保真度，只有当保真度超过了某个阈值，真正意义上的思想交流才有可能成为现实。所有动物当中只有人类跨越了这个阈值，此后人类的整体认知能力和创造力便呈现指数级的增长，其结果就是今天的我们。

问题在于，人类是何时以及如何跨越了这个阈值呢？这是考古人类学的终极问题之一，曾经被认为是无法解决的，原因显而易见。近年来，不少学者试图从其他方面间接地研究人类语言的诞生，制造工具就是其中之一。不过，制造工具和语言的诞生越来越像是一个鸡生蛋、蛋生鸡的问题，在此之前还需要有个东西启动这场伟大的协同进化。

美国著名的语言学家诺姆·乔姆斯基（Noam Chomsky）曾经认为人类的语言能力来自基因突变导致的脑结构改变，他相信一个人要先有这个改变，才能掌握这套有别于其他动物的语法系统。人类基因组密码被破译之后，一直有人试图寻找这个基因突变，2001年发现的FOXP2曾经被认为是这样的一个关键基因，但后续研究表明FOXP2仅仅是诸多可能的语言基因当中的一个而已，它的作用也不像当初认为的那样简单直接，语言诞生之谜还远未解开。

不管怎样，语言的出现开启了思想大规模交流的序幕，为创造力的大爆发做好了准备。不过，在此之前人类还需要掌握另一件秘密武器，这就是火。

火焰点燃了创造力

无论古人类学家们如何偏心眼，我们祖先的创造力在走出非洲之前的这段时间里实在是乏善可陈。先不说别的，奥杜威和阿舍利这两类石器居然各领风骚长达100万年之久，如此缓慢的进步速度几乎和停滞不前没啥区别了。

但是，从大约10万年前开始，人类技术的进步速度明显加快，非洲出现了远比阿舍利石器更复杂的石器，而且更新换代相当频繁。这一时期甚至出现了复合工具，即用树胶把石器、动物骨骼和木材黏合在一起制成的新型工具，体现出当时人类的创造能力迈上了一个新的台阶。这一时期的人类行为也变得更加复杂，祖先学会了埋葬死去的同伴，墓穴中出现了珠子和贝壳等饰物，显示出那段时期非洲居民们的智力水平有了飞速增长。

为什么会出现这样的飞跃呢？火的使用肯定是重要原因之一。关于人类用火的历史，考古界一直有争议，有人认为人类早在 100 万年前就会用火了，但相关证据并不是很充分。如今多数学者相信人类真正大规模用火的历史不会超过 40 万年，钻木取火的技术更是很晚才被人类掌握。

火的使用从根本上改变了人类的生活方式，因为火是人类所掌握的第一个来自身体（肌肉）之外的能量形式，具有划时代的意义。火最直接的用途就是加工食品，烹饪极大地提高了食物的消化率，满足了日渐增长的大脑的需要，同时也养活了更多的人；火在加热食品的同时还能起到消毒的作用，以前无法食用的变质腐食终于可以被人类所利用了，人类死于食物中毒的概率也大大降低；火的防身作用也不可忽视，一支火把就足以吓退凶猛的猛兽；火还有取暖的功效，人类借助火的力量逐渐迁徙到了寒冷的北半球……所有这些优点合在一起，导致人类的总数终于有了大幅度的增长，并逐渐开始向非洲以外的地区扩散，最终成为地球上分布最广的大型哺乳动物。

这件事的意义再怎么强调都不会过分。有研究显示，地球上的人口总数在过去几百万年的时间里始终维持在 100 万以下，直到 10 万年前才终于突破了这一上限，达到了数百万人的水平。前文说过，生命的创造过程需要有足够多的不同种类的原子在液态环境里自由碰撞，人类创造力的进化也是如此。我们可以把人想象成原子，人口稀少造成的一个直接后果就是大部分人一辈子都很难遇到其他部落的人，即使有幸碰到了，对方也和自己差不多，这就大大限制了不同思想的流动和碰撞。除此之外，居无定所的游牧生活方式使得当时的人类社会更像是气体，即使偶尔撞出火花也很难延续下去，很多灵光一现的发明创造就这样随着拥有它的那个部落的灭绝而永远丢失了。

值得一提的是，人类并不是地球上唯一会用火的动物，至少有三种澳大利亚猛禽也会用火。它们生活在澳大利亚北部的干旱地区，一旦某处发生山

■————— 著名的美国进化生物学家爱德华·威尔森，他一生撰写了无数著作，涉及生物进化的方方面面

火，它们就会从火场叼来着火的树枝，点燃草原，把躲在草丛里的小动物赶出来吃掉。

在这个案例里，我们再一次看到鸟类的身影。确实，鸟类的智商和灵长类相当接近，但是由于各种阴差阳错，鸟类的上升空间不如灵长类大，渐渐落伍了。就拿用火来说，我们的祖先开发出了一种鸟类不可能实现的全新用途，这就是篝火。美国著名的进化生物学家爱德华·威尔森（Edward O. Wilson）曾经高度评价篝火在人类进化中的作用，他通过对非洲南部原住民日常生活的研究，发现这些猎手们白天的谈话大都是关于打猎的，内容非常务实，但一到了晚上，大家就会围坐在篝火旁讲故事，无论是故事内容还是讲述方式都极其生动，想象力十足。正是通过这些故事，部落成员们增进了彼此间的了解，培养了感情，文化就是在这样的环境下诞生的。

文化（culture）指的是一群人共同认可的思想理念和生活方式，其基础就是人类的共情能力（empathy）。我们非常善于在头脑中模拟他人的行为模式，猜测他人的想法，甚至体会他人的感情，这种能力对于社会性动物而言是极为重要的，我们正是依靠出色的共情能力进化成为一个相互信任的利益共同体，并在协调合作中发展壮大的。

从某种意义上说，宗教也是共情能力的产物。有些共情能力超强的人把花草树木甚至日月山河都赋予了人类的情感，这就是原始拜物教的起源。同样，艺术之所以成为人类文化的重要组成部分，也是因为共情能力使得艺术家能够根据自己的理解创作出影响他人情感的作品。

随着人口数量的增长和部落领地的扩张，非洲大陆上的居民终于连成了一个整体，彼此间始终保持着联系。比如只有少数几个地方出产很适合作为工具使用的黑曜石，但以黑曜石为原材料制成的石器却遍布整个非洲大陆，由此可见当时的物质和信息交流有多么广泛。

不同部落之间的相互交流极大地促进了创造力的迸发，那段时期石器制造技术的进步速度非常快，而且每种新技术一旦出现就会迅速传遍整个非洲，以至于考古学家很难通过测年法来判断这些新技术最早起源于何处。

有意思的是，这一时期的创造力大爆发在大约 7 万年前戛然而止，过了很久之后才又重新恢复，考古学家们相信原因就是 7.5 万年前在苏门答腊岛发生的图巴（Toba）火山喷发。那次喷发导致的气候巨变杀死了很多大型哺乳动物，人类的总数下降到了只有数千人的水平。人类进化史上经历的这次"遗传瓶颈"事件正好可以解释为什么现代人的遗传多样性会如此之低。要知道，现如今任何两个地球人之间的遗传差异都远不如两只分别生活在东非和西非的黑猩猩之间的遗传差异大，这件事曾经令遗传学家百思不得其解。

好在祖先们挺了过来，这才有了今天的我们。与其说这是运气使然，不如说当时的人类已经不是一般的哺乳动物了。遗传多样性太低固然不利于应对环境剧变，但人类无与伦比的大脑发挥了作用，应对自然灾害的能力有了很大提高。举例来说，目前已经发现的最早的人类绘画作品是南非一个山洞中的赭石涂鸦，距今已有7.3万年的历史了，这说明当时的人类已经具备了初级的艺术创造力，这可是人类进化史上的一个重大突破，标志着人类的智力已经达到了很高的水平，完全可以弥补遗传多样性的不足。

事实上，正是从距今7万年左右开始，人类走出了非洲，踏上了征服世界的旅程。考古证据显示，那一时期至少有五个不同的人类族群生活在欧亚大陆的很多地方，我们的祖先在走出非洲的过程中和这些族群发生了信息和基因上的交流，极大地扩展了人类所掌握的知识和技能。一些考古学家相信，正是由于这种交流，使得人类的智力水平又迈上了一个新的台阶，这才有了4万年前绘制在欧洲山洞中的那些栩栩如生的壁画。那些作品的技法比非洲山洞中的原始涂鸦高了不止一个数量级，当时的艺术家已经和当代准专业画家们的绘画水平相差无几了。

在距今3万年左右，所有其他人类族群尽数灭绝，地球上只剩下我们的祖先这一群智人了。灭绝的原因目前还有很多争论，但他们不善于和其他同类交流合作似乎是很重要的原因。就拿目前研究的最透彻的尼安德特人来说，考古研究显示他们也像我们一样会说话，会用火，会画画，会埋葬亲人，但尼安德特人分成了很多相对独立的部落，彼此之间缺乏交流，远不如我们的祖先那样团结。

尼安德特人基因组序列测出来之后，有两家实验室尝试在培养皿中培养尼安德特人的"迷你脑"，即用带有尼安德特人基因特征的神经干细胞发育成豌豆那么大的一团脑神经组织，再和人类细胞培育出的"迷你脑"做对比，看看两者究竟有何差别。相关研究尚在进行之中，但其中一家实验室在2018年6月召开的一次国际会议上公布了初步研究结果。这家来自美国加州大学圣地亚哥分校（UCSD）的实验室发现，尼安德特人的"迷你脑"外表不如人类的那么光滑，神经突触的数量也比人类的少，和人类自闭症患者的"迷你脑"非常相似，这样的大脑在处理社交信息时会显得力不从心。这家实验室的负责人阿里松·莫特利（Alysson Muotri）博士认为，这个初步结果说明尼安德特人的性格很可能比较封闭，不如人类那样善于交流。

人类独霸地球后不久，已经维持了数万年的冰期结束，地球进入了温暖的间冰期，万物复苏，生机勃勃。正是在这个大背景之下，人类于大约1万年前发明了农业，从此迎来了真正的创造力大爆发。

早年的人类学家相信农业是生活在中东地区的某个聪明人创造出来的，但后来的研究显示农业在全世界范围内至少独立地被发明出了七次，由此可见农业的出现并不是少数人灵光乍现的结果，而是客观条件满足之后的水到渠成。这里所说的客观条件除了气候变暖之外，人口增加导致优质猎场越来越不够分也是很重要的一条，人们只能选择一块地方定居下来，寻找新的食物来源。

定居点的出现，开启了创造力大爆炸的序幕，从此人类社会的新思想和新技术层出不穷，生活状态日新月异，应对自然灾害的能力也呈现出几何级数的增长，我们终于从动物界脱颖而出，进化成为具有高级智慧的现代智人。

结　语

创造力的进化和生物进化一样，都不是事先规划好的，而是修修补补、见招拆招的结果。人类的进化虽然源自一连串偶然事件，但其实整个过程遵循一套非常严格的逻辑和规则，创造力的爆发也是如此。下面我们就通过一些实例，看看能否总结出一些创造的规律。

罗大佑是怎样炼成的？

　　罗大佑是公认的华语流行音乐教父，他开创了一种全新的表达方式，成为一代华语音乐人模仿的对象。他的创造力是从哪里来的？答案要去他出道的地方寻找。

想象中的鹿港小镇

　　1984 年的某一天，正在北京一所中学读高一的我从同学那里搞到一盘录音带，据同学说这是违禁品，好不容易才到了他手里。我迫不及待地按下播放键，录音机里传来了很响的沙沙声，显然这盘磁带已经不知被翻录过多少回了。噪音过后，一个尖利的音符从喇叭里冲了出来，虽然那时的我根本分辨不出这是哪种乐器在演奏，但声音中蕴含的力量却像一把刀子直插心脏。简短的前奏过后，录音机里传出一个苍老的声音：

　　　　假如你先生来自鹿港小镇
　　　　请问你是否看见我的爹娘
　　　　我家就住在妈祖庙的后面
　　　　卖着香火的那家小杂货店

　　我当时并不知道鹿港小镇在哪里，也不明白妈祖庙意味着什么，这首歌想要表达的思想对于刚刚才用上录音机的我来说有点超前了。但不知为什么，这首歌仍然深深地打动了我，因为我从来没有听到过如此愤怒的歌词，也从

罗大佑被公认为华语乐坛最具创造力的歌手之一

来没有意识到中文歌同样可以非常摇滚。后来才知道我不是唯一被它打动的人，这首《鹿港小镇》不知唤醒了80年代多少大陆年轻人的心，这盘名为《之乎者也》的磁带不知让多少热爱音乐的叛逆青年走上了摇滚的道路。

在那之后的很长一段时间里，我只知道那个声音来自罗大佑，但不知道他长什么样，到底是怎样一个人。直到多年之后，我才从一张同样模糊的复印纸上看到了那个戴着墨镜，留着披肩长发的冷峻面庞。2018年初秋的一个下午，我终于在台北复兴南路的一幢外表极为普通的公寓楼外见到了这张陌生又熟悉的脸。如果不是资料里确凿无误地表明罗大佑生于1954年，我肯定不会相信这张脸的主人已经64岁了。

"你来得正是时候，可以了解一下台湾目前的政治状况，因为马上就要选市长了，台湾社会可能会发生很大的变化。"罗大佑一边说一边带着我走进他的工作室，然后迅速把鞋子脱了，光着脚盘腿坐进沙发里。他个子不高，身材保持得极好，肚子上一点赘肉都没有，脸上的皮肤光滑细腻，几乎看不到皱纹，说他40岁都有人信。

就在助理为我们准备咖啡的时候，罗大佑继续慷慨激昂地表达着自己的观点。我趁此机会仔细观察着眼前这个人，和那张我熟悉的唱片封面照相比，虽然一头披肩长发被剪成了板寸，一袭黑衣换成了蓝绿色的居家型绒线夹克，遮住大半张脸的墨镜也被一副标志性的彩色眼镜代替，但罗大佑骨子里依然还是当年那个愤世嫉俗的年轻人。

"我从前是个比较孤僻的人，后来媒体采访多了才变得比较和善一点。"说这话的时候他终于笑了，眼角额头现出了几道很深的皱纹。

咖啡来了。我努力地把话题转移到40年前，请他回忆一下刚开始做音乐时的峥嵘岁月。原来，当年那个性格孤僻的罗大佑，并不是《鹿港小镇》里那个"当年离家的年轻人"。事实上，他在写那首歌之前根本没有去过鹿港，他的父亲也不是开杂货店的，而是一个非常有名的医生。他家的经济状况非常好，他本人也一直是个好学生，学习成绩在班里名列前茅，这让他顺利地考上了台中的一所医学院，准备毕业后子承父业，当一名受人尊敬的医生。

既然如此，是什么原因促使罗大佑放弃医生职业，玩起了摇滚乐，并写出如此愤怒的词句呢？"应该是受当时台湾的社会氛围影响吧。"罗大佑对我说，"当年台湾到处都在卖进口唱片，我听了特别多的美国摇滚乐和爵士乐，我玩摇滚乐应该就是受了这些唱片的影响。在歌词方面，那时候台湾出了一批很好的诗人，我非常喜欢读余光中、洛夫和杨牧等人写的新诗，在思考方式和开拓思维空间等方面受到了他们的影响。"

关于这段历史，有个人比罗大佑更有发言权，他就是著名的滚石唱片公司董事长段钟沂，罗大佑的大部分唱片都是在滚石出的。我这次专程去位于台北光复南路290巷的滚石唱片总部拜访了这位台湾流行音乐的传奇人物，

罗大佑是怎样炼成的？

也请他回忆了一下当年台湾的情况。

"蒋介石退到台湾后仍然和美国保持着联系，美军司令部始终驻扎在台湾，越战期间台湾更是变成了美军的中转站，经常有军机把美军士兵从越南运到位于台中的美军基地修整，美国的流行文化就这样跟在美国大兵的身后畅通无阻地进入了台湾。"段钟沂回忆说，"记得当年台北中山北路上全是卖美国旧书和过期杂志的摊点，我就是在那里买到了那本对我影响很大的小说《麦田里的守望者》。美国人还办了一个广播电台，天天放美国的流行音乐，所以我经常说，我们这一代台湾人就是喝着美国的奶水长大的，叫出来的声音自然也是美国味儿的。"

段钟沂生于1948年，是标准的"战后一代"。两次世界大战改变了旧的国际秩序，一大批原本处于边缘地带的前殖民地国家和地区融入了国际社会，像段钟沂这样来自第三世界的年轻人终于有机会接触到全新的文化理念，和信息相对封闭的父辈们形成了鲜明的反差。

"当时的台湾当局非常保守，他们的主要任务是'反攻大陆'，对'共匪'警惕性很高，但对美国的流行文化就睁一只眼闭一只眼了。"段钟沂说，"这就相当于在台湾开了一个天窗，让我们这些年轻人可以看到天空。他们不知道其实这玩意儿力量更大，为台湾社会后来的大变革埋下了伏笔。"

不过，改变并没有很快到来。为了给驻扎在台湾的美国大兵提供娱乐服务，20世纪50年代的台湾出现了一大批电声乐团，在高级俱乐部里为客人翻唱美国流行歌曲，内容多半是通俗的爱情小调，没什么内涵。今天的歌迷也许会感到奇怪，因为他们早已习惯了表达深刻内容的流行歌。但是，这种歌曲并不是从一开始就有的，早年的流行歌曲纯粹是为了娱乐，在今天听来都是"靡靡之音"，唱片公司并不认为把高雅的现代诗歌谱成曲唱出来会有人买，美国同样如此。

这种状况直到20世纪60年代才发生了改变，鲍勃·迪伦（Bob Dylan）为此做出了重要贡献，这就是他获得诺贝尔文学奖的主要原因。问题在于，

那个年代的美国正经历着"冷战"、越战和民权运动，社会气氛动荡不安，很多人有话要说，迪伦只不过把大家憋在心里的话写成歌曲并唱了出来而已，大众接受起来相对要容易得多。但在当年的台湾，起码表面上并没有那么多社会矛盾，到处是一片歌舞升平的景象，所以台湾乐手们依然唱着不痛不痒的口水歌，只不过把手里的电吉他换成了木吉他而已。美国乐坛刚刚经历过一次民歌复兴运动，台湾歌手依样画葫芦，也跟在美国同行的后面唱起了美国民谣。

真正的变革要等到 1976 年才到来，一位只比段钟沂小一岁的民谣歌手李双泽在参加一场"西洋民谣演唱会"时把一瓶可口可乐摔到地上，呼吁大家"唱自己的歌"，从此开启了台湾的新民歌运动，这就是后来传到大陆的校园民谣。罗大佑早年的创作深受这场运动的影响，比如那首脍炙人口的《童年》就是典型的校园民谣。这首歌是罗大佑在 1976 年写成的，那时他正在读大学三年级，正好是回忆童年的年纪。另一首校园民谣风格的《光阴的故事》则是他大学毕业那年写的，因为台湾的医学院要上 7 年，所以那时的他已经 26

岁了，也正好是回忆青春的时刻。

"创作者必须遵从自己的内心，这是一定的。"罗大佑回忆说，"不过，我有时会主动寻求一种不是自己现状的情境，这是一种创作的技巧。"

这两首歌流行度非常高，但罗大佑最具革命性的歌曲还得说是创作于1980 年的《鹿港小镇》。这首歌是概念先行的，相当于命题作文。音乐风格终于摆脱了民谣的束缚，变得非常摇滚。歌词更是充满了批判精神，愤怒的情绪溢于言表。

"1979 年是台湾历史上的一个重要的转折点，那年台湾社会从上到下都感受到了很大的压力，大家普遍有一种孤立无援的感觉，不知道未来会发生什么，台湾将向何处去。"罗大佑回忆说，"紧接着又发生了美丽岛事件，弄得大家都不敢讲话了。我因为是学医的，不是音乐圈里的人，经济上也比较没有压力，所以我比较没有顾忌，这才写出了《鹿港小镇》。"

1980 年，罗大佑从医学院毕业。虽然因为大学期间玩音乐耽误了学业，导致学习成绩掉到了班里的中下游水平，但仍然足以让他考到了医师执照，正式成为一名医生。但罗大佑骨子里是个叛逆青年，他感觉自己有话要说，便从父亲那里借来一笔钱，自费录制了一张唱片。几乎与此同时，段钟沂和弟弟段钟潭联手另外几位朋友成立了滚石有声出版社有限公司，正式进军唱片业。段钟沂听到了别人翻唱的《童年》，非常喜欢，便托人找到罗大佑，说服他把这张唱片交给滚石来出。

滚石唱片当年只是一个刚刚起步的独立厂牌，罗大佑也是个没什么名气的乐坛新人，这次签约纯粹是因为双方在音乐理念上的相投。段钟沂当年也像罗大佑一样留着一头披肩长发，也喜欢听来自美国 60 年代的摇滚乐，两人在精神上是相通的。

"美国摇滚乐的核心并不是民权和反战，这只是表面现象。美国的问题是道德问题，这才是摇滚乐真正想要表达的主题。"段钟沂对我说，"台湾虽然没有民权和反战的问题，但台湾同样有道德问题，我们那一代年轻人想要打破的是伪善的传统道德观，这个诉求和美国摇滚乐是一样的。"

虽然理念相投，但这次合作在经济上对于双方而言都是一次冒险。段钟沂告诉我，当时曾经有位业内人士打赌说这张唱片最多也就能卖 2000 张，结果仅在台湾地区就卖了 20 万张，盗版更是不计其数，这次冒险取得了成功。

相邻可能与扎堆现象

当年由于两岸交流不畅，这张唱片是走私进来的，并迅速被翻录成了磁带，在北京的音乐圈子里广为流传。我是在两年后才听到这盘翻录的磁带的，因为没有文字介绍，所以我对这张唱片的背景一无所知。多年以后我才知道，这是罗大佑出版的第一张个人唱片，从此开启了一段辉煌的音乐历程。这是滚石唱片公司出的第 9 张唱片，一举奠定了滚石在华语摇滚乐坛的霸主地位。大陆歌迷熟悉的李宗盛、赵传、潘越云、齐豫、齐秦、张洪量、任贤齐、莫文蔚和陈升等人都在其生涯的某个阶段签约过滚石，而且在滚石出的唱片往往是他们演唱生涯中最好的唱片。后来滚石的一个子品牌魔岩文化更是进军大陆，帮助大陆音乐人把自己的创造力彻底释放了出来，这才有了唐朝乐队和魔岩三杰。

所有这一切，都开始于 1982 年问世的这张《之乎者也》。当时的中国大陆刚刚开始改革开放，大部分人的音乐品位还处在李谷一或者李双江的时代，所以这张唱片才会显得如此超前，罗大佑才会被我和我的同学们视为天神下凡。不过对于台湾的年轻人来说，这张唱片可以说来得正是时候，唱片销量就是证明。同样，罗大佑也不是突然从石头里冒出来的孙悟空，他和段钟沂一样，都是那个时代的产物。

前文说过，创造本质上就是探索"相邻可能"的过程，人类历史上的绝大部分创新都不是凭空而来的巨大飞跃，而是对边界的一次次勇敢的探索和尝试。台湾歌坛经过30年的摸索和尝试，其边界不断扩大，那时的台湾即使没有罗大佑，也会出现和他类似的创作歌手。事实上，20世纪80年代的台湾歌坛涌现出了一大批优秀的创作型音乐人，比如侯德健、李宗盛、李寿全、梁弘志、黄舒骏、马兆骏、小虫和齐秦等，各有各的拿手绝活。这些人合力带来了台湾乐坛创造力的大爆发，并不是罗大佑一个人的功劳。

这个特点绝不仅仅是文艺界才有的，科学技术领域的创新同样如此。历史教科书喜欢造神，经常会习惯性地夸大某位天才的作用，比如达·芬奇就常常被吹捧成一位在生物学、工程学、地理学和绘画等很多领域都做出过大量创新的天才，但实际上他的很多发明创造都不是他自己想出来的，而是借鉴了前辈们的研究成果，其中还包括很多来自阿拉伯同行们的贡献，他只不过将其转译到了欧洲而已。再比如，牛顿也曾经被视为一个罕见的天才，历史教科书非常喜欢将他描绘成一个性格孤僻的怪人，但实际上牛顿一直和当时的欧洲科学界保持着密切的联系，他的很多研究成果都是在前辈们的基础上以及和同行们的交流过程中做出来的。

当然了，达·芬奇、牛顿和爱因斯坦这些人如此有名，肯定有其过人之处。但是，也正因为如此，这几位只能算是特例，绝大多数科技创新都是由其他那些不那么有名的科学家和工程师做出来的，本质上都是探索"相邻可能"的过程，即在现有知识的基础上稍加变化而成。

从这个理论可以推导出科学史上经常发生的一个有趣现象，叫作"扎堆"（the multiple）。大意是说，某个人想出某个新点子，却发现另外一个地方的某个人正好在几乎同一时间想出了同样的主意。比如，太阳黑子是在1611年被四个人分别发现的，他们分别生活在四个不同的国家，彼此之间并没有任何联系。再比如，电池是在1745年和1746年由两位科学家分别独立地发明出来的，他们之间也没有相互交流过。还有，氧气是在1772年和1774年被两名科学家独立发现的，遗传突变对于生物进化的作用是在1899年和1901

年分别被两位科学家独立地提出来的，X 光对于基因突变率的影响更是在 1927 年被两名科学家几乎同时报告的。除此之外，像电话、电报、蒸汽机和广播等，几乎所有的创新都有不止一个发明人，它们的诞生过程都具有明显的"扎堆"特征。

20 世纪 20 年代，美国哥伦比亚大学的两位学者决定研究一下这个问题。两人通过检索历史文件的方法收集到了 148 个扎堆案例，然后将分析结果总结成一篇文章，题目叫作《发明创造是不可避免的吗？》（*Are Inventions Inevitable*？）。文章指出，扎堆现象的普遍性恰好说明人类的大部分发明创造都不是某个天才凭空想象出来的，而是由当时就已经存在的各种科学概念、方法论，甚至器材、零部件等重新组合而成的，比如氧气的发现就是如此。人类是在 18 世纪后期才意识到空气不是"空"的，而是含有某种化学成分，称量氧气所需的精密天平也是在 18 世纪中期才被发明出来的，有了这两样东西，氧气的发现便是顺理成章的事情，"扎堆"出现的情况就不稀奇了。

如果我们把扎堆的定义再放宽一些，不难发现人类历史上经常会出现某个创造力特别旺盛的时期，或者发明家非常集中的区域，而且两者经常是一起出现的。比如达·芬奇就诞生在文艺复兴时期的意大利，在那短短的 100 多年时间里意大利涌现出一大批极富创造力的人才，除了达·芬奇之外还有米开朗琪罗、拉斐尔、伽利略、哥伦布和马可·波罗等。这是为什么呢？答案肯定不是因为那段时间的意大利妇女突然生出了很多天才儿童，而是因为那段时间的政治和经济变化恰好促成了创造力的大爆发。

再比如，和牛顿同时代的英国也涌现出一大批出色的科学家，比如莱布尼茨、胡克、惠更斯、哈雷、波义耳……个个都是大名鼎鼎。事实上，正是这些人的互相借鉴和相互激励，才让牛顿脱颖而出。

话虽如此，罗大佑被称为华语流行歌坛的教父，说明他身上确实有某种别人没有的特质，值得好好研究一番。

好旋律与共情力

流行歌曲之所以流行，歌词好只是一个方面，很多时候旋律更重要，对于中国听众来说尤其如此。罗大佑早就看清了这一点，他的大部分歌曲都是先有曲后有词的，只有《之乎者也》等少数几首歌例外。

"我写歌一定要求曲子先成立，我必须确认这个曲子是好听的，旋律是有说服力的，才会继续写下去。"罗大佑对我说，"我在这方面好像比较有灵感，有时候一觉醒来脑袋里就有旋律跑出来，所以我觉得我可能天生比较适合干这行。"

这段话听上去很可能会让一些有志于从事音乐创作的人感到心灰意冷，如果作曲靠的是天赋，而自己又天生没有音乐细胞，是不是就不适合干这行了呢？我和罗大佑就这个问题聊了很久，发现情况并不是那么简单的。

首先，罗大佑亲口承认他没有绝对音高，这一点曾经是某些家长判断自己孩子适不适合搞音乐的重要指标，但起码在罗大佑身上这个标准是不成立的。所幸他父亲也不信这个，从小就鼓励罗大佑弹钢琴，最终达到了七八级的水平。高中时罗大佑以键盘手的身份加入了一支学生乐队，虽然只演出了两个月罗大佑就去上大学了，但这段经历让罗大佑接触到了台湾的流行音乐圈，为他后来

童年的罗大佑（左二）和家人

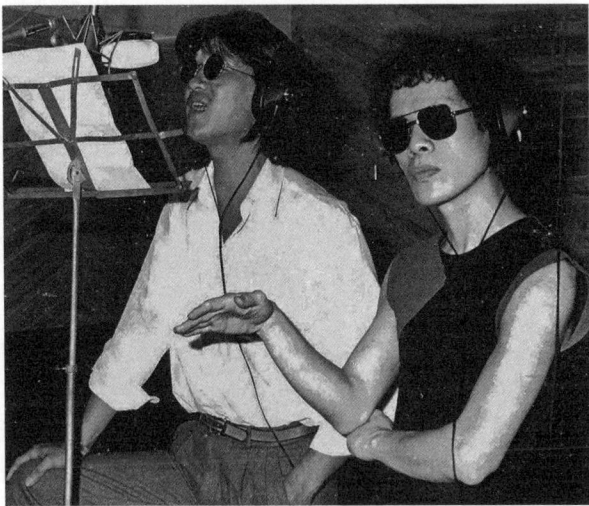

的成功开了个好头。更重要的是，钢琴对于作曲家的帮助极大，罗大佑的早期歌曲大都是在钢琴上创作出来的，像《摇篮曲》和《稻草人》等旋律优美的慢歌都是如此。另外，电子合成器和电脑作曲用的也都是键盘，所以弹钢琴对于像罗大佑这样的创作型音乐人来说几乎是一项必备技能。

其次，受哥哥影响，罗大佑又对吉他发生了兴趣，水平很快就超过了哥哥。吉他适合边弹边唱，也是摇滚乐的标志性乐器，对罗大佑从校园民谣转型到摇滚乐起到了关键的作用，像《鹿港小镇》这样的摇滚歌曲一定得用电吉他来写才正宗。

正是因为罗大佑在钢琴和吉他这两样重要乐器上都下过苦功夫，所以他才能自由地在两种风格之间任意穿梭，这一点对于他的成功起到了关键的作用。

罗大佑的例子充分说明，天赋并不是创造者的必要条件。当然了，某些遗传特征确实能起到一些作用，比如天生对色彩或者声音敏感的人更容易在美术或者音乐领域取得成功，但真正的原因不是这样的人有什么别人没有的才华，而是这样的遗传特质会让一个人在很小的时候就发展出对某个领域的兴趣，只有这样他才能有充足的时间在这个领域深入下去，比其他人更早地接触到该领域的边界，然后有所突破。

罗大佑生平创作的第一首被发表的曲子是《歌》，这件事和他早年玩乐队的经历有关。原来，那支学生乐队的鼓手后来担任了电影《闪亮的日子》的副导演，这部摄于1977年的电影讲的是台湾年轻人玩乐队的故事，需要很多插曲，于是那位鼓手找到罗大佑，希望他能为电影写音乐。当时罗大佑已是医学院的四年级学生，学业非常繁重，但他一直没有丢下音乐，平时积攒了不少旋律，于是他把自己在大二时写好的一段旋律贡献出来，由片方根据电影情节搭配了徐志摩翻译的16世纪英国诗人克里斯蒂娜的一首诗，这就是那首优美的《歌》。这部电影公映后反响不俗，台湾民众正是通过这部电影认识了这位乐坛新人。

《歌》的旋律是如何写出来的呢？罗大佑在作曲方面的才能究竟从何而来？真的有一位音乐之神暗中相助吗？罗大佑自己并不这么看："其实写旋律的过程并不玄妙，流行歌毕竟不是交响乐，没那么复杂。我会把平时生活中偶尔得来的灵感记下来，就这样积攒了很多短小的动机，至今还有一两百个没有用呢。写歌时，我会从中选出比较好听的动机，有时只有几个小节而已，然后我会通过各种试验来逐步地完成它。这是个很漫长的探索过程，有时甚至需要好几个月的时间。"

据罗大佑介绍，这个探索过程有时是非常理性的，比如他会根据音乐的基本规律尝试不同的和弦，或者根据歌曲的性质尝试不同的节奏和唱法。但是，有两个关键步骤是非常感性的：第一，他需要知道这个旋律是不是曾经被别人用过，或者会不会和已有的旋律太过相似。第二，他需要判断这个旋律是不是真的好听，能否支撑起整首歌。事实证明，这两点才是区分作曲家好坏的试金石，值得详细分析一番。

第一条的重要性显而易见，否则就不叫原创了。今天的作曲家也许可以通过检索的方式看看自己有没有和别人撞车，但罗大佑的时代显然做不到，这就对作曲家的音乐阅历提出了很高的要求。因为父亲的关系，罗大佑从小就开始听古典音乐，长大后又迷上了摇滚乐和爵士乐，听了无数唱片，各种类型的都有，这就让他比别人更容易判断出哪个旋律值得继续做下去，哪个旋律已经被别人用过了。这么做还有一个好处，那就是培养了自己的美学观念。"任何一个创作者，在取得成功之前一定是个好观众，比如好的作家首先一定是个好读者，好的音乐家首先一定是个好的听众。"罗大佑对我说，"音乐的创作过程是主观的，但音乐的欣赏过程是客观的，我以前听过很多音乐，而且是抱着学习的态度去听，在这个过程中慢慢找到了属于我自己的音乐美学。"

第二条当然就更重要了，因为音乐的好坏没有固定标准，歌迷的耳朵是唯一的参考系，这就要求作曲家能够判断出自己创造的旋律能否被大多数听众喜欢，这是一种非常独特的能力。

很久以前流行过一种说法，认为音乐是人类的共同语言，莫扎特应该是所有人的大师，于是有不少科学家研究过音乐的标准问题，试图找出好音乐的规律。研究结果出乎所有人的预料，音乐并没有所谓的"内在标准"，一个人长大后喜欢什么样的音乐，是由他小时候听到的声音决定的。比如，在接触外来音乐之前，原始部落的民间音乐风格差异极大，甚至连和谐音都不是绝对真理。爪哇岛的民间音乐就充满了不和谐音，于是这个岛上的原住民觉得西方古典音乐很难接受。但随着西式流行音乐在全世界的普及，如今爪哇岛人的音乐口味已经彻底被西化了，对他们来说莫扎特终于变得好听了。

既然如此，一个作曲家是如何判断自己脑袋里产生的旋律到底好听不好听呢？答案就是前文提到过的共情能力。共情能力越强的人就越容易判断出一段旋律会不会被其他人喜欢。罗大佑就是这样的一个人。他的共情能力甚至已经强到会把动物当成人来看待的地步。比如，当我问他如今唱片卖不动了，他是否还有创作的冲动时，罗大佑突然激动了起来："唱歌是人类的原始冲动啊！这就是我们生存的意义。这就好比说，鸟为什么要叫呢？即使找到了伴侣还要不停地叫？因为这是它的本性，鸟不叫就会死掉。或者，鹿为什么要不停地奔跑？即使后面没有猛兽在追它还是要跑？因为这个动作是鹿与生俱来的东西，它不跑就失去了本性。还有，牛为什么长犄角？哪怕一辈子都用不上还要长？因为这是牛作为一种动物的尊严，不然的话它就什么都不是了。"

罗大佑的说法从生物学的角度讲也许不一定对，但这段话从一个侧面反映出罗大佑的共情能力异于常人，非常善于站在别人的立场上看问题，这就部分地解释了为什么他对旋律的判断能力如此之强，以及他的创造力为何如此旺盛。他自己也承认，早年学医的经历对他影响很大，他父亲在他19岁的时候就带他去观摩手术，他小小年纪就知道了生命丑陋的一面，这让他更渴望通过自己的音乐去捍卫生命的尊严。

另外，从上面这段分析可以很自然地推导出一个结论，那就是艺术创造力有很强的年代和地域限制。罗大佑的作品不会在非洲走红，因为非洲人对好音乐的评价标准和中国人很不一样。同理，罗大佑的第一张唱片也不会被100年前的台湾人喜欢。别说100年前了，恐怕连70年代都不行，因为那时的台湾听众还没有做好准备。

"台湾新民歌运动的最大贡献并不是为台湾培养了几个未来的音乐制作人，而是为台湾本土摇滚乐培养了一大批听众。"段钟沂对我说，"20世纪80年代的台湾为什么会出现罗大佑这样的人？就是因为当时的内部外部条件都已具备，听众们无论是对抗议性的歌词还是对激烈的音乐表达方式都已经准备好了。"

这一条不仅适用于罗大佑，而且对于其他任何领域的创造力来说都是非常重要的，因为所有的新创造都不是只为自己服务的，都需要其他条件的配合才能成立。换句话说，任何一个好想法如果太过超前，都不会有好结果，比如计算机理论的发明就是一例。

创造力的天时、地利与人和

计算机无疑是当今这个时代最伟大的发明之一，但计算机的原理早在19

伦敦科学博物馆依照巴贝奇（左）的设计图纸，打造了一台完整的差分机（右），相当于人类历史上的第一台计算器

世纪初期就已经被英国数学家查尔斯·巴贝奇（Charles Babbage）想出来了，他在 1822 年设计出了世界上第一台机械式差分机（difference engine），理论上可以用于函数计算，其功能有点类似于后来的计算器。问题在于，这台机器需要 2.5 万个零部件，重达 15 吨，以当时的工程技术能力而言实在是太困难了，结果他只造出了一部分样机就花光了所有经费，只好放弃了这个计划。后来伦敦科学博物馆在这小部分样机的基础上制造出了整台机器，证明巴贝奇的设计原理是没有问题的，如果当时经费再充足一些的话，这台机器是可以被造出来的。

但是，巴贝奇的下一个想法就不同了。他于 1837 年首次在图纸上画出了分析机（analytical engine）的设计原理，如果造出来的话，这将是世界上第一台可编程计算机，无论是理论意义还是实际价值都远超差分机。不幸的是，差分机就已经复杂到几乎做不出来的程度了，这台分析机的复杂程度又要大上好几个数量级，以当时的工程水平而言是不可能被造出来的。于是后人只

罗大佑是怎样炼成的？

记住了他的差分机，把分析机这件事彻底遗忘了。直到100多年后，电子技术日渐成熟，这才有人独立地设计出了依靠电子元器件来运行的计算机，但其原理和巴贝奇的分析机是一样的。如果我们只看理论的话，巴贝奇无疑是个天才。但他实在是太超前了，他的创新需要电子时代的技术作为支持，可惜当时的世界还处于蒸汽时代，根本无法满足他的要求。

与此类似的一个案例就是视频分享网站YouTube的成功。其实早在YouTube公司成立十年前的1995年就有人想到了这个主意，但当年还处于拨号上网的时代，网速根本达不到分享视频的要求，奥多比（Adobe）公司也还没有开发出那个最终成为行业标准的视频播放平台（Adobe Flash）。这两个条件直到21世纪初期才得到满足，YouTube适时地推出，迅速取得了成功。

所以说，要想发挥创造力，必须天时、地利、人和全都齐备，缺一样都不行。

这样的例子中国也有很多，大疆创新公司就是其中之一。这家民营企业拥有全球无人机市场70%的份额，像这样依靠技术创新几乎垄断了整个全球性行业的案例在中国很难再找到第二家。这一切又是如何做到的呢？这就要从人造飞行器各自的特点说起。

目前的人造飞行器主要分成三大类，第一类是固定翼飞机，我们平时旅行坐的波音、空客等都属此类，优点是稳定性好、载重量大、飞行效率高，缺点是起降需要跑道，无法在空中悬停。第二类是直升机，靠一个或者两个主旋翼提供升力，优点是可以垂直起降和悬停，载荷能力适中，缺点是主旋翼的机械结构极为复杂，需要通过调整螺旋桨面的角度来调整升力的方向，操纵难度较大。第三类是多旋翼飞行器，依靠四个以上的固定旋翼提供升力，优点同样是可以垂直起降和悬停，再加上所有旋翼都不需要调整桨面，机械结构要简单得多，制造难度和成本都很低，缺点是载重量小、飞行不稳定、操控难度大。

以上三种常见飞行器的优缺点决定了它们的应用场景，比如载客和远距离运输多用固定翼飞机，救援和短距离运输则用直升机。早年的航模大都是固定翼的，因为其飞行稳定性好、容易操控、成本低廉。大疆的创始人汪滔小时候就是个航模爱好者，但他一直有个执念，那就是希望能让航模在空中悬停，为此他迷上了直升机航模，花了很多时间练习怎样操控它。但所有旋翼飞行器的一大特点就是飞行稳定性差，所以汪滔一直玩不好直升机，经常炸机（航模界术语，意为飞机因操控不当坠毁）。直升机旋翼的机械结构非常复杂，所以直升机航模非常昂贵，每炸一次都要花好几千块钱去修理，一气之下汪滔决定自己做一个直升机自动控制系统。经过多年钻研，最终还真让他做出来了。2008年，汪滔用自己研制的直升机自控系统参与了汶川地震的救灾勘测，效果很好。

但是，前文说过，直升机的机械部分非常复杂，价格一直降不下来，严重影响了直升机航模的民用化。多旋翼飞行器的机械传动部分虽然很便宜，但它却有另一个致命的缺陷，那就是载重量太小，这一点同样影响了多旋翼航模的发展。原来，所有飞行器的自动控制系统都需要安装一台惯性导航系统来即时获取自身的飞行姿态，早年间一台惯性导航系统重达十几公斤，所以只能被安装在有效载荷较大的固定翼和直升机模型当中。20 世纪 90 年代之后，随着微机电系统（MEMS）技术的成熟，几克重的 MEMS 惯性导航系统被制作了出来，但 MEMS 传感器的数据噪声很大，必须设计出复杂的算法来去噪声，这些算法和自动控制本身都需要速度快的单片机来运行，所以人们又等待了几年，直到高性能微型单片机诞生之后，多旋翼飞行器的自动控制难题才有了解决的可能。

2005 年，第一台真正意义上的多旋翼无人机自动控制器被制作了出来。2010 年，法国鹦鹉公司（Parrot）生产出了全世界第一款面向普通玩家的 AR.Drone 四旋翼飞行器，操纵者只要稍加训练就可以用一台手机来指挥它在空中做出各种飞行动作。

AR.Drone 的成功把汪滔的注意力吸引到了多旋翼上来。这种飞行器既能满足汪滔对于空中悬停的执念，价格又要比直升机航模便宜得多，更容易推向大众消费市场，于是汪滔开始研究四旋翼的飞控系统。由于在直升机飞控系统的研发过程中积累了宝贵的经验，汪滔很快做出了全世界最好的多旋翼飞控，姿态控制和稳定性等方面都比其他竞争者要好得多。

但是，当时的多旋翼飞行器仍然被定义为玩具，大家想不出这玩意儿能有什么实际用处。大疆最先实现了多旋翼无人机和相机相结合的新玩法，在2013年推出的第一代精灵无人机的下面安装了一个户外极限摄影专用的GoPro相机的架子，用户只要把自己的GoPro绑在精灵无人机的下面就可以进行空中摄影了。这两项新技术的结合重新定义了"航拍"这件事，终于让大疆火了起来。

必须指出，最早想出这个主意的肯定不只有大疆这一家公司，有三个因素让大疆成为最终的赢家，恰好对应了天时、地利与人和。第一，为了杜绝画面抖动，无人机的飞行姿态必须非常稳才行，汪滔设计的飞控系统被公认为当时全世界最好的，不但飞得稳，而且操纵简单，普通玩家也容易上手，这一点是大疆成功的"人和"。大疆后来又在云台技术上发力，推出了一个性能极其优越的云台系统，成为很多好莱坞电影公司的首选。

第二，摄影装置是有重量的，这就对多旋翼无人机的载重能力提出了很高的要求。事实上，很多不同类型的电子产品都对元器件的小型化有要求，智能手机就是一例，因此半导体模块的集成化和轻量化一直都是行业的趋势。2010年前后，正好有一大批专门为智能手机研发出来的多功能微型传感器、陀螺仪、WiFi信号传输设备和GPS模块等相继问世，其体积、成本和功耗等全都大幅下降。与此同时，可充电电池的性能也越来越好，重量却越做越轻，所有这些技术进步都可以很方便地转移到航拍无人机上来，很多此前根本不敢想象的性能指标都在很短的时间内得到了满足，这是大疆成功的"天时"。

第三，大疆的总部所在地深圳恰好是中国民用电子设备的制造基地，无论是采购还是自行组织生产，大疆都可以获得质优价廉的零部件，这就让大疆生产的无人机在同等性能的情况下价格比国外同类产品要低很多，对于民用市场来说这一点非常重要，这就是大疆成功的"地利"。

这三个优势加在一起，使得大疆迅速在航拍无人机领域脱颖而出，把竞争者远远地甩在了身后。

从大疆的成功故事里我们可以看出，汪滔对航模悬停技术的执着，以及他在飞行控制方面的技术创新，是大疆成功的必要条件。但光有这个还不行，因为航拍无人机所需要的很多技术都不是他自己做出来的，也不是他的强项，他需要等待这些基础技术成熟之后，再将其优化，最终用到自己身上。如果那些技术没有恰逢其时地出现，大疆无人机是不可能成功的。

正因为如此，大疆非常看重不同领域之间的相互合作。比如大疆开放了无人机设计平台，鼓励大家都来创造新的应用场景，只有无人机市场整体火起来了，大疆才有钱赚。再比如，大疆主办的机甲大师赛采用了和其他工程技术大赛很不同的模式，不比专项技能的好坏，而是把比赛设计成一场机器人战争，只比结果，这就要求各个战队必须在各项技术上全面发展，只有这样才能最大限度地发挥其创造力。

专程来参加2018年机甲大师赛的美国弗吉尼亚理工大学战队的队长周艺品告诉我，中美两国的大学在机械工程专业领域的教学思路很不一样。美国大学的机械工程系本科生需要学习的内容非常广，老师要求学生掌握和机械工程有关的各种基础知识，但深度普遍不如国内大学，所以美国的大学毕业生往往需要在研究生阶段继续深造后才能找到工作。相比之下，中国大学本科生从大二开始就要学机械制图等各项实用技能了，保证学生们一毕业就能上岗工作。换句话说，美国大学注重培养的是工程师思维方式，中国大学更看重的是培养合格的劳动力，因为中国的工厂普遍急需专业人才。

"同样是本科毕业生，美国学生在劳动力市场根本拼不过中国毕业生。"周艺品说，"但是美国研究生学历的毕业生只要在工厂里干几年，优势立刻就显出来了，因为现代化工厂的工程师需要和各种各样的人合作，美国学生的知识面比中国学生广得多，显得更有后劲。"

话虽如此，本届机甲大师赛的前几名都是来自中国的战队，海外战队普遍成绩不佳。造成这一结果的原因有很多，除了海外大学重视程度不够等比较容易理解的原因外，还有一条是非常致命的。周艺品告诉我，弗吉尼亚理工大学战队的机器人需要一个特殊的零部件，他在2018年2月就画好了设计图纸，然后发给一个距离学校很近的加工厂，结果一周后报价单才发回来，加工过程需要四个星期，每个零部件要价100美元。他立刻又联系了深圳的一家小加工厂，对方立刻在微信上做了回复，报价70元人民币一件，而且第二周就寄到了，运费300元人民币。

"造成这一差别的主要原因就在于美国的人工成本非常昂贵，美国工厂对安全生产和环境污染防治的要求也非常高。中国工厂在这两方面都正好相反，所以才会有这个差异。"周艺品对我说，"不过因为这个零部件比较简单，所以国货的质量和美国货差不多，完全可以用。中国战队有这些小作坊作为原材料供应商，先天就比海外战队有优势。"

"没想到中美差异这么大，请问你自己更喜欢哪边呢？"我问。

周艺品想了一会儿后回答说："我觉得双方各有优缺点吧，我觉得取中间值比较好。"他的回答体现了提升创造力的最大诀窍，那就是博采众长，各取所需。事实上，当年的罗大佑就是这么做的。

打造一个液态网络

要想在流行音乐领域取得成功，光有好的歌词和动听的旋律还不够，还要有高质量的音乐制作，包括编曲、演奏和录音，三者都很重要，缺一不可。"现在的录音技术进步太快了，电脑可以做出你想要的任何音色，所以如今的年轻音乐人不会碰到这个问题。"罗大佑对我说，"但在当年的台湾，我找不到合格的人做出我想要的那种摇滚乐的声音，幸亏我在医学院有个叫坂部一夫的日本同学，帮助我解决了这个问题。"

罗大佑非常重视技术，他认为流行音乐包括文化和技术这两块，后者才是更本质的东西，因为它超越了地域和文化差异的限制。坂部一夫就是那个能在技术上帮助罗大佑的人，他比罗大佑低一届，来自京都，年轻时在日本也玩过乐队，对日本乐坛有些了解。当他得知罗大佑需要寻找摇滚音色时，便推荐了一位叫山崎稔的日本音乐人。此人来自大阪，当年在日本摇滚乐坛小有名气，出过唱片。罗大佑托人买来他的唱片，一听之下非常喜欢，觉得这就是他想要的声音，便给山崎稔写信，邀请对方为自己的唱片编曲。

当年台湾还处在"戒严"期间，大学生是不准去外国的，所以罗大佑无法亲自去日本和山崎稔面谈，两人只能通过写信的方式相互交流。可因为山崎稔不懂中文，罗大佑的日文又很差，所以罗大佑只能把歌词大意翻译成英文寄给山崎稔，他再根据歌词的意境和主旋律的走向进行配器和编曲，并找来一批日本摇滚乐手进棚录音，录好后把母带寄到台湾，罗大佑在此基础上配唱。第一张专辑中的《鹿港小镇》《恋曲1980》《童年》《错误》和《蒲公英》都是这么制作出来的，花了很多钱，多亏罗大佑父亲慷慨解囊，罗大佑这才终于实现了自己心中的音乐梦。

当年两人一共用这种办法制作了八首歌，剩下的《青春舞曲》《盲聋》和《稻草人》则收录于罗大佑的第二张专辑《未来的主人翁》当中。这张专辑的几首主打歌曲都是罗大佑在台湾录制的，请的是当时台湾最好的乐手，但仍然费了很大劲才录完，光是《亚细亚的孤儿》开始的那两小节吉他伴奏就录了三四个小时才得到罗大佑想要的那种音色。

"日本对流行音乐贡献蛮大的，当年全亚洲只有日本乐手才能录出我想要的音色。"罗大佑说，"'二战'后美军一直驻扎在日本，所以日本流行音乐深受美国人的影响。但美国流行音乐里有太多黑人元素，日本人没受过那种苦难，唱不出布鲁斯的味道，所以日本音乐人将美国摇滚乐改造成了具有东方特色的流行音乐，更加符合亚洲人的欣赏口味。"

"台湾同样有美军驻扎，为什么台湾音乐人在这方面落后于日本这样一个战败国呢？"我问。

"台湾那些年总想着反攻大陆，啥事都不如这事重要，日本人没这个负担，有心思做些不一样的事情。"罗大佑回答，"另外，日本虽然是战败国，但技术的底蕴还在，学习先进音乐技术的速度比亚洲其他国家都快。事实上日本人一直很善于学习别人的长处，最早就是日本人把西洋文化翻译过来传到了东亚，日本人在亚洲与世界的文化交流方面扮演了一个很重要的角色。"

罗大佑把自己也定义为一个异域文化的翻译者和传播者，身为医生的他以一个外来者的身份闯入流行歌坛，用《鹿港小镇》为台湾听众普及了摇滚乐，用《之乎者也》为华语歌坛引入了雷鬼节奏，用《恋曲1980》告诉大家爱情歌曲可以有另一种更加诚实的写法，用《未来的主人翁》向当今世界最优秀的摇滚乐队披头士致敬……在罗大佑的带动下，台湾歌坛开始大量吸收来自其他文化的音乐元素，一跃成为华语流行音乐的创作中心，来自宝岛的声音一度响彻整个中国大陆。

与此类似，同样受到异域文化很大影响的香港也从一个小渔村变成了华语流行文化的创新基地，并从中诞生了金庸这样一位堪称"前无古人，后无来者"的通俗小说大师。

身为土生土长的台湾客家人，罗大佑对这一转变深有感触："台湾是个海外孤岛，以前的台湾人从不主动跟外面人打交道，过着与世隔绝的生活。自从荷兰人登岛开始，台湾被迫对外开放，到后来甚至开始主动从外部世界吸收信息，这才有了台湾的今天。"

台湾的成功模式非常符合美国计算机科学家克里斯托弗·朗顿（Christopher Langton）提出的关于创造力的"液态网络"（liquid network）理论。朗顿是"人造生命"（artificial life）系统的创始人之一，他从生命诞生的过程中得到启发，提出创造力旺盛的地方一定处于"混沌的边缘"，也就是介于严格秩序和彻底混沌之间的中间地带。用物质三态来比喻的话，气体是彻底混沌，新结构随时出现但又随时瓦解；固体是严格秩序，虽然结构稳定，但几乎杜绝了新结构出现的可能性；液体介于两者之间，只有液态网络才是"混沌的边缘"，既能够让新鲜事物顺利出现，又可以让好的创新稳定下来，并将这个边缘继续扩大，以便进一步探索"相邻可能"。

从人类进化的角度来看，这个理论很好地解释了创造力大爆发的原因。人类社会早期的打猎、采集阶段就相当于气体，祖先们居无定所，像空气分子一样游荡在非洲的大草原上，偶有灵光一现也很难传承下去。农业的诞生导致人口不再随意流动，定居点的出现标志着液态网络首次登上了历史舞台。那时的人类社会以村庄为单位，每个村庄都有自己的一套传承体系，但彼此之间又经常互通有无，新技术一旦出现就会迅速扩散开来，并在新的地方启发出新的发明创造。

大约从公元前 2000 年开始，真正意义上的城市出现了。城市相当于村庄的集合体，不同背景、不同文化的人可以在这里汇聚，彼此交换信息并相互合作。这是一个成熟的液态网络，满足了创造过程的一切需要，从此人类社会开始腾飞，一路加速发展到现在。

纵观历史，几乎所有重要的发明创造均来自城市，城市规模越大，发明创造就越多，这一点和描述生物体新陈代谢速率的"克莱伯定律"正好相反。该定律是由瑞士生物学家马克斯·克莱伯（Max Kleiber）于 20 世纪 30 年代提出来的，大意是说，一只动物的新陈代谢水平是其体重的四分之三次幂，比如一只猫的体重是一只老鼠的 100 倍，但猫的代谢总量并不是老鼠的 100 倍，而是 31 倍，算下来每个猫细胞的能量消耗只是老鼠的三分之一而已。也就是说，动物的体型越大，其单个细胞的新陈代谢率就越低，能量效率就越高，这就是动物体型会越来越大的原因之一。

有人将克莱伯定律应用于城市研究，发现照样符合。比如，随着城市规模的扩张，人均消耗的汽油总量、人均拥有的输电线长度和加油站数量等都会下降，说明城市对于个人来说是一种节约能量的生存方式。但是，著名的城市问题研究者，英国理论物理学家杰弗里·韦斯特（Geoffrey West）的研究表明，如果我们用专利数或者研发经费总数等硬指标来衡量城市创造力的话，就会发现结论正好相反，城市越大，创造的过程就越活跃，创造力就越强。具体来说，假如 A 城比 B 城大 10 倍，那么 A 城的创造力不是 B 城的 10 倍，而是 17 倍，假如 A 城比 B 城大 50 倍，那么 A 城的创造力则会增加到是 B 城的 130 倍之多！韦斯特认为，解释这一现象的最佳理论就是液态网络理论，城市为人类提供了一个液态的信息网络，创造力正是在这样的环境中得以爆发的。

这个理论很好地解释了人类文明为什么诞生在中东地区，因为那地方位于欧亚非三大洲的交叉点上，是当时世界上几个主要的新石器文化区域的交汇之地。这个理论还很好地解释了文艺复兴运动的诞生，因为 14—15 世纪的意大利北部恰好是当时整个欧洲人口密度最大的地区，又是丝绸之路的终点，同样是一个不同文化的交汇点。类似的案例还有很多，比如为什么现代爵士乐、垮掉派诗歌、单口相声和饶舌乐等全新的文艺形式均诞生于纽约的曼哈顿？因为那里不但是整个美国人口密度最大的地方，而且是全世界人口组成最复杂的地区，来自不同背景和不同文化的居民组成了各自的小社区，但彼此之间往往仅隔一条马路，这是个典型的液态网络，难怪有无数革命性的文化创新诞生于此。

反面的案例也有很多，中国本身就是一个。有人统计过人类历史上出现的所有重要的发明创造，列出了改变世界的 1001 项重要发明，来自中国的只有 30 项，仅占 3%，而且全部出现在 1500 年之前。在那个时间点上，哥伦布发现了美洲，欧洲人驾驶着帆船把全世界连在了一起。但明代的中国闭关锁国，错过了和世界交融的最佳时机。于是，在 1500 年之后的 500 多年时间里，全世界一共产生了 838 项重大发明，绝大部分来自欧洲，没有一项来自中国。

必须指出，还有一件事对创造力的大爆发起到了非常大的促进作用，这就是文字的出现。文字的作用和 DNA 分子有些相似，它加速了知识的流动，把信息交流从横向扩展到了纵向，使得知识的代际传承变得更加容易。事实上，这就是古腾堡印刷机的出现会让欧洲迅速脱颖而出，成为世界文化和科技中心的重要原因。

　　总之，要想提升创造力，首先必须想办法打造一个液态网络，让信息流通起来。比如，有很多研究证明，没有围墙的开放式办公环境有助于提升创造力，因为这种环境很像液体，便于员工们彼此交换信息。但如果有人想更进一步，打造一个无固定办公桌的全流动式办公环境，其结果往往适得其反，原因就在于这种环境太像气体了，不利于员工静下心来认真思考。

　　如果说古代的信息流通需要很大的成本，可遇而不可求，那么今天的信息流通成本已经降到很低的水平了，影响液态网络构建的主要因素就是信息管制。事实上，20世纪80年代台湾流行音乐的大爆发也正好是台湾社会从封闭转向开放的十年。据段钟沂回忆，台湾的出版报批制度正是从1980年开始逐渐松动的，像《之乎者也》里的一些歌曲，虽然电台仍然不准播放，但唱片终于可以出了。到了1987年，台湾解除"戒严"，同时开放民众赴大陆探亲，1989年更是取消了存在已40年之久的"党禁"，接着又彻底取消了出版报批制度，台湾歌坛终于迎来了大爆发。

327 尾　声

　　管制的解除让滚石唱片公司迎来了黄金十年，他们一口气在亚洲开了12家分公司，签下了全世界几乎所有的独立厂牌的华语地区发行权。可惜好景不长，21世纪互联网的兴起彻底改变了音乐的商业模式，全球唱片业在很短的时间内跌至低谷，滚石自然也没有幸免。

　　我们当然可以把失败的原因归罪于盗版，但流行乐坛进入21世纪后创造力的急速消退也是原因之一。20世纪为人类贡献了布鲁斯、摇滚乐、爵士乐、迪斯科、民谣、朋克、疯克、嘻哈、电子舞曲等几十种全新的音乐类型，但进入21世纪后居然没有任何一种新的音乐类型出现，互联网很可能就是造成这一现象的罪魁祸首之一，因为网络让全世界所有人都在听同样的歌曲，迅速消除了文化差异，从此创新便没了动力。

　　罗大佑很不喜欢现在的互联网，他认为网络最大的罪恶就是好像什么问题都可以迅速给你答案，以至于现在的年轻人体会不到那种"找不到答案"的感觉，而他那个年代很多东西都是要自己去找的，这个过程非常重要，因为罗大佑坚信好音乐一定是挣扎出来的。

　　段钟沂同样对互联网评价不高，他认为网络提供的是破碎的资讯和拼凑的知识，只有书籍才能提供一套逻辑完整的世界观。现在的年轻人非常善于从网上寻找自己想要的知识，但他们不会去主动了解自己不想要的知识。久而久之，每个人都在属于自己的那条道路上越走越远，反而看不到别样的风景了。

　　不管两人的观点是否正确，有一点是肯定的，那就是创造力并不直接来自网络，而是来自网络中的那些具体的人。这个世界上没有所谓的"全球脑"，网络本身是没有创造力的，它只是为那些具有创造力的人提供一个合适的平台，让他们更容易相互启发，更方便相互激励，更有机会脱颖而出。

　　既然如此，接下来一个很自然的问题就是：创造力是如何在创造者的大脑中诞生的呢？这就要从大脑神经元中去寻找答案了。

灵光如何才能乍现？

　　创造是一个漫长的过程，包括好几个阶段，但大部分人都更加看重灵感来临的那一刻，觉得那才是整个创造过程中最关键的一步。既然如此，那就让我们讨论一下灵光是如何乍现的。

钢琴上的灵光乍现

　　2018 年 8 月 13 日晚，北京保利剧院座无虚席，偌大的舞台上只有一架雅马哈三角钢琴在等待它的主人。7 点半，灯光准时暗了下来，一个瘦弱的年轻人缓步走上舞台，他就是今晚的主角阿布。虽然才 19 岁，但他已有 15 年的琴龄了。少年时阿布获奖无数，不久前又被著名的茱莉亚音乐学院录取，马上就要去纽约上学了，今晚是他临行前的最后一次告别演出，也是他第一次以独奏音乐会的形式在北京的舞台上亮相。

　　上半场的曲目是俄罗斯作曲家卡

1999 年出生于北京的天才的钢琴手阿布

美国爵士钢琴演奏家基斯·杰瑞特，他被公认为即兴钢琴领域最具创造力的天才之一 ━━━━━ ■

普斯汀的《八首音乐会练习曲》，这部作品融合了很多爵士乐元素，演奏难度极大，对钢琴家的绝对能力是一个不小的考验。阿布出色地完成了任务，显然他过去4年在茱莉亚音乐学院预科班的勤学苦练见到了成效。

　　短暂的幕间休息之后，换了身衣服的阿布再次登上舞台，开始了下半场的即兴演奏部分。即兴是音乐演出的最高境界，音乐家事先不做任何准备，上台前把大脑清空，然后在舞台上即兴表演，把创造音乐的全过程毫无保留地展示给大家。

　　所谓"即兴演奏"（improvisation）古已有之，据说巴赫、莫扎特、李斯特和贝多芬等人都很擅长即兴表演，可惜当年没有录音机，今人无缘得见。此项技能直到1973年才被一位名叫基斯·杰瑞特（Keith Jarrett）的美国爵士钢琴演奏家重新捡起，他的钢琴即兴独奏表演在欧洲掀起了一场风暴，音乐会场场爆满。其中，他于1975年1月24日在德国科隆歌剧院的那场演出的实况录音被 ECM 唱片公司制成一套双唱片出版发行，是迄今为止全球销量第一的钢琴唱片。

阿布视杰瑞特为自己的偶像，因为两人的经历有些相似，都是古典音乐出身的爵士爱好者。阿布从 4 岁开始在父亲的监督下练习古典钢琴，不过他父亲并不是音乐家，而是一名在首都机场负责行李托运的工作人员。因为乐手们出去演出经常需要托运乐器，一来二去就混熟了。正是在这帮人的影响下，阿布从小就听了很多摇滚乐和爵士乐，音乐履历远超一般的钢琴儿童。

因为贪玩，刚上初中的阿布就加入了一支爵士乐队，利用寒暑假在全国巡演，积累了丰富的舞台表演经验。爵士演出有很多即兴成分，但这种即兴考验的是乐手之间相互配合的能力。保利剧院的演出是阿布第一次尝试个人即兴独奏，他只能依靠自己的双手相互呼应了。不管怎样，一个人演奏毕竟比一支乐队合奏简单得多，更容易追踪新音乐的创造过程，所以我专程来听这场表演，试图从中寻找灵光乍现的奥秘。

舞台上灯光暗了下来，全场鸦雀无声。阿布掏出一块手帕擦了擦手，然后在琴边一动不动地坐了很久，似乎在想什么心事。就这样等了将近一分钟后，阿布终于按下了琴键，舞台上传来了几声轻柔的琴音，听上去略显迟疑，阿布似乎在寻找什么。几小节之后，他似乎找到了，琴声听上去越来越坚定，节奏也加快了不少。这是一个双音联弹，阿布在此基础上发展出一大段旋律，听着非常舒服。可惜阿布只弹了 4 分半钟就结束了，感觉很不过瘾。要知道，当年杰瑞特的科隆音乐会光是第一段就弹了 26 分多钟，第二段更是连续弹了 33 分钟之久，密纹唱片一面录不完，被迫一分为二。

接下来阿布又演奏了将近一个小时，但大都是只有几分钟的短小曲子，最长不超过 10 分钟。几天后我采访了他，他解释了其中的原委："即兴演奏很耗精力，我要在舞台上现找动机，然后根据经验将其发展下去。如果找到的动机不够好，发展不下去，我会立刻撤回来，再换个新的，这个过程需要手和脑的快速反应，时间长了根本顶不下来，人脑不可能永远保持高速运转。"

灵光如何才能乍现？

阿布认为，弹即兴需要有足够多的阅历和足够快的反应速度，只有这样才能不断产生新的想法，并迅速做出判断，好的就继续发展下去，差的就必须立即放弃。他年轻的时候根本不敢弹即兴，知道自己阅历不够。杰瑞特之所以敢弹那么久，原因就在于他当年刚好 30 岁，阅历和经历都处于鼎盛时期。事实上，杰瑞特的高水准只维持了几年，之后便迅速下降，水平大不如前了。

阿布的这个说法再一次验证了希斯赞特米哈伊关于创造力的五阶段说，只有在某个领域浸淫多年的人才有资格展现其创造力。

对于即兴演奏来说，五阶段中的评价阶段非常关键，演奏者不但要判断得准，而且要判断得快。阿布告诉我，钢琴弹久了的人不但对声音有感觉，对手型同样有感觉，有的时候脑子里出现一个音，他立刻就觉得好，弹出来果然好听，也有的时候灵感来自手型，手指会自行判断弹哪个键出来的声音会好听，结果也一定好听。

问题在于，最初的那个音是怎么从脑子里蹦出来的呢？"当时我弹错了！本来想弹啦（6），结果手指没按准，同时按到了西（7）。"谈起那天晚上第一段即兴演奏时的情景，阿布立刻来了兴致，"我立刻决定将错就错，弹了一长串根据这个双音衍生出来的旋律，效果还不错。"

原来，那段听上去很舒服的双音联弹竟然源于一个错误！但是，像阿布这种水平的钢琴家，卡普斯汀那种高难度的作品都能一口气弹下来，为什么会在如此慢的速度下弹错一个简单的音呢？答案要从大脑的神经系统中去寻找。

灵感的神经机制

查尔斯·林姆（Charles Limb）是美国加州大学旧金山分校的一名神经生物学家，同时又是个狂热的爵士乐迷，他很想知道爵士乐手们在即兴演奏时脑袋里究竟发生了什么，于是他利用职务之便设计了一套装置，用功能性核

美国加州大学旧金山分校的神经生物学家查尔斯·林姆，他设计了一套装置，用功能性核磁共振成像仪扫描乐手们的大脑，观察他们在即兴演奏时脑组织的工作状态

磁共振成像仪（fMRI）扫描乐手们的大脑，观察他们在即兴演奏时脑组织的工作状态。

核磁共振成像是一种相当新颖的脑成像技术，对空间细节的分辨率很高。研究结果显示，即兴演奏时乐手大脑的背侧前额叶皮质（dorsolateral prefrontal cortex）处于被抑制的状态。这部分脑组织的正常功能是主管自我意识的控制和监督，按照林姆的说法，这就相当于一个人的上司。当这个人身处公共场合时，这部分脑组织一定会非常活跃，时刻提醒他要注意自己的言行，不要做出格的事情。

与此同时，乐手大脑的内侧前额叶皮质（medial prefrontal cortex）则兴奋了起来。这部分脑组织连接着大脑的默认网络（default network），这个网络负责管理一个人在发呆时的内心活动，此时的他不关心外部世界，要么在回忆自己的过去，要么在胡思乱想，即所谓的"做白日梦"。按照林姆的说法，默认网络相当于一个人的自我，人与人之间之所以各不相同，原因就是每个人头脑中的默认网络各不相同。

这两个彼此关联的实验结果似乎是在告诉我们，当一个人处于创造的状态时，他实际上是在向内搜寻，即从自己过去的经验中寻找此前被忽略或者被抑制的想法。为此他必须主动关闭监督网络，不再听从这位"上司"的命令，因为凡是上司允许的想法或者行为肯定都是此前已有过的，不可能是创新。

阿布之所以弹错音，很可能就是因为他在即兴演奏时处于一种和演奏他人作品时很不一样的状态。如果用一句俗话来形容的话，那一刻的他放飞自我了。此时必须再次提到共情能力，只有共情能力很强的艺术家才能在向内而视的时候创造出其他人也喜欢的艺术作品。

林姆实验一经发表立即引来了很大争议，争论的焦点在于脑成像数据分析的主观性太强，结论并不可靠。中科院上海神经研究所所长蒲慕明博士告诉我，fMRI 技术观察到的不是神经网络本身，而是血液流动的变化，其分辨率满足不了思维研究的要求。"做脑成像研究很容易出文章，而且经常出大新闻，但换个人来分析同一批数据，结果很可能就不一样了，因为 fMRI 测的是相对值，阈值的设定对数据的解释方式影响很大。"蒲慕明总结说，"所以目前这个领域用来搞研究还可以，医生诊断不能靠这个，太不准确了。"

除此之外，脑成像技术还有一个难以克服的缺点，那就是受试者必须一动不动地躺在仪器通道里接受扫描，所以这套方法只能用来测试键盘手，其他乐手都不太可能。为了弥补这一缺陷，有人想到了脑电图（EEG）。脑电图仪测的是脑神经元的电生理活动，如果在同一时间有一组神经元同时发出电脉冲，就会形成可测量的脑电波图像。此法虽然空间分辨率较低，但时间分辨率很高，更适合用来研究灵感来临前后的脑神经活动变化。更重要的是，脑电图实验的受试者可以在一定范围内随意走动，干扰较小，更适合用来研究类似创造力这样的复杂行为。

美国德雷克赛尔大学（Drexel University）的心理学家约翰·库尼奥斯（John Kounios）博士决定利用脑电图仪来研究一下灵感到来前后大脑的变化。

他让受试者做和创造力有关的测试题，同时通过他们头上戴着的脑电图测试帽来测量脑电波的变化，结果发现就在灵感来临前的 0.5—1 秒钟时，源自受试者后脑的阿尔法波（Alpha Waves）有个大爆发。已知人的视觉皮质位于后脑，阿尔法波的出现意味着这部分脑组织处于停滞状态，相当于闭眼睛。但库尼奥斯博士要求受试者全程睁着眼睛，所以这个结果说明受试者在创造时其大脑会主动屏蔽来自外部环境的干扰。

　　"灵感往往来自一个模糊的想法，游荡在意识之外的大脑深处。当一个人试图寻找灵感时，他的大脑会主动关闭信息输入，杜绝干扰，好让那些朦胧的想法得以进入主观意识，成为灵感。"库尼奥斯说，"这就好比当一个人在琢磨一个很难的问题时，他通常会主动闭上眼睛或者望向别处，其目的是一样的。"

　　美国西北大学（Northwestern University）的神经生理学家马克·比曼（Mark Beeman）博士则更进一步，把两种测试方法结合起来，在空间和时间两个维度上研究灵感的来源问题。他让受试者做一组测试题，每答对一题之后还要求受试者汇报自己到底是靠逻辑分析还是直觉想出的答案。两组数据汇总之后，比曼发现逻辑和直觉这两种思维方式的脑神经活动模式确实有差异，当直觉起作用时，受试者右脑的前颞上回（anterior superior temporal gyrus）会突然爆发出强烈的伽马波（Gamma Wave），说明这部分脑组织异常活跃。有意思的是，左脑的前颞上回却没有反应，似乎说明灵感只和右脑有关。

　　前颞上回是位于耳朵上方的一小块脑组织，左右各一个，主要负责声音信号的处理，和语言能力有关。这个结果间接验证了此前流行很广的一个说法，认为人的左脑负责语言和逻辑思维，右脑负责空间意识和直觉。比曼博士认为，这个说法是有道理的，原因就在于左右脑前颞上回的神经结构有所不同。左脑前颞上回向其他部位伸展的神经树突数量较少，长度也较短，这样的结构提高了神经信号的传导速度，却降低了信号来源的广度。右脑前颞上回则正相反，向外伸展的神经树突数量较多，走的距离也长，这样的结构牺牲了神经信号的传导速度，却让右脑接收信息的来源更广，可供选择的信息更多，更容易找出隐藏在大脑深处的被遗忘的新信息，而灵感就是这么来的。

综合上述研究结果我们可以得出结论，任何特定的想法都是神经网络的一种特定的连接方式，新想法就是一个此前没有出现过的连接方式而已。所谓灵光乍现，开始于一个仅靠逻辑分析无法解决的难题，此时在大脑深处，不同的神经元开始尝试各种新颖的连接方式，但都没能进入人的主观意识当中。灵感来临之前一秒钟，阿尔法波爆发，大脑和外部信息之间的通信被屏蔽，注意力转向自身，一秒钟后伽马波爆发，那个新颖的神经连接得以进入主观意识，灵感来临。

当然了，这是一个简化的说法，实际发生的情况肯定要比这个复杂得多。但有一点可以肯定，那就是所有的创新都来自大脑，人性只不过就是神经网络的不同结构所导致的结果而已。

人脑是个液态网络

人类的大脑是宇宙间最复杂的物体，一个成年人的大脑内含有大约1000

亿个神经元，几乎和银河系中的恒星数量一样多。这么多神经元之间到底是如何沟通的呢？它们是依靠电信号还是化学信号相

德国神经科学家奥托·洛维（右），他在睡梦中想到了研究神经信号传递的实验方法

互联系呢？为了回答这个问题，德国神经科学家奥托·洛维（Otto Loewi）潜心研究了几十年，仍然毫无头绪。

1921 年复活节的前一天晚上，洛维从睡梦中醒来，迷迷糊糊地在一张纸条上写了几个字，然后翻身睡去。第二天早上，洛维发现昨晚写的字条笔迹太过潦草，根本就认不出了，所幸第二天晚上他又被同一个梦惊醒了，这一回他没有记笔记，因为他意识到自己琢磨了 17 年之久的一个关于实验设计的问题终于有了答案。他立即披衣起床，在凌晨 3 点的时候去了趟实验室，按照梦里想出来的方法做了一个小实验，揭开了神经系统的奥秘。

原来，当时的科学家都已知道神经细胞内的信号是靠电流传输的，但不知道细胞与细胞之间靠什么传递信息。洛维受到梦的启发，设计了一个双心实验，他把两个仍然在跳动的青蛙心脏分别放在两只烧瓶内，一个心脏上还连着一根迷走神经，洛维用电流刺激这根神经，心率很快降了下来。然后他把浸泡这个心脏的生理盐水转移到另一只烧瓶内，成功地把那个心脏的跳动速度降了下来，这说明神经细胞之间可以依靠化学物质相互联系。

后来我们知道，在这个实验中起作用的化学物质叫作乙酰胆碱，它能使心跳减速。与之对应的就是大名鼎鼎的肾上腺素，能使心跳加快。这两种小分子同属于一类被称为神经递质（neurotransmitter）的化学物质，它们作用于神经细胞之间的一个名为突触（synapse）的结构，用于调节电信号在两个细胞之间的传输速度，或增加，或减弱，或阻断。换句话说，当我们说两个神经元连接在一起时，并不是说它们真的连在一起了，中间还隔着一个突触，因此电流并不是从一个神经元直接传导到另一个神经元的，而是先传到突触这里，然后经由神经递质的化学介导传往下一个神经元。

我们可以把神经细胞的各种触角想象成铁路，货物（也就是电流）通过铁路运输，速度很快。但如果你想把货物从 A 国运到 B 国，中间必须要过一条河，突触就相当于渡口，神经递质就相当于摆渡船，货物要先装到船上，走一段水路通关，卸到对岸的火车上，才能继续下一段旅程。在这样一个系统里，我们可以通过对摆渡船的管理来调控货物运输的方向和总量。对应于神经系统的话，这就相当于通过调节神经递质来控制电流的传输速度和方向，有些通路需要经常使用，那就多分泌一些神经递质，加快电信号的传导，反之则少分泌一些神经递质，减缓电信号的传输速度，甚至分泌一些具有阻碍作用的神经递质，将其彻底断开。久而久之，那些经常发生联系的神经细胞就会形成一个局部网络，就好像一些友好国家联合起来成立一个区域性组织一样，这就是记忆形成的方式。与此同时，那些很长时间没有通电的神经网络就会逐渐断开，不再相互联系，这就是遗忘。

这个发现非常重要，它揭示了神经网络的一个重要性质，那就是可塑性（neural plasticity）。蒲慕明博士告诉我，一个刚出生的婴儿大脑里只有少量基本的神经网络，几乎相当于一张白纸，在此后的几年时间里，小孩子通过不断地观察和学习，搭建了一套真正的神经网络，为将来的生活做好了准备。此后这套神经网络还要不断地被修正和重塑，终其一生永不停歇，其结果就是成年人大脑中的每一个神经细胞平均都要和超过1000个神经细胞相互连接，算下来人脑中的神经突触的总数超过了100万亿个，这就相当于100万亿个可以被重新塑造的神经节点。另外，发生连接的神经细胞并不总是相互挨着的，两个分别位于大脑两端的神经元同样可以依靠一根横贯整个大脑的神经束相互连接。有人计算过人脑中所有神经束的总长度，结果大约为16.5万公里，相当于绕地球赤道4圈！

人类之所以进化出了这样一个极其复杂的网络系统，是因为我们头脑中的每一个微小的思想，每一种细微的感情，都是由一组特定的神经网络来实现的。所谓灵感，其实就是一组此前没有联系的神经元突然连在了一起，或者此前联系不够紧密的一组神经元因为某种机缘巧合被重新强化了，如果这个新的网络被证明很有用，它就会上升到意识的层面，变为一项有用的创新。

这个理论可以很好地解释了智商和创商之间的差别。研究显示，一个人的智力是由神经传导的速度决定的，智商高的人往往脑白质（神经纤维）比较多，神经信号从 A 到 B 的传输路径很直接，速度自然也就快了。与之相反，脑白质较少的人经常找不到一根神经纤维可以直接从 A 连到 B，需要通过其他神经细胞中转，这样一来神经信号的传输速度就慢了下来，其表现就是逻辑思维能力不强，智商测验得分不高。但这样的人往往更容易想出新颖的点子，因为神经信号绕的弯越多，就越容易发现此前被忽视的信息。这就好比开车旅行，走高速公路速度快，可以尽快到达目的地。如果走小路的话，速度肯定会慢，时间肯定会长，却更容易在路上遇到惊喜。

这个理论还可以解释为什么某些毒品不但可以增加创造力，还能治疗抑郁症，比如毒蘑菇的主要成分裸头草碱（psilocybin）就是如此。研究显示，裸头草碱具有促进神经细胞相互连接的功能，尤其善于让此前很长时间都不被允许发生连接的神经细胞连在一起，这一点显然有助于产生出全新的想法，虽然它们当中的绝大多数都是毫无用处的幻觉。至于抑郁症，主要病因就在于患者的神经连接太过简单，以至于每天都在重复同一个想法，很容易沉浸在某种负面情绪里跳不出来，裸头草碱可以帮助这样的人跳出神经系统的死循环，重新找到生活的乐趣。

综上所述，人脑是宇宙间最复杂的物体，没有之一。人类大脑中的神经元非常善于建立新的连接，同时也非常善于保存有用的连接方式，这就是液态分子的典型特征。换句话说，人脑是宇宙间最复杂的液态网络，人类之所以具有如此非凡的创造力，原因就在这里。

如何培养创造力

无数案例告诉我们，创造是一个虚无缥缈的过程，很难事先做出规划。但是，既然我们已经初步了解了灵光乍现的生理过程，就可以想办法营造一个环境，让我们的大脑置身于一个富有创造力的土壤之中，加速创新的到来。

前文提到，洛维是在梦中想出了那个双心实验的设计思路。无独有偶，俄罗斯化学家门捷列夫也是在梦中想到了元素周期表，德国化学家弗雷德里希·凯库勒（Friedrich Kekule）同样是在梦中想到了苯分子的环状结构。类似的案例还有很多，科学和艺术的都有，这说明梦确实是一个很重要的灵感来源。这里面的原因很好理解，因为人在做梦时大脑处于混乱状态，缺乏监管，更容易触发白天被忽略或者被压抑的神经连接，更能够帮助我们去探索"相邻可能"。

但是，做梦和灵感一样，都属于可遇而不可求的东西。有没有其他办法模拟做梦时的精神状态呢？答案是肯定的。曾经有心理学家做过实验，发现让大脑休息会提高创造力，但这并不是啥事不做的那种休息，而是让自己一边做着一件简单的事情一边放松心情，比如散步、浇花或者做家务。此时灵感最容易出现，因为这个时候大脑仍然在想着那件让你琢磨不透的难题，只是不像专心思考时那么集中精力地在琢磨，只有这样才能让埋藏在大脑深处的神经连接浮出水面。

除此之外，看闲书、记笔记以及和同事聊天等做法都能扩大神经元的触角。说到看闲书，微软前总裁比尔·盖茨就是个好例子，他多年来一直坚持阅读和自己职业不相关的闲书，从中寻找灵感。最近几年他开始定期公布自己看过的闲书，题材真的极其广泛，大家可以找来这份榜单认真体会一下。

340

记笔记的好处可以把自己平时偶得的奇思妙想记下来，防止遗忘。早有历史学家指出，启蒙年代的欧洲绅士们大都有记笔记的习惯，这就是那个年代之所以人才辈出的原因之一。曾经有人研究过达尔文留下的笔记，发现他其实很早就产生了自然选择的想法，此后的十几年里他一直在收集证据，不断强化这个思想火花，这才有了《物种起源》这本书的诞生。

现代科研强调合作，启蒙时代那种单打独斗的现象已经很罕见了，所以和同事聊天就成了寻找灵感的另一个好办法。为了研究现代科研体系中灵感的来源问题，加拿大麦吉尔大学（McGill University）的凯文·邓巴（Kevin Dunbar）博士曾经在 4 个分子生物学实验室安装了摄像头和麦克风，录下了几个月时间里研究人员们的所有日常活动，结果发现最容易产生创意的地方是会议室，灵感大都来自科学家们聚在一起相互交流的时候。微软公司从这项研究中得到启发，于 2007 年在华盛顿州建造了一幢全新的 99 号办公楼（Building 99）。这幢楼最先设计好的部分居然是饮水机的位置，然后再围绕着它设计办公桌，其目的就是方便公司员工们在喝水的时候能够更好地交流，从而激发灵感。

当然了，灵感不等于创新，还要证明它有用才行。但是，我们绝不能因为某个灵感暂时没用就放弃它，这就要求我们必须能够容忍错误。阿布的例子告诉我们，很多时候灵感正是来自错误，或者某种非正常的状态。杰瑞特的那次科隆音乐会之所以如此成功，一大原因就是那天的钢琴没有调好，声音太薄，杰瑞特将错就错，这才创造出了一个奇迹。

这方面的案例同样很多，比如真空三极管的发明就是源于一个实验设计错误，照相术的发明是因为实验员不小心打翻了一瓶水银试剂，心脏起搏器的发明则是因为技术员接错了线，把原本用来测量心电图的示波器变成了向外发送电信号的电子发生器。这些错误往往会把你指引到一个此前从未经历过的场景里，有助于你放宽眼界，去探索未知的领域。

为了更好地从错误中找到灵感，我们可以主动增加试验的次数，为创新提供更多的选择。比如贝多芬在作曲时经常会为同一个主题写好几个不同的版本，然后从中选出最好的；海明威在创作《永别了，武器》时甚至写过 47 个不同的结尾，然后选了其中一个作为定稿；莎士比亚的创作高峰发生在他的中年时期，在此之前他创作过大量失败的剧本，但他没有放弃，终于获得了成功；爱迪生在研发灯泡的过程中试验了 3000 多种不同的灯丝材料，最终只有两个获得了成功。事实上，爱迪生一生中申请过的专利有三分之一被拒，获得成功的 1093 个专利当中绝大多数都毫无价值。如果我们只看统计数据的话，爱迪生简直就是一个失败的典型，但实际上他只需要少数几个明星级创新就足够了。

当然了，试错是有成本的，尊重创意的公司必须承担这一成本。比如谷歌公司规定旗下员工每年可以拿出 20% 的时间从事和本职工作不相干的事情，比如试验一个新想法或者发展一个新兴趣。绝大部分这类新想法最终证明都是没有前途的，但只要少数想法获得成功就值回票价。比如谷歌的 Gmail 和广告平台 AdSense 就诞生于这 20% 的业余时间里，结果这两个创意获得了意想不到的成功，光是 AdSense 平台在 2009 年的盈利就达到了 50 亿美元，相当于那一年谷歌总利润的三分之一。

当然了，谷歌的主要利润还是来自搜索引擎。事实上，谷歌搜索服务的上线标志着信息共享时代的到来，从此我们需要什么样的信息几乎都可以从网上找到，互联网把人类迄今为止产生的所有知识全都连在了一起，其结果就是我们目前看到的创造力大爆发。人类社会的发展速度从来没有像现在这样快过，很多几年前连想都不敢想的事情已经变成现实。如果这个加速度能够保持下去的话，人类将会如一匹脱缰的野马，朝着谁也无法预知的未来狂奔而去。

不过，也有人对这种加速的未来持怀疑态度，原因就是互联网的两个重要属性：算法和民主。算法会让一个人永远只能看到他最想看到的东西，信息民主的结果就是一个人只会点击他自己最想看到的内容，这两种属性如果不加控制的话，将会把未来的人类社会变成蜂巢社会，兴趣相似的人聚在一起组成一个个封闭的小窝，不再和其他人群交流，这就违反了创造力的法则，导致社会和文化上的大倒退。

正是因为对这种场景的担忧，罗大佑才会一再强调旅行的重要性。因为旅行会强迫一个人离开自己的小圈子，扩大自己的知识边界，从而更好地探索"相邻可能"，创造力就是这么来的。

342

结　语

美国历史学家史蒂文·约翰逊在《好主意来自何处》一书的最后一章向读者介绍了自己的一项研究成果。他从数据库中找出了过去 600 年里出现的 200 个对人类社会有重大影响的 200 个发明创造，并按照创造者到底是个人还是集体，以及创造的直接目的到底是市场还是公益为标准，将这些创新分成了四个象限，即个人／市场、个人／公益、集体／市场、集体／公益。

结果显示，在1400—1600年这200年时间里，大部分创新来自个人／公益象限，说明在启蒙运动刚开始的那段时间里，因为通信手段的落后和商业机制的不健全，大部分创新来自少数天才，比如达·芬奇、古腾堡、哥白尼和伽利略等。事实上，人类对于天才的过度崇拜就是从那段时期开始的。

到了1600—1800年，情况发生了微妙的变化，个人／公益象限仍然是创新的主要来源，但集体／公益象限赶了上来，几乎和个人／公益象限并驾齐驱了，这说明印刷术的发明和邮政系统的建立使得信息的传承和扩散变得越来越容易，人与人之间的交流变得越来越方便，合作已经成为创新的重要机制。但是，因为真正的资本主义工业化直到18世纪才诞生于英国，所以商业化对于创新的影响还很小。

自1800年开始直到现在，情况发生了根本性的变化。集体／市场象限追了上来，几乎和个人／公益象限持平了。但是，排名第一的却变成了集体／公益象限，这说明虽然市场机制起了很大作用，但大部分对人类社会起到重要作用的创新仍然来自公益领域。这一点并不奇怪，因为现代科研体系就属于集体／公益象限，绝大部分创新首先是由大学和政府科研机构做出来的，然后企业才会跟进，将其发展成新产品，比如避孕药、DNA测序技术和基因编辑技术等都是如此。

约翰逊的研究得出了两个重要结论：第一，现代社会的大部分创新都是集体智慧的产物，过去那种绝世天才单打独斗的情况正在变得越来越罕见。第二，资本主义市场经济虽然对于创造力的增长起到了一定的促进作用，但基于公益的创新仍然是主流，这一点和达尔文的进化论非常相似。生存竞争只是进化的表象，团结合作才是核心。自然界的绝大多数生命都是相互依存的关系，大家遵照一个简单的原则共同成长，人类也不例外。我们这个物种要想在宇宙间长久生存下去，就必须学会相互合作，把创造力用在正确的地

灵光如何才能乍现？

方，齐心协力面对将来必然会出现的各种风险。

参考资料：

Steven Johnson: *Where Good Ideas Come From: The Natural History of Innovation*, Riverhead Books, 2011.

Mihaly Csikszentmihalyi: *Creativity: Flow and the Psychology of Discovery and Invention*, Harper Perennial, 2013.

Agustin Fuentes: *The Creative Spark: How Imagination Made Humans Exceptional*, Dutton, 2017.

Edward O. Wilson: *The Origins of Creativity*, Liveright, 2017.

Scott Elias: *Origins of Human Innovation and Creativity*, Elsevier, 2012.

Robert L. Kelly: *The Fifth Beginning: What Six Million Years of Human History Can Tell Us about Our Future*, University of California Press, 2016.

R. Keith Sawyer: *Explaining Creativity: The Science of Human Innovation*, Oxford University Press, 2012.

David Christian: *Origin Story: A Big History of Everything*, Little, Brown and Company, 2018.

David Eagleman&Anthony Brandt: *The Runaway Species: How Human Creativity Remakes the world*, Catapult, 2018.